普通高等教育“十三五”规划教材

数据库技术及应用教程

张利峰　刘小琦　张晓东　主编

中国铁道出版社
CHINA RAILWAY PUBLISHING HOUSE

内 容 简 介

本书共分13个单元，主要内容包括：SQL Server 2012的安装与配置、数据库基础和数据库创建、表、数据完整性、索引、数据查询、视图、Transact-SQL程序设计、存储过程、触发器、SQL Server 2012的安全管理、数据库的备份与恢复、数据库应用系统开发。本书前12个单元设有验证性实验和设计性实验。验证性实验部分训练SQL Server基本操作和基本命令，其实验过程是一个完整的数据库开发和设计过程。设计性实验部分通过创建不同的SQL Server 2012数据库及数据库对象，将数据库、数据表、视图、存储过程、触发器等进行综合应用。

本书主要适用于高等院校的计算机专业学生，也可作为非计算机专业学生学习数据库基础知识的参考书。

图书在版编目（CIP）数据

数据库技术及应用教程/张利峰，刘小琦，张晓东主编. —北京：中国铁道出版社，2017.1

普通高等教育“十三五”规划教材

ISBN 978-7-113-22651-0

Ⅰ.①数… Ⅱ.①张… ②刘… ③张… Ⅲ.①数据库系统－高等学校－教材 Ⅳ.①TP311.13

中国版本图书馆CIP数据核字（2016）第311200号

书　　名： 数据库技术及应用教程
作　　者： 张利峰　刘小琦　张晓东　主编

策　　划： 吴　楠　　　　**读者热线：**（010）63550836
责任编辑： 吴　楠　李学敏
封面设计： 刘　颖
封面制作： 白　雪
责任校对： 汤淑梅
责任印制： 郭向伟

出版发行： 中国铁道出版社（100054，北京市西城区右安门西街8号）
网　　址： http:// www.51eds.com
印　　刷： 中煤（北京）印务有限公司
版　　次： 2017年1月第1版　2017年1月第1次印刷
开　　本： 787 mm×1 092 mm　1/16　**印张：** 18.5　**字数：** 448千
印　　数： 1～2 000册
书　　号： ISBN 978-7-113-22651-0
定　　价： 46.00元

前 言

目前，很多高校都开设 SQL Server 数据库管理系统的课程。本书以 SQL Server 2012 为平台，结合多年教学以及相关应用开发实践经验，在简单介绍数据库原理和相关基础知识后，系统地讲解了如何通过 SQL Server 数据库管理系统完成数据库的创建和管理，最后介绍了一个 SQL Server 的综合应用案例。SQL Server 2012 数据库管理系统内容包括 SQL Server 2012 的安装与配置、数据库基础和数据库创建、表、数据完整性、索引、数据查询、视图、Transact-SQL 程序设计、存储过程、触发器、SQL Server 2012 的安全管理、数据库的备份与恢复等。

本书以学生信息管理系统项目为例，每一单元都通过情景导入产生一个子项目，然后通过案例分析以及知识目标和能力目标的分解，把本单元的知识点融入到不同的任务中。使学生在知识点的学习中完成任务，在任务的完成和分析过程中巩固知识点。每单元都包含习题和实验，帮助学生进一步了解数据库开发过程、开发步骤、掌握开发技术。本书涵盖了所有 SQL Server 2012 的基础知识点，由浅入深地介绍 SQL Server 2012 开发技术，把知识点的学习贯穿于整个案例中，然后通过单元的验证性实验和最后的设计性实验推进知识点的掌握，最终使学生达到“知其然，并知其所以然”的学习效果。

本书由张利峰、刘小琦、张晓东任主编，巧云、银少海任副主编。具体编写分工为：第 1、9、10、11 单元由刘小琦编写；第 2、3 单元由张利峰编写；第 4、5、6、7、8 单元由张晓东编写；第 12 单元由银少海编写；第 13 单元由巧云编写；刘小琦还承担了本教材习题、实验等内容的编写及整理工作。本书在编写过程中，得到了相关领导、同事、朋友的帮助和支持，在此表示最衷心的感谢！

由于编者的水平有限，书中难免有疏漏和错误之处，恳请广大读者批评指正。

编　者

2016 年 10 月

目　录

第1单元

SQL Server 2012 的安装与配置

情境导入

某学校购买了一套学校管理信息系统，系统安装人员提出相应硬件和软件需求，其中 SQL Server 2012 是该学校必不可少的数据库管理系统，所以首先要在服务器上安装 SQL Server 2012 数据库管理系统。

作为现在比较流行的数据库管理系统，SQL Server 2012 已经被大量应用于各个行业和领域。我们通过以下内容来了解 SQL Server 2012 数据库管理系统以及它的安装方法和配置要求。

知识目标和能力目标

知识目标

(1) 了解 SQL Server 发展历史。

(2) 能够独立完成 SQL Server 2012 的安装和配置。

(3) 能够熟练使用 SQL Server 2012 的常用工具。

能力目标

1. 专业能力

(1) 能独立完成 SQL Server 2012 的安装和配置。

(2) 能够熟练使用 SQL Server 2012 的常用工具。

2. 方法能力

(1) 了解安装 SQL Server 2012 各个版本的环境需求。

(2) 掌握 SQL Server 2012 的安装方法。

SQL Server 2012 是微软推出的大型数据库管理系统，它功能强大，易学易用，为企业中的用户提供了一个安全、可靠和高效的平台，用于企业数据管理和商务智能应用。凭借现有系统的集成性和全面的功能集，以及对日常任务的自动化管理能力，SQL Server 2012 为各种规模和类型的企业提供了一个完整的数据解决方案。本单元将介绍 SQL Server 2012 基础知识、SQL Server 2012 的新特性、SQL Server 2012 的安装和卸载等。

1.1 SQL Server 的发展历史

SQL Server 是使用客户机/服务器体系结构的关系型数据库管理系统（Relational Database Management System，RDBMS）。它起源于 Sybase SQL Server，由 Microsoft 公司、Sybase 公司和 Ashton-Tate 公司共同开发，并于 1988 年推出的第一个运行在 OS/2 操作系统上的 SQL Server。1992 年，SQL Server

移植到 Windows NT 系统上后，推出了 SQL Server 1.0，Microsoft 是这个项目的主导者。1995 年 Microsoft 公司又推出了 SQL Server 6.0 版本，之后陆续推出了 SQL Server 6.5 版本、SQL Server 7.0 版本、SQL Server 2000 版本。

SQL Server 2005 是一个全面的数据库平台，使用集成的商业智能（Business Intelligence，BI）工具提供了企业级的数据管理。SQL Server 2005 数据库引擎为关系型数据和结构化数据提供了更安全可靠的存储功能，使用户可以构建和管理用于业务的高可用和高性能数据的应用程序。它不仅可以有效地执行大规模联机事务处理，而且可以完成数据仓库和电子商务应用等具有挑战性的工作。

SQL Server 2005 提供了集成的数据解决方案，高效、可靠、安全，为信息工作者和 IT 工作人员带来了强大的、熟悉的工具，同时减少了从移动设备到企业数据系统的多平台上创建、部署、管理及使用企业数据和分析应用程序的复杂程度。SQL Server 2005 包含企业版、标准版、工作组版、开发人员版和快递版 5 个版本。

SQL Server 2008 推出了许多新的特性和关键的改进，满足数据爆炸和数据驱动应用程序的需求。

SQL Server 2012 于 2012 年 3 月 7 日发布。支持的操作系统平台包括 Windows 桌面和服务器操作系统。SQL Server 2012 在之前版本的基础上新增了许多功能，使其功能进一步加强，是目前较新、功能较为强大的 SQL Server 版本，是一个能用于大型联机事务处理、数据仓库和电子商务等方面应用的数据库平台，也是一个能用于数据集成、数据分析和报表解决方案的商业智能平台。SQL Server 2012 扩展了性能、可靠性、可用性、可编程性和易用性等方面的功能，为系统管理员和普通用户带来了强大的、集成的、便于使用的工具，使系统管理员与普通用户能更方便、更快捷地管理数据库或设计开发应用程序。

1.2 SQL 语言简介

SQL 是英文 Structured Query Language 的简称，意思是结构化查询语言。最早的 SQL 原型是 IBM 公司 20 世纪 70 年代在其研制的数据库管理系统 System R 上实现的。由于它接近于英语口语，简单易学、功能丰富、使用灵活，受到用户和 IT 行业广泛的支持。后来经过不断地发展完善和补充，SQL 被国际标准化组织（ISO）采纳为关系型数据库语言的国际标准。现在，几乎所有的数据库生产厂家都推出了各自支持 SQL 的数据库管理系统。

SQL 语言的特点：

（1）一体化

使用 SQL 语言可以完成数据库应用中几乎所有工作，包括实现数据库查询、操纵、定义和控制等全部功能。它把关系型数据库的数据定义语言 DDL（Data Define Language）、数据操作语言 DML（Data Manipulation Language）和数据控制语言 DCL（Data Control Language），统一在一种语言中。

（2）高度非过程化

用户使用 SQL 语言进行的数据操作时，只需指出“做什么”，而不需要指明“怎么做”，SQL 语言会将用户的要求提交给数据库管理系统，并由系统解释然后自动完成，这样就非常易于使用。使用 SQL 语言操作数据库时，不需要了解数据文件的结构和存储位置，这样就避免了编程的麻烦。

（3）两种使用方式和统一的语法结构

SQL 语言既可以作为自含式语言使用，又可以作为嵌入式语言使用。作为自含式语言，它可单独使用，用户通过键入 SQL 命令实现对数据库的操作。作为嵌入式语言，它又可以嵌入到某一种高级语言（如 C、Delphi、VB 等）程序中来使用。不管是哪种方式，SQL 语言语法结构基本相同，给用户带来了方便。

（3）语言简洁，易学易用

SQL 语言不但功能强大，使用方便，而且其核心功能只用了 9 个动词，语句结构简洁，易学易用。

1.3 SQL Server 2012 的优势

SQL Server 2012 基于 SQL Server 2008，其提供了一个全面的、灵活的和可扩展的数据仓库管理平台，可以满足成千上万用户的海量数据管理需求，能够快速构建相应的解决方案实现私有云与公有云之间数据的扩展与应用的迁移。作为微软的信息平台解决方案，SQL Server 2012 的发布，可以帮助数以千计的企业用户突破性地快速实现各种数据体验，完全释放对企业的洞察力。

和 SQL Server 2008 相比，SQL Server 2012 具有以下优势：

（1）安全性和高可用性。提高服务器正常运行的时间并加强数据保护，无须浪费时间和金钱即可实现服务器到云端的扩展。

（2）超强的性能。在业界首屈一指的基准测试程序的支持下，用户可获得突破性的、可预测的性能。

（3）企业安全性。内置的安全性功能及 IT 管理功能，能够在极大程度上帮助企业提高安全性能的级别。

（4）快速的数据发现。通过快速的数据探索和数据可视化方法对成堆的数据进行细致深入的研究，从而能够引导企业提出更为深刻的商业见解。

（5）方便易用。简洁方便的数据库图像化管理工具，与某些数据库相比，SQL Server 系统数据库提供图形化的管理工具，极大地降低了数据库设计的难度，对于不熟悉编写代码的人员，只要单击鼠标，就可以创建完整的数据库对象，也减少了编写代码可能造成的错误。

（6）高效的数据压缩功能。在数据容量快速持续增长的时期，SQL Server 2012 可以对存储的数据进行有效的压缩以降低 I/O 要求，提供系统的性能。

（7）集成化的开发环境。SQL Server 2012 可以同 Visual Studio 团队协同工作，提供集成化的开发环境，并让开发人员在统一的环境中跨越客户端、中间层及数据层进行开发。

1.4 SQL Server 2012 的新功能

作为 SQL Server 最新的版本，SQL Server 2012 具有以下新功能。

（1）AlwaysOn。这个功能将数据库镜像提到了一个新的高度。用户可以针对一组数据库做灾难恢复而不是一个单独的数据库。

（2）Columnstore 索引。这是 SQL Server 2012 独有的功能。它们是数据库查询设计的只读索引。数据被组织成扁平化的压缩形式进行存储，极大地减少了 I/O 和内存的使用。

（3）DBA 自定义服务器权限。在以往的版本中，用户可以创建数据库的权限，但不能创建服务器的权限。比如，DBA 想要一个开发组拥有某台服务器上所有数据库的读写权限，必须手动完成这个操作。但是 SQL Server 2012 支持针对服务器的权限设置。

（4）Windows Server Core 支持。Windows Server Core 是命令行界面的 Windows，使用 DOS 和 PowerShell 来与用户进行交互。它的资源占用更少、更安全，且支持 SQL Server 2012。

（5）Sequence Objects。使用 Oracle 的用户一直想要这个功能。一个序列（Sequence）就是根据触发器的自增值。SQL Server 2012 有一个类似的功能 Identity Columns，但是现在用对象实现了。

（6）PowerView。这是一个强大的自主 BI 工具，可以让用户创建 BI 报告。

（7）增强的审计功能。现在所有的 SQL Server 版本都支持审计。用户可以自定义审计规则，记录一些自定义的时间和日志。

（8）增强的 PowerShell 支持。所有的 Windows 和 SQL Server 管理员都应该认真学习 PowerShell 的技能。微软正在大力开发服务器端产品对 PowerShell 的支持。

（9）分布式回放（Distributed Replay）。这个功能类似 Oracle 的 Real Application Testing 功能。不同的是 SQL Server 企业版自带了这个功能，如果使用 Oracle，还需要额外购买该功能。该功能可以实现记录生成环境的工作状况，然后在另外一个环境重现这些工作状况。

（10）SQL Azure 增强。这和 SQL Server 2012 没有直接关系，但是微软确实对 SQL Azure 做了一点关键改进。

1.5 SQL Server 2012 的组成

SQL Server 2012 由 4 部分组成，分别是：数据库引擎、分析服务、集成服务和报表服务。

1. SQL Server 2012 数据库引擎

SQL Server 2012 数据库引擎是 SQL Server 2012 系统的核心服务，负责完成数据的存储、处理和安全管理。包括数据库引擎（用于存储、处理和保护数据的核心服务）、复制、全文搜索以及用于管理关系数据库和 XML 数据的工具。例如：创建数据库、创建表、创建视图、数据查询和访问数据库等操作，都是由数据库引擎完成的。

通常情况下，使用数据库系统实际上就是在使用数据库引擎。数据库引擎是一个负责的系统，它本身就包含了许多功能组件，如复制、全文搜索等。使用它可以完成 CRUD 和安全控制等操作。

2. 分析服务（Analysis Services）

分析服务的主要作用是通过服务器和客户端技术的组合提供联机分析处理（On-Line Analytical Processing，OLAP）和数据挖掘功能。

通过分析服务，用户可以设计、创建和管理包含来自于其他数据源的多维结构，通过对多维数据进行多角度分析，可以使管理人员对业务数据有更全面的理解。另外，使用分析服务，用户可以完成数据挖掘模型的构造和应用，实现知识的发现、表示和管理。

3. 集成服务（Integration Services）

SQL Server 2012 是一个用于生成高性能数据集成和工作流解决方案的平台，负责完成数据的提取、转换和加载等操作。其他的 3 种服务就是通过 Integration Services 来进行联系的。除此之外，使用数据集成服务可以高效地处理各种各样的数据源，例如：SQL Server、Oracle、Excel、XML 文档、文本文件等。

4. 报表服务（Reporting Services）

报表服务主要用于创建和发布报表模型的图形工具和向导，管理 Reporting Services 的报表服务器工具，以及对 Reporting Services 对象模型进行编程和扩展的应用程序编程接口。

SQL Server 2012 的报表服务是一种基于服务器的解决方案，用于生成从多种关系数据源和多维数据源提取内容的企业报表，发布能以各种格式查看的报表，以及集中管理安全性和订阅。创建的报表可以通过基于 Web 的连接进行查看，也可以作为 Microsoft Windows 应用程序的一部分进行查看。

1.6 SQL Server 2012 的版本

根据应用程序的需要，安装要求会有所不同。不同版本的 SQL Server 能够满足单位和个人独特的性能、运行时间以及价格要求。安装哪些 SQL Server 组件还取决于用户的具体需要。SQL Server 2012 共分为以下 6 个不同的版本：

1. SQL Server 2012 企业版（SQL Server 2012 Enterprise Edition）

SQL Server 2012 企业版是一个全面的数据管理和业务智能平台，为关键业务应用提供了企业级的可扩展性、数据仓库、安全、高级分析和报表支持。这一版本将为用户提供更加坚固的服务器和执行大规模在线事务处理。

2. SQL Server 2012 标准版（SQL Server 2012 Standard Edition）

SQL Server 2012 标准版是一个完整的数据管理和业务智能平台，为部门级应用提供了最佳的易用性和可管理特性。

3. SQL Server 2012 商业智能版（SQL Server 2012 Business Intelligence Edition）

SQL Server 2012 商业智能版提供了综合性平台，可支持组织构建和部署安全、可扩展且易于管理的 BI 解决方案。它提供基于浏览器的数据浏览、可见性等卓越功能，拥有强大的数据集成功能以及增强的集成管理功能。

4. SQL Server 2012 Web 版

对于为从小规模至大规模 Web 资产提供可伸缩性、经济性和可管理性功能的 Web 宿主和 Web VAP 来说，SQL Server 2012 Web 版本是一个成本较低的选择。

5. SQL Server 2012 开发版（SQL Server 2012 Developer Edition）

SQL Server 2012 开发版允许开发人员构建和测试基于 SQL Server 的任意类型应用。这一版本拥有所有企业版的特性，但只限于在开发、测试和演示中使用。基于这一版本开发的应用和数据库可以很容易地升级到企业版。

6. SQL Server 2012 精简版（SQL Server 2012 Express Edition）

SQL Server 2012 精简版是 SQL Server 2012 的一个免费版本，它拥有核心的数据库功能，其中包括了 SQL Server 2012 中最新的数据类型，但它是 SQL Server 2012 的一个微型版本。这一版本是为了学习、创建桌面应用和小型服务器应用而发布的，也可供 ISV（Independent Software Vendors，独立软件开发商）再发行使用。SQL Server 2012 Express with Tools 作为应用程序的嵌入部分，可以免费下载、免费部署和免费再分发，使用它可以轻松快速地开发和管理数据驱动应用程序。SQL Server 2012 精简版具备丰富的功能，能够保护数据，并且性能卓越。它是配置小型服务器应用程序和本地数据存储区的理想选择。

1.7 SQL Server 2012 的环境需求

在安装 SQL Server 2012 之前，用户需要了解其安装环境的具体要求。不同版本的 SQL Server 2012 对系统的要求略有不同，下面以 SQL Server 2012 企业版为例，其安装环境需求如表 1-1 所示。

表 1-1　SQL Server 2012 安装的环境需求

项　目	要　求
内存	最低要求：1 GB 推荐使用：4 GB 及以上
硬盘	至少 6 GB 可用空间
处理器	最低要求：1.4 GHz 推荐使用：2.0 GHz 及以上
必备软件	Microsoft.NET Framework .NET Framework 3.5 SP1 或更高版本（必备） 对于数据库引擎组件和 SQL Server Management Studio 而言，Windows Powershell 2.0 是安装必备主件

1.8　SQL Server 2012 的安装

下面以 SQL Server 2012 在 Windows 7 下的安装过程为例介绍，SQL Server 2012 的安装过程。

（1）首先找到安装目录下的 Setup.exe 文件，双击开始安装，进入“SQL Server 2012 安装中心”界面，单击安装中心左侧第二个“安装”选项，该选项提供了多种功能，如图 1-1 所示。

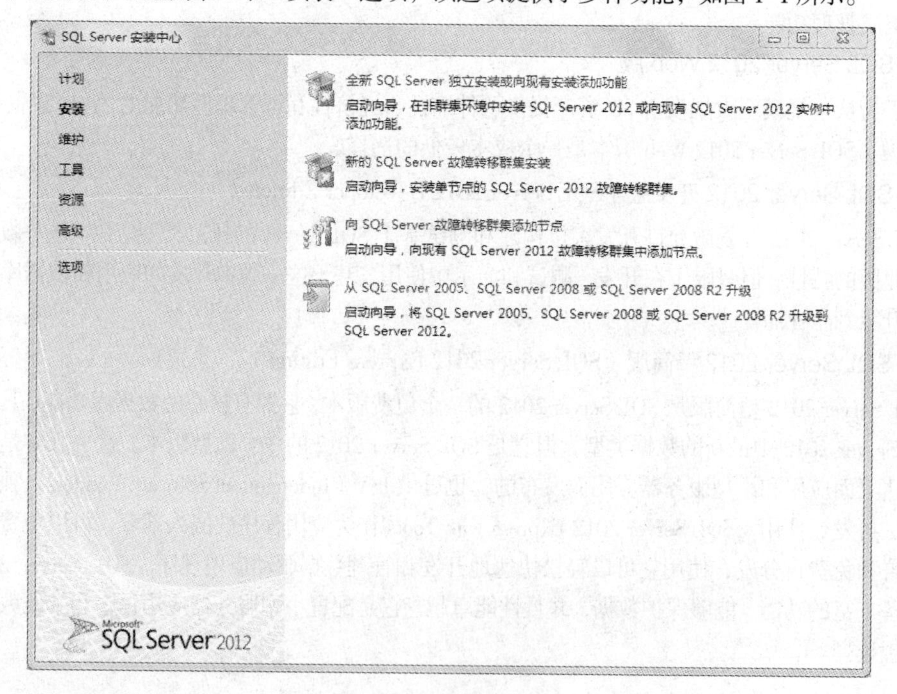

图 1-1　安装中心界面

（2）对于初次安装的读者，选择第一个选项“全新 SQL Server 独立安装或向现有安装添加功能”，选择该选项之后，安装程序将对系统进行一些常规的检测，如图 1-2 所示。

（3）全部规则检测通过之后，单击“确定”按钮进入产品密钥界面，在该界面中可以输入购买的产品密钥。如果是体验版本，可以在下拉列表框中选择“Evaluation”选项，然后单击下一步按钮，如图 1-3 所示。

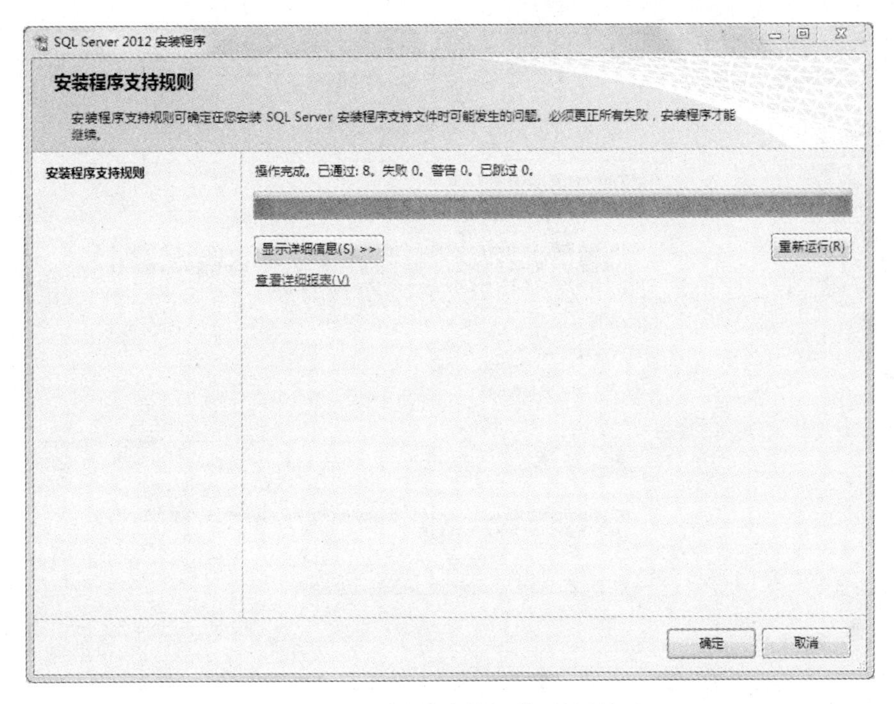

图 1-2 “安装程序支持规则”检测界面

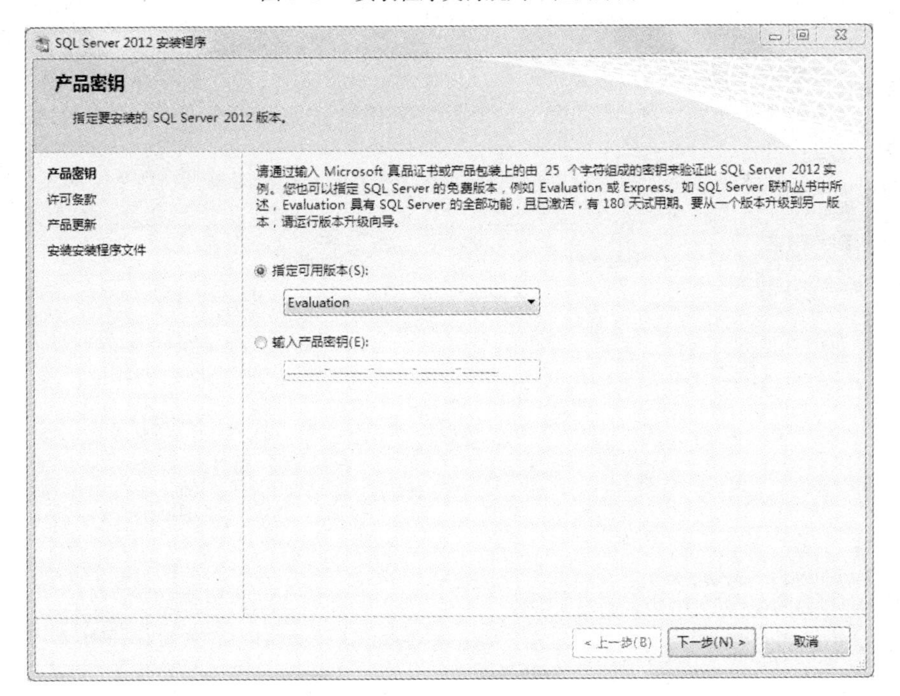

图 1-3 “产品密钥”界面

（4）打开“许可条款”窗口，选择该界面中的“我接受许可条款”复选框，然后单击下一步按钮，如图 1-4 所示。

（5）打开“安装安装程序文件”窗口，单击“安装”按钮，该步骤将安装 SQL Server 程序所需的组件，安装过程如图 1-5 所示。

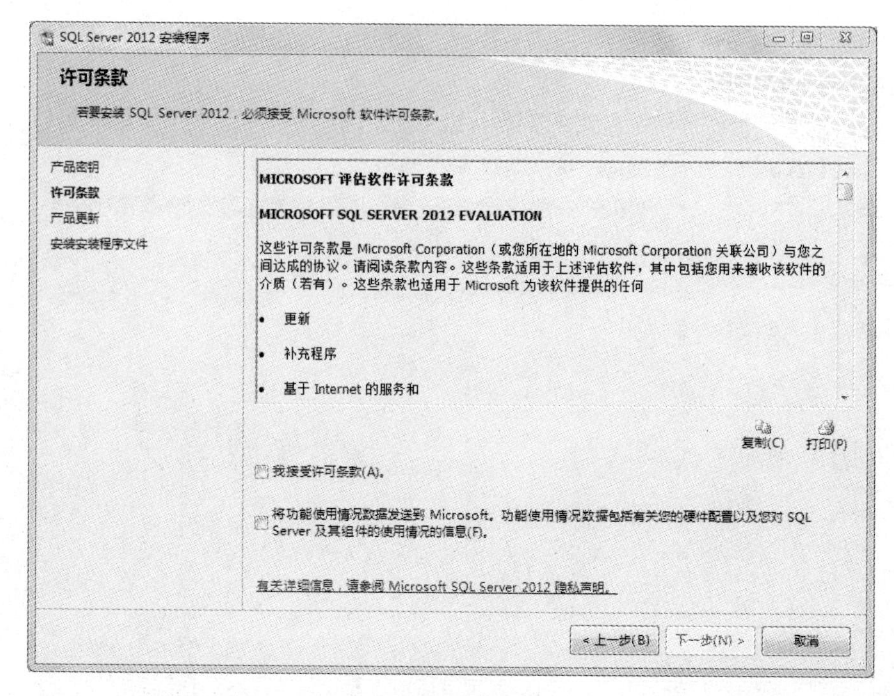

图 1–4 “许可条款”窗口

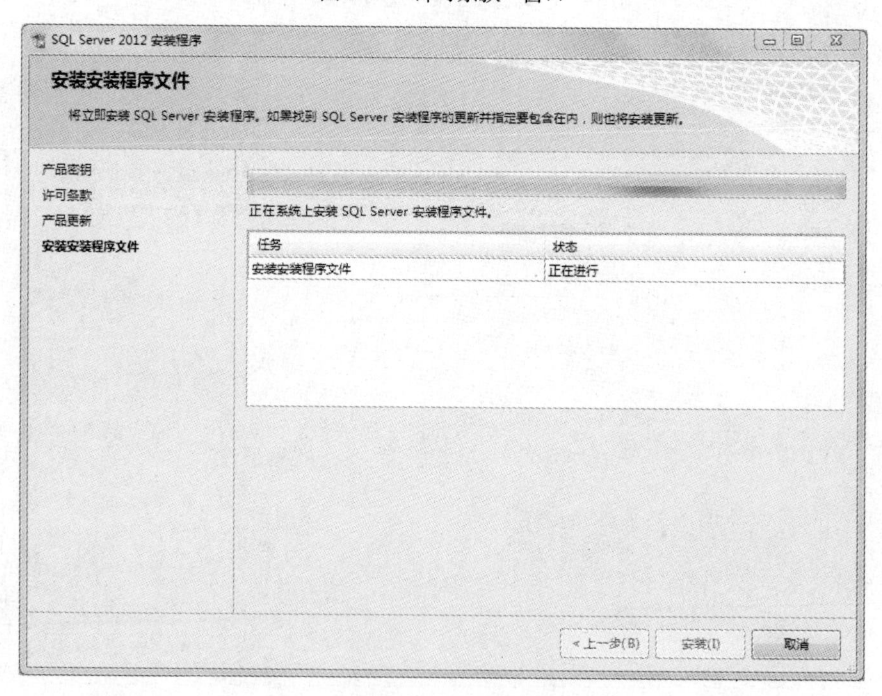

图 1–5 “安装安装程序文件”窗口

（6）组件安装完成之后，安装程序将自动进行第二次支持规则的检测，全部通过之后单击“下一步”按钮，如图 1–6 所示。

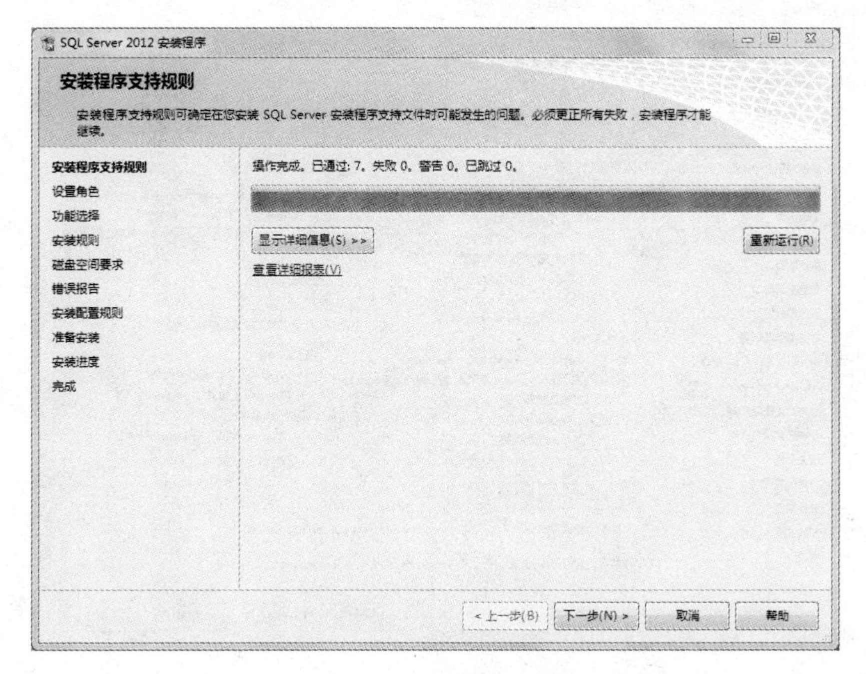

图 1-6　定制安装组件界面

（7）打开“设置角色”窗口，单击默认的“SQL Server 功能安装”单选按钮，单击“下一步”按钮，如图 1-7 所示。

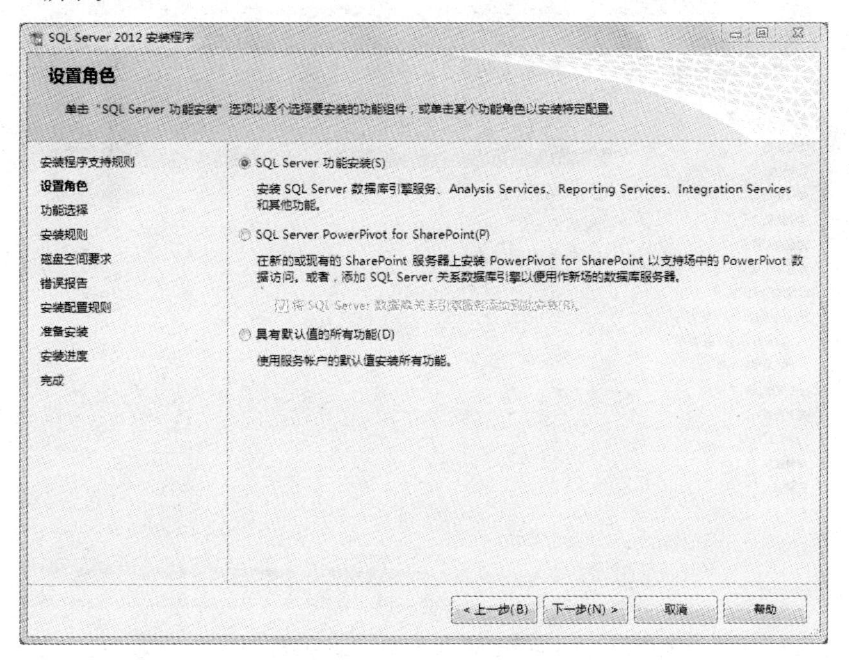

图 1-7　“设置角色”窗口

（8）打开“功能选择”窗口，如果需要安装某项功能，则选中对应的功能前面的复选框，也可以使用下面的“全选”按钮或者“全部不选”按钮来选择，我们这里选择“全选”按钮，然后单击“下一步”按钮，如图 1-8 所示。

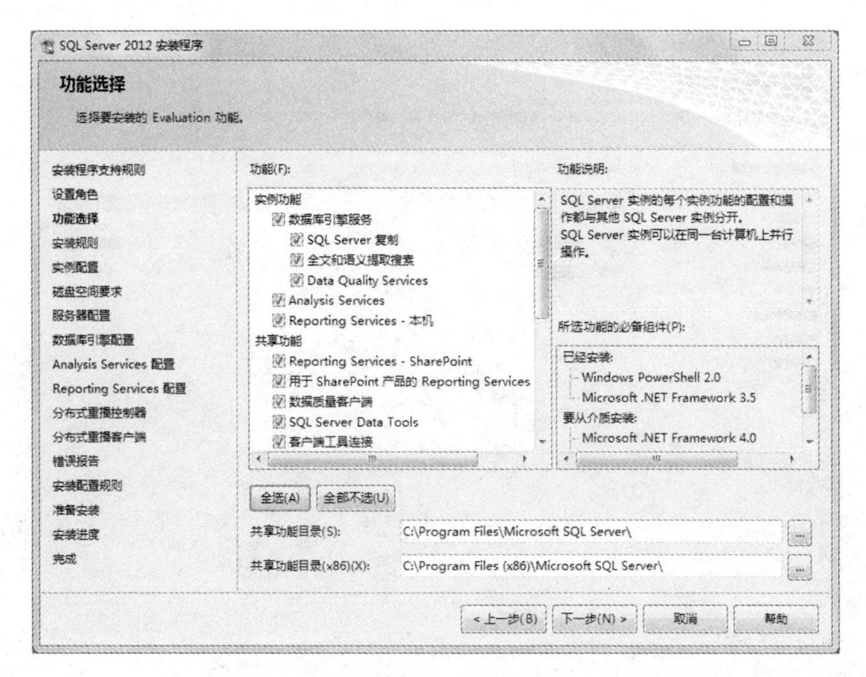

图 1-8 “功能选择”窗口

（9）打开“安装规则”窗口，系统自动检查安装规则信息，如图 1-9 所示。

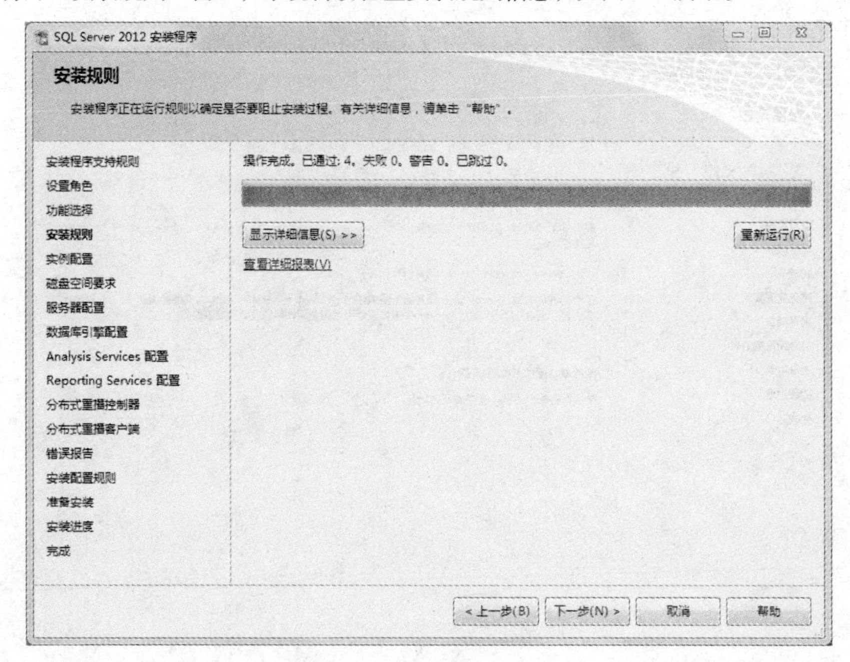

图 1-9 “安装规则”窗口

（10）打开“实例配置”窗口，在安装 SQL Server 的系统中可以配置多个实例，每个实例必须有唯一的名称，选择“默认实例”单选按钮，单击“下一步”按钮，如图 1-10 所示。

（11）打开“磁盘空间要求”窗口，该步骤只是对硬件的检测，直接单击“下一步”按钮，如图 1-11 所示。

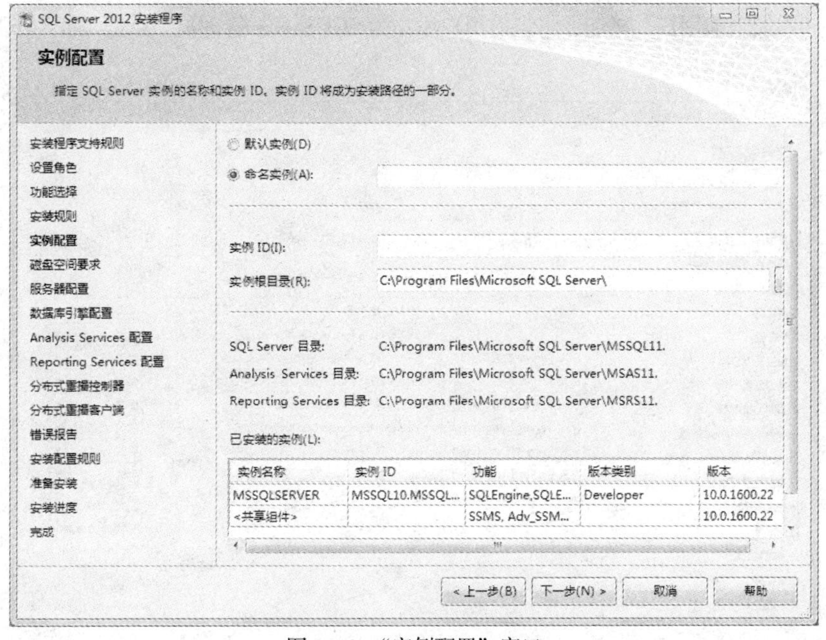

图 1-10 “实例配置”窗口

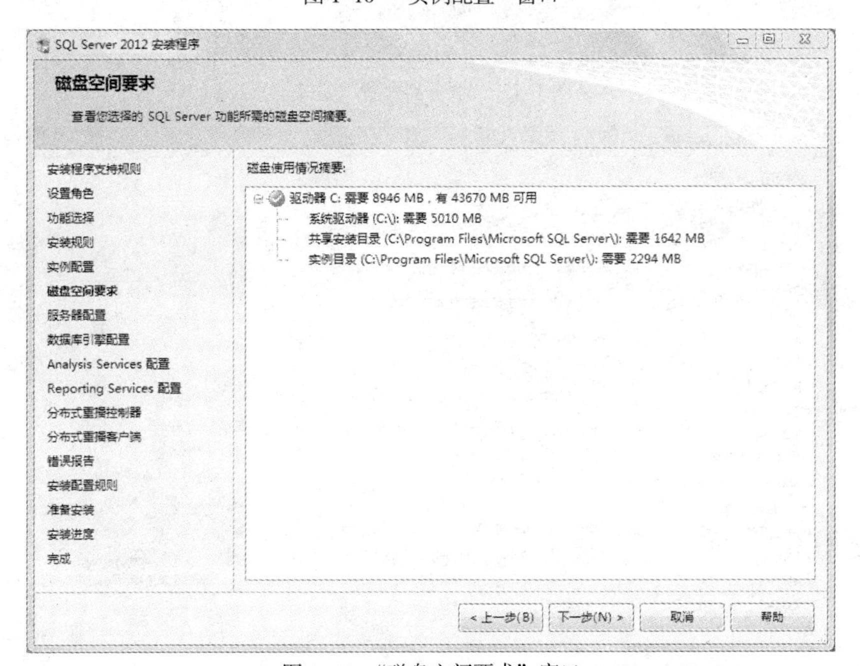

图 1-11 “磁盘空间要求”窗口

（12）打开“服务器配置”窗口，该步骤设置使用 SQL Server 各种服务的用户，账户名称后面统一选择 NT AUTHORITY\LOCAL SERVICE，表示本地主机的系统用户，单击“下一步”按钮，如图 1-12 所示。

（13）打开“数据库引擎配置”窗口，窗口中显示了设计 SQL Server 的身份验证模式，可以选择使用“Windows 身份验证模式”，也可以选择“混合模式”，此时需要为 SQL Server 的系统管理员设置登录密码，之后可以使用两种不同的方式登录 SQL Server。这里选择使用“Windows 身份验证模式”，

接下来单击“添加当前用户”按钮，将当前用户添加为 SQL Server 管理员。单击“下一步”按钮，如图 1–13 所示。

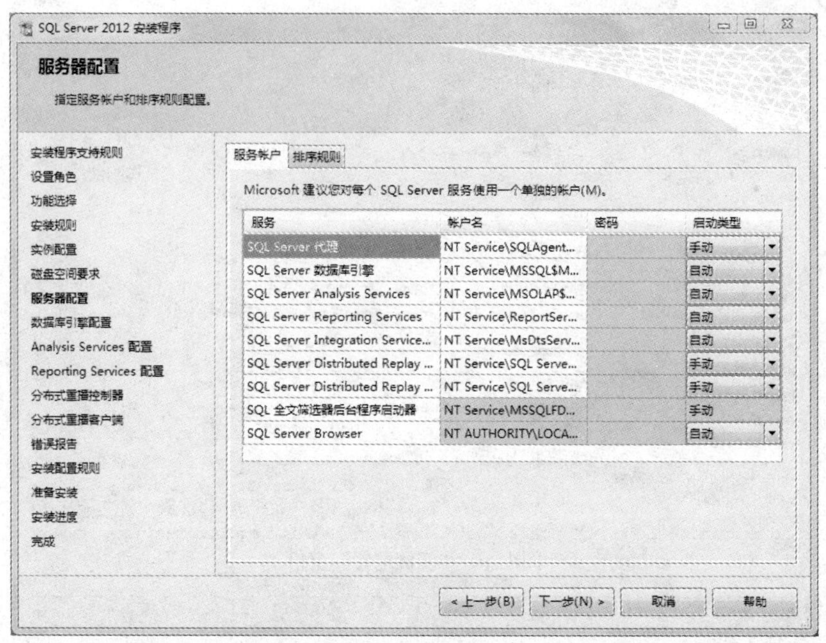

图 1–12 “服务器配置”窗口

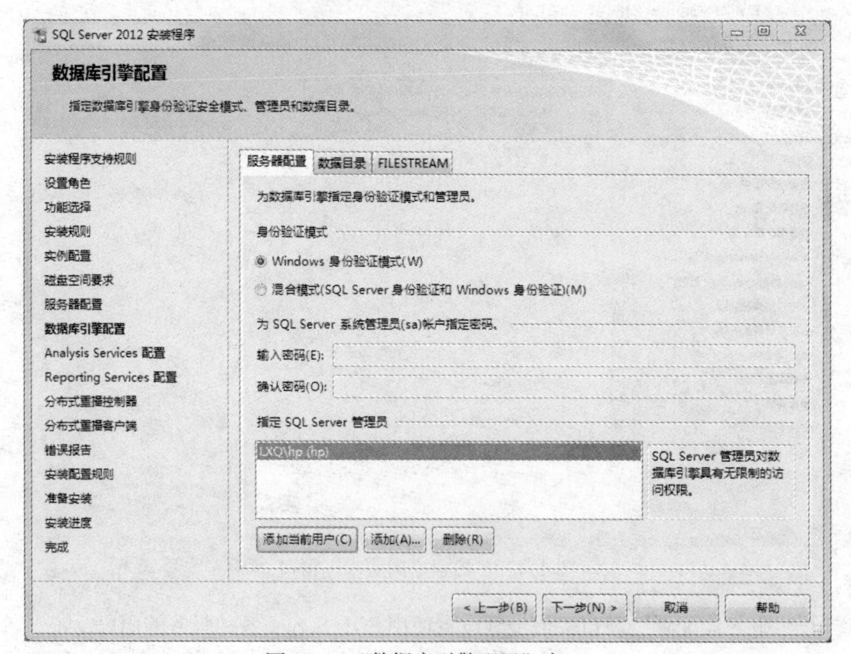

图 1–13 “数据库引擎配置”窗口

（14）打开“Analysis Services 配置”窗口，同样在该界面中单击“添加当前用户”按钮，将当前用户添加为 SQL Server 管理员，然后单击“下一步”按钮，如图 1–14 所示。

（15）打开“Reporting Services 配置”窗口，选择“安装和配置”单选按钮，然后单击“下一步”按钮，如图 1–15 所示。

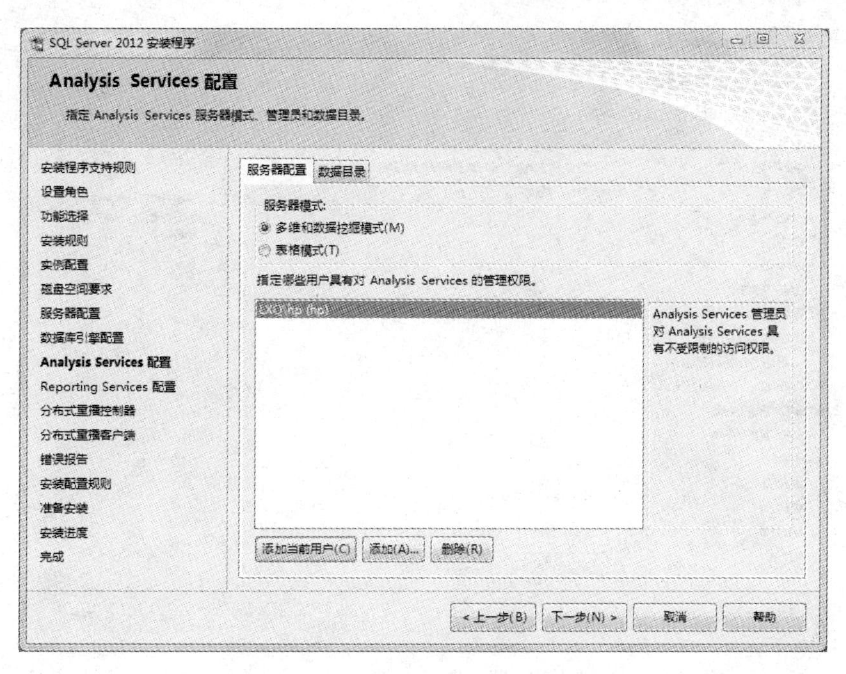

图 1-14 “Analysis Services 配置”窗口

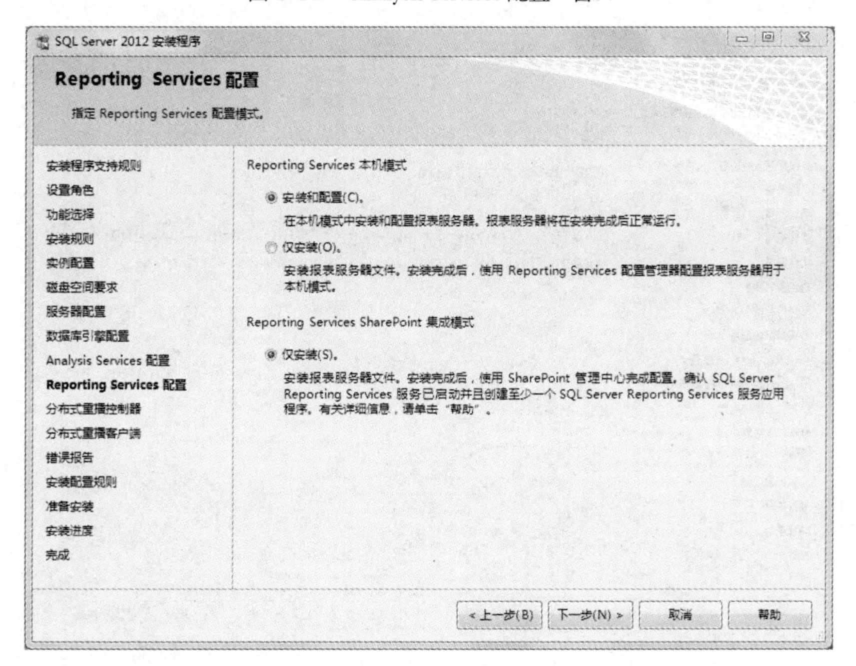

图 1-15 “Reporting Services 配置”窗口

（16）打开“分布式重播控制器”窗口，指定向其授予针对分布式重播控制器服务的管理权限的用户。具有管理权限的用户可以不受限制地访问分布式重播控制器服务。单击“添加当前用户”按钮，使当前用户具有上述权限，单击“下一步”按钮，如图 1-16 所示。

（17）打开“分布式重播客户端”窗口，在“控制器名称”文本框中输入控制器名称，然后设置“工作目录”和“结果目录”，单击“下一步”按钮，如图 1-17 所示。

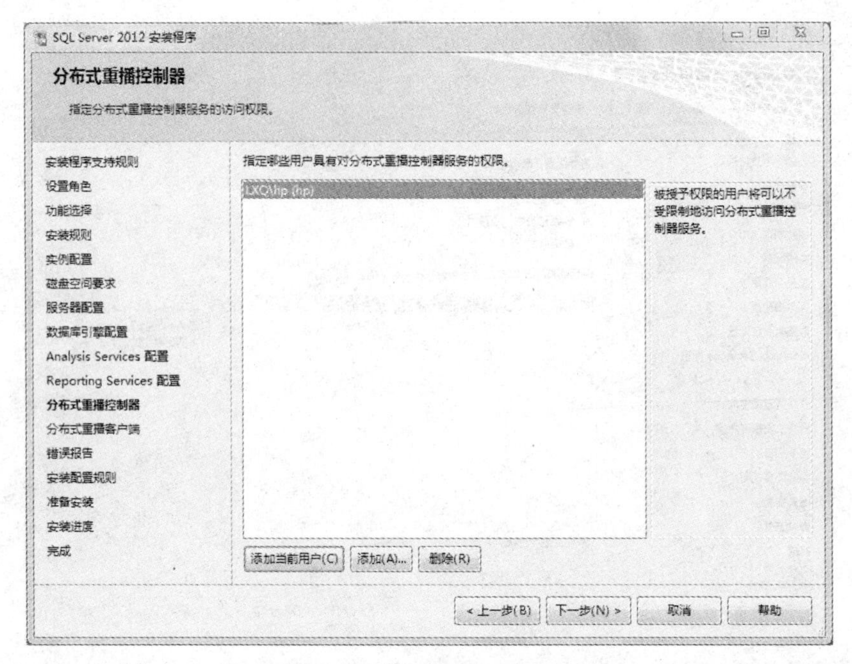

图 1-16 “分布式重播控制器”窗口

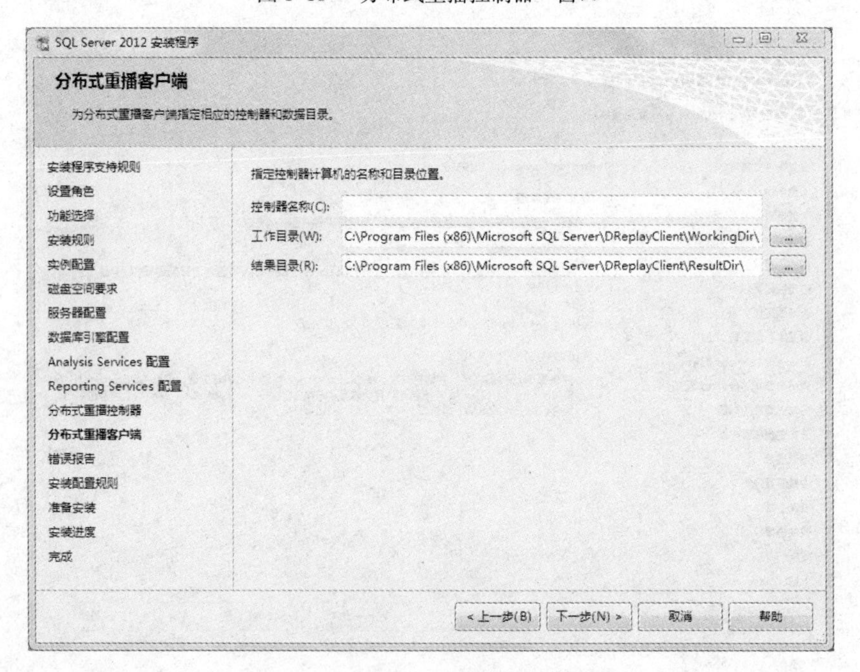

图 1-17 “分布式重播客户端”窗口

（18）打开“错误报告”窗口，该界面中的设置可以在 SQL Server 发生错误或者异常关闭时，将错误状态发送给微软公司，这里的选项对 SQL Server 服务器的使用没有影响，读者可以根据需要进行选择，这里直接单击“下一步”按钮，如图 1-18 所示。

（19）打开“安装配置规则”窗口，再次对系统进行检测，通过之后，单击“下一步”按钮，如图 1-19 所示。

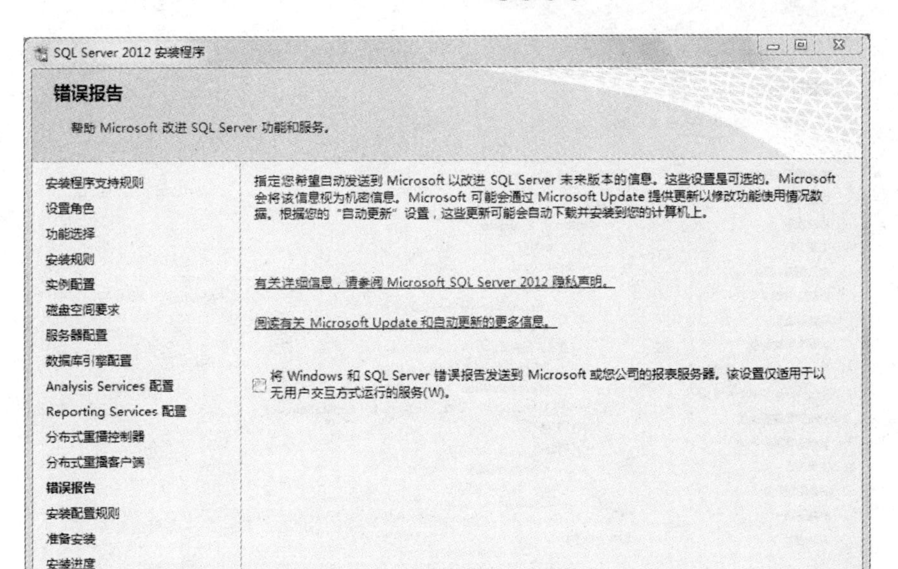

图 1-18 “错误报告”窗口

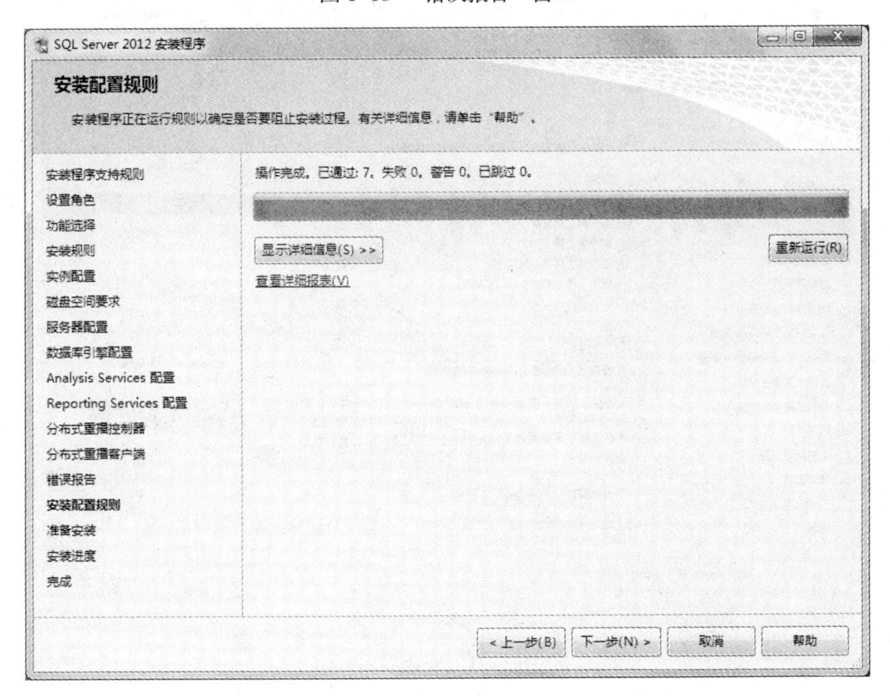

图 1-19 “安装配置规则”窗口

（20）打开“准备安装”窗口，该界面中列出了全部安装过程和安装路径，单击“安装”按钮，如图 1-20 所示。

（21）单击“关闭”按钮完成 SQL Server 2012 的安装过程，如图 1-21 所示。

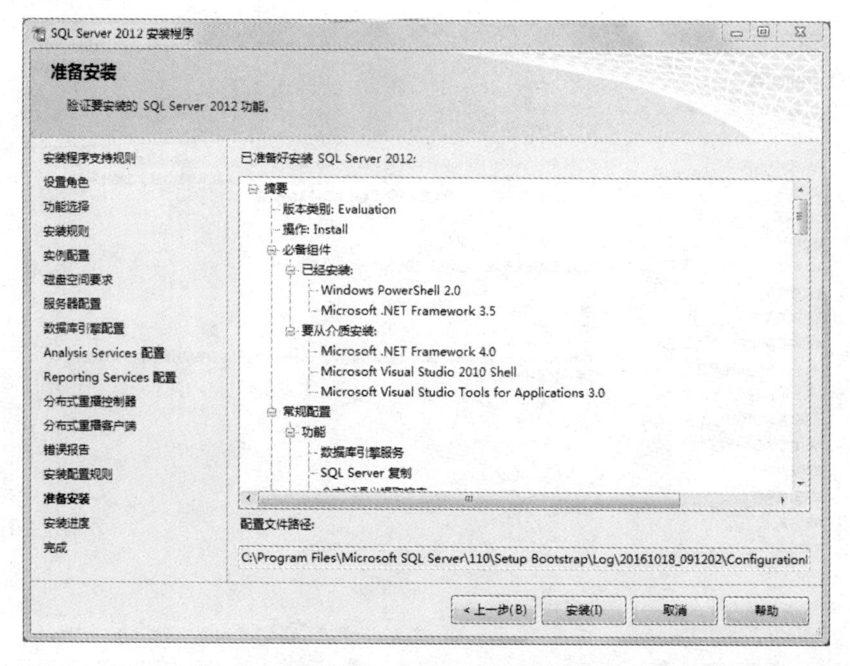

图 1–20 “准备安装”界面

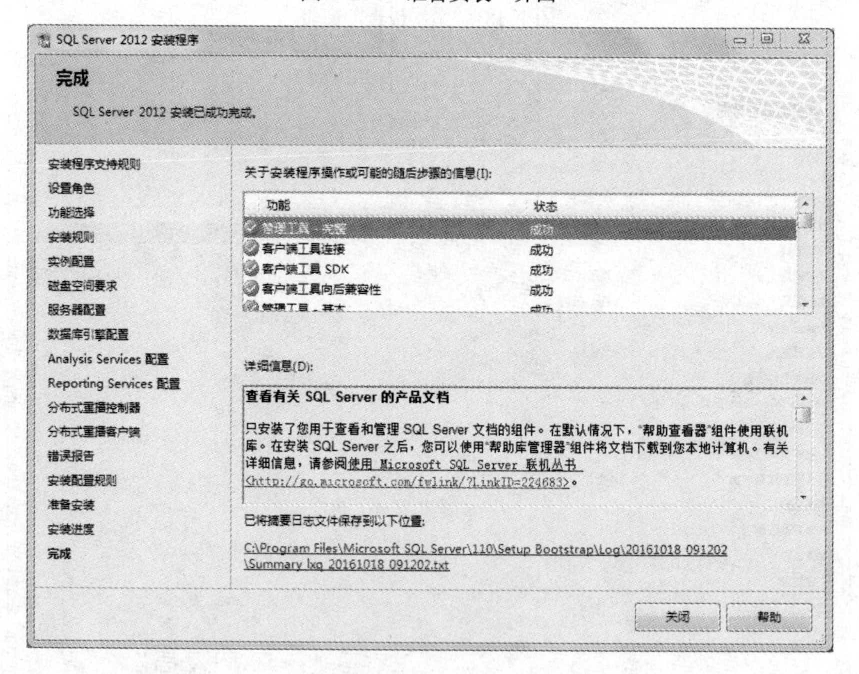

图 1–21 完成界面

1.9 SQL Server 2012 的常用工具

为了管理服务器和客户机以及开发数据库和应用程序，SQL Server 2012 提供了许多功能丰富的图形界面管理工具。主要的管理工具包括：

（1）SQL Server 配置管理器。

（2）SQL Server 管理控制台。

（3）SQL Server Profiler。

（4）数据库引擎优化顾问。

（5）数据质量客户端。

（6）SQL Server Data Tools。

（7）连接组件。

1.9.1 SQL Server 配置管理器

SQL Server Configuration Manager（SQL Server 配置管理器）是 SQL Server 的一个常用管理工具，界面如图 1–22 所示，它是服务器端工作时最有用的工具。用户对数据库执行任何操作之前都必须启动 SQL Server 服务。

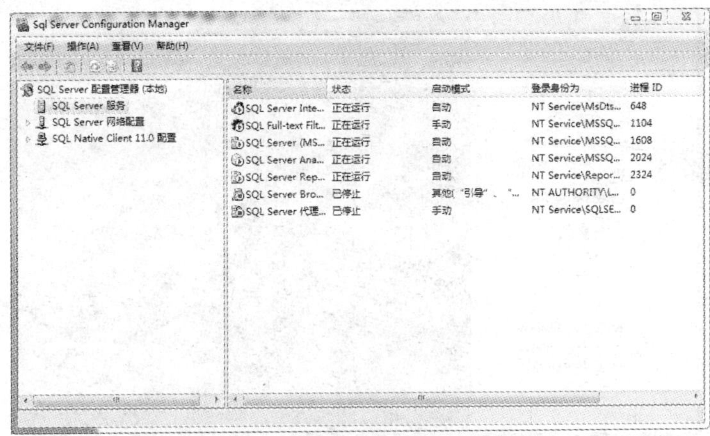

图 1–22　SQL Server 配置管理器

SQL Server Configuration Manager 的主要功能是启动数据库服务器的实时服务、暂停和停止正在运行的服务，以及在暂停后继续服务。

所有服务都可以自动启动或手工启动，通过 SQL Server 数据库引擎的启动属性设置就可以修改启动方式。

SQL Server Configuration Manager 管理着由该 SQL Server 系统拥有的所有文件。客户对数据库的所有服务请求，都通过一组 Transact–SQL（简称 T–SQL）命令来体现。SQL Server Configuration Manager 的功能是负责协调和安排这些服务请求的执行顺序，然后逐一解释和执行 SQL 命令，并向提交这些服务请求的客户返回执行的结果。另外，SQL Server Configuration Manager 还包括监督客户对数据库的操作，实施企业规则，维护数据一致性等功能。

1.9.2 SQL Server 管理控制台

SQL Server 2012 中使用最多的也是最重要的管理工具是 SQL Server Management Studio，即 SQL Server 管理控制台。它集成了以前版本的多个实用工具，如在 SQL Server 2000 中常用的企业管理器（Enterprise Manager）和查询分析器（Query Analyzer）等。这个集成的管理控制台可以完成的工作主要有：

（1）连接到各服务器的实例及设置服务器属性；

（2）创建和管理数据库，管理数据库的文件和文件夹，附加和分离数据库；

（3）创建和管理数据表、视图、存储过程、触发器、组件等数据库对象，以及用户定义的数据类型；

（4）管理安全性，创建和管理登录账号、角色和数据库用户权限、报表服务器的目录等；

（5）管理 SQL Server 系统记录、监视目前的活动、设置复制、管理全文检索索引；

（6）设置代理服务的作业、警报、操作员等；

（7）组织和管理日常使用的各类查询语言文件。

SQL Server Management Studio 作为企业管理器时，类似于资源管理器的使用。提供了调用其他管理工具的简单途径，能够以层叠列表的形式来显示所有的 SQL Server 对象，因而所有 SQL Server 对象的建立和管理都可以通过它来完成，如图 1-23 所示。

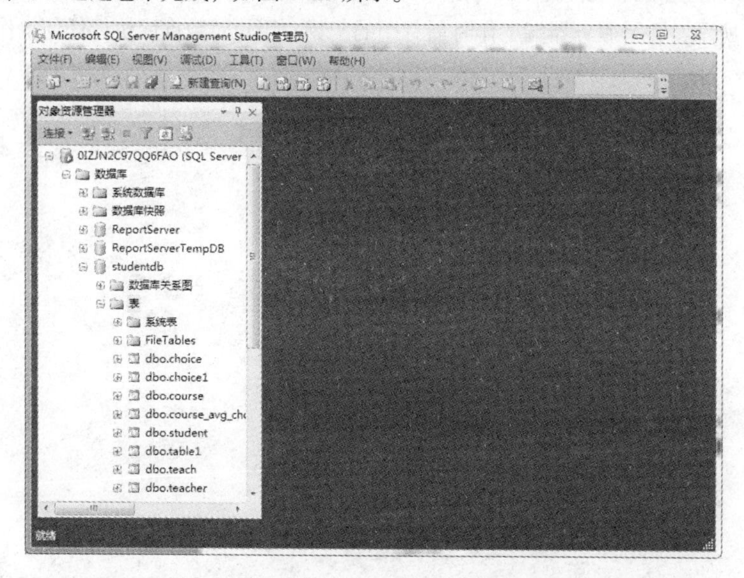

图 1-23　SQL Server Management Studio“对象资源管理器”窗口

SQL Server Management Studio 集成了查询分析器的功能，允许用户输入和执行 SQL 语句，并返回语句的执行结果。通过窗口的新建查询可以启动查询分析器，如图 1-24 所示。

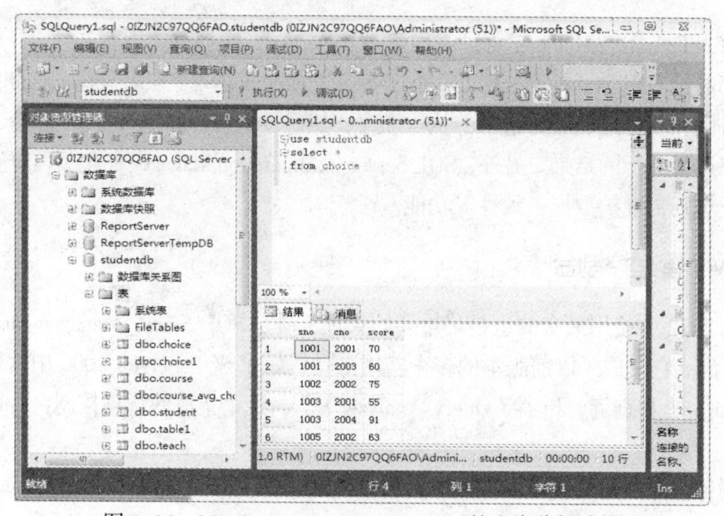

图 1-24　SQL Server Management Studio 的查询分析功能

1.9.3 其他实用工具

1. 服务器网络实用工具

服务器网络实用工具是用来配置本地计算机作为服务器时允许使用的协议，并设置相关的参数。

在 SQL Server Configuration Manager 中展开 SQL Server 2012 网络配置，就可以打开服务器网络实用工具，如图 1-25 所示。

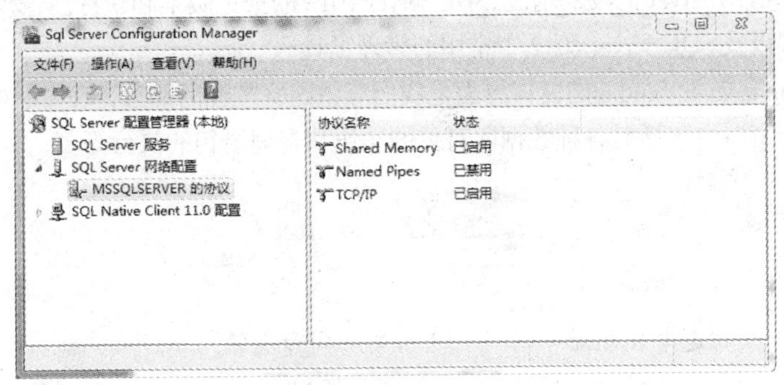

图 1-25 服务器网络实用工具

服务器网络实用工具可以配置共享内存、TCP/IP、命名管道和 VIA 协议。

共享内存协议（Shared Memory）提供本地的客户进程与本地服务器进程的通信功能，实现同一台计算机上不同进程之间的通信。

命名管道（Named Pipes）可用于本地，也可用于网络间的通信。使用命名管道时用户必须具有访问 SQL Server 所在机器的资源以后才能访问，可以提高安全因素。默认情况下，SQL Server 设置要监听的命名管道是\.\pipe\sql\query。

TCP/IP 协议是网络上使用最广泛的协议，VIA 协议（Virtual Interface Architecture，虚拟接口体系）也在逐渐成为发展趋势。

2. 客户端网络实用工具

客户端网络实用工具与服务器网络实用工具类型，用于设置本机作为客户机访问其他 SQL Server 时的客户机属性，如协议、服务器别名等。

打开客户端网络实用工具的方法是在 SQL Server Configuration Manager 中展开 SQL Native 11.0 Client 配置，如图 1-26 所示。

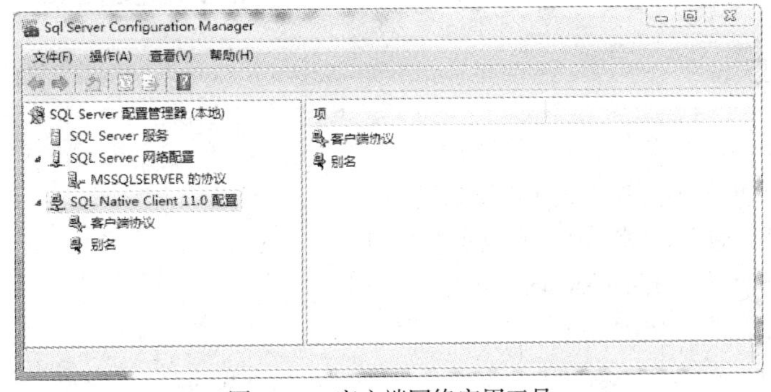

图 1-26 客户端网络实用工具

3. 导入和导出数据工具

这是一个向导式的数据传递工具，导入/导出向导为在 OLE DB 数据源之间复制数据提供了最简单便捷的方法。

在 SQL Server Management Studio 找到想要转换数据的数据库并右击，在弹出的快捷菜单中选择任务，再选择“导入数据”或“导出数据”命令，按照向导即可完成。

单元总结

本单元介绍了 SQL Server 的发展情况、SQL Server 2012 的常见版本和新特性、安装 SQL Server 2012 的环境需求和步骤以及 SQL Server 2012 中常用的管理工具。

SQL Server Management Studio 的窗口界面是我们应该熟练掌握的部分，在今后的数据库管理工作中会经常用到这个窗口，包括对各种数据库对象的操作和查询语句的执行等。

习　　题

一、选择题

1. SQL Server 最初是由 Sybase 和（　　）公司共同开发的。

   A. SUN　　B. Oracle　　C. IBM　　D. Microsoft

2. SQL Server 2012 提供了（　　）工具帮助用户进行数据传递。

   A. 企业管理器　　B. 查询分析器

   C. 客户端网络实用工具　　D. 导入导出数据工具

3. SQL Server 2012 的（　　）不能用于企业产品的服务器使用。

   A. 标准版　　B. 企业版　　C. 工作组版　　D.开发人员版

二、填空题

1. SQL Server 2012 使用的 SQL 语言被称为________语言。

2. 在硬件方面，SQL Server 2012 和以前版本不同的是能支持________位运算和海量数据存储。

三、判断题

1. 服务器网络实用工具是用来配置本地计算机作为服务器时允许实用的连接协议，并设置相关的参数。（　　）

2. SQL Server 2012 的版本有企业版、标准版、商业智能版、Web 版、开发版和精简版。（　　）

验证性实验 1　SQL Server 2012 的安装和工具的使用

一、实验目的

1. 熟悉 SQL Server 2012 各个版本的特点。
2. 熟练掌握 SQL Server 2012 的安装和配置。
3. 熟悉 SQL Server 2012 常用工具的功能和使用。
4. 熟练掌握 SQL Server Management Studio 的使用。

二、实验内容

1. 安装 SQL Server 2012 之前，检查安装环境。
2. 安装 SQL Server 2012。

3. 使用 SQL Server 2012 的各个工具。

4. 了解 SQL Server 2012 的配置。

三、实验步骤

1. 安装 SQL Server 2012 之前，检查计算机软硬件环境是否符合安装条件。

2. 安装 SQL Server 2012，观察安装过程，并做详细记录。记录安装时选择的组件、实例名、服务账号、身份验证模式等信息。

3. 安装完成后，检查 SQL Server 2012 各个组件是否能正常使用。

4. 熟悉 SQL Server Management Studio 管理器的启动、组件和使用。

（1）启动 SQL Server Management Studio 管理器，选择正确的连接方式连接到服务器。如果安装时选择了“windows 身份验证模式”，直接与服务器连接即可；如果安装时选择了“混合模式”，可以直接与服务器连接，也可以输入超级用户 sa 和登录密码与服务器连接。

（2）查看已经注册的服务器。熟悉服务器的停止、启动等操作。

（3）查看对象资源管理器中服务器的各种对象，包括数据库、数据库中的表、视图、函数等，另外还有安全性中的登录名、服务器角色等。

（4）启动 SQL Server Configuration Manager，查看管理项目。

第2单元

数据库基础和数据库创建

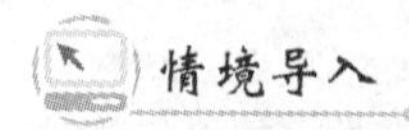

情境导入

某学校希望开发一个学校管理信息系统，以方便学校职能部门对学生的基本情况、教学情况、考核情况、教师情况有全面的了解，并通过该学校管理信息系统提高学校教学管理水平和教学管理工作效率。

各类学校管理信息系统现已逐步代替传统的管理模式，成为学校管理必不可少的工具，其核心问题就是使用计算机管理数据库。数据库技术已经成为现代管理信息系统的一个核心技术，下面我们通过以下内容来认识什么是数据库以及如何创建数据库。

知识目标和能力目标

知识目标

(1) 掌握关系数据库的基础知识。

(2) 能够应用E-R图对数据库进行建模。

(3) 能够将E-R图转化成为关系表。

能力目标

1. 专业能力

(1) 学会使用E-R图对数据库进行建模。

(2) 掌握概念模型到数据模型的转换方法。

(3) 了解数据库的设计流程。

2. 方法能力

(1) 扩展信息收集能力。

(2) 锻炼数据库设计能力。

(3) 满足用户需求能力。

2.1 数据库基础知识

数据库技术领域是当今计算机领域发展迅速、应用广泛的两大技术之一。数据库技术不仅应用于事务处理，并且广泛应用于各个行业和领域。数据库系统的实质是一个用于存储数据的系统。对数据的管理涉及信息存储结构的定义、信息操作机制、安全性保证以及多用户对数据的共享问题。

2.1.1 数据库技术相关概念

1. 数据

数据（Data）是对客观事物特征的一种抽象的符号化表示，是数据库中存储的基本对象。数据的范围很广，种类很多，比如数字、文字、图形、声音等都是数据。把各种数据采用特定的二进制编码存入计算机，就是计算机中的数据。

2. 数据库

数据库（Database，DB）实质就是存储数据的仓库，是在计算机存储设备上，按一定的组织形式存储在一起的相关数据的集合。借助于数据库管理系统软件，尽可能不重复，以最优方式为某个特定组织的多种应用服务，其数据结构独立于使用它的应用程序，为多种应用提供数据共享服务。

3. 数据库应用系统

数据库应用系统（Database Application System，DBAS）是在数据库管理系统支持下建立的计算机应用系统。它是采用数据库技术，计算机作为硬件和应用环境，OS、DBMS、程序语言和实用程序作为软件环境，应用领域作为应用背景而建立的一个可实际运行的、按照数据库方法存储和维护数据的、并为用户提供数据支持和管理功能的应用系统。比如教学信息管理系统、财务管理系统等。

4. 数据库管理系统

数据库管理系统（Database Management System，DBMS）是一种操纵和管理数据库的大型软件，是用于建立、使用和维护数据库的管理系统。数据库管理系统是数据库系统的核心，数据库的建立、使用和维护，都是由数据库管理系统统一管理、统一控制的。数据库管理系统使用户方便地定义和操纵数据库中的数据，并能保证数据的安全性、完整性、并发性和发生故障后的系统恢复。

5. 关系型数据库管理系统

关系型数据库管理系统（Relation Ship Database Management Sgstem，RDBMS）是 DBMS 的一种。它用于创建和维护关系数据库。当今流行的大多数 DBMS 其实都是关系数据库管理系统，例如，Access、SQL Server、Oracle 等。

6. 对象-关系型数据库管理系统

对象-关系型数据库管理系统（ORDBMS）也是 DBMS 的一种。它用于创建和维护面向对象数据库。当今最佳的对象-关系型数据库管理系统的代表是 PostgreSQL。

2.1.2 数据库系统的组成

数据库系统是指引进数据库技术的计算机系统。它由 4 部分组成，分别是计算机硬件、数据库集合、数据库管理系统及相关软件、人员。

1. 计算机硬件

计算机硬件是指有形的物理设备，它是计算机系统中实际物理设备的总称，由各种元器件和电子线路组成。计算机硬件的配制必须满足数据库系统的需要。

2. 数据库集合

数据库集合是存放数据的仓库，将数据按一定格式有组织地长期存放在计算机存储器中，并实现数据共享功能的数据集合。数据库是数据库系统操作的对象，可为多种应用服务，具有共享性、集中性、独立性与较小的数据冗余。数据库应包含数据表、索引表、查询表与视图。

3. 数据库管理系统及相关软件

数据库管理系统（DBMS）对数据库进行统一的管理和控制，以保证数据库的安全性和完整性。用户通过数据库管理系统访问数据库中的数据，数据库管理员也通过数据库管理系统进行数据库的维护工作。DBMS 有以下四个基本功能：

（1）数据定义功能：用户可以通过 DBMS 提供的数据定义语言（DDL）对数据库的数据对象进行定义。

（2）数据操纵功能：用户可以通过 DBMS 提供的数据操纵语言（DML）对数据库进行基本操作，如查询、插入、删除与修改等。

（3）数据库的运行管理：DBMS 能统一地对数据库在建立、运行和维护时进行管理与控制，可保证数据库的安全性与完整性，并使数据库在故障后得以恢复。

（4）数据库的建立和维护功能：DBMS 能对数据库的初始输入、数据转换与修改、恢复与重组、性能监控与分析，以确保数据库系统的正常运行。

DBMS 是数据库系统的核心软件，位于用户和操作系统之间。DBMS 的以上功能是由一些系统程序与相关软件模块完成的。

4. 人员

人员是指使用数据库的人。数据库系统中主要有如下四类人员：

（1）数据库管理员：负责数据库系统正常运行的高级人员，决定数据库的数据内容、存储结构、定义数据的安全性与完整性、监控数据库的运行与数据的重组恢复。

（2）系统分析员：负责数据库应用系统的需求分析、规范说明、与用户及数据库管理员一起确定系统的软硬件配置，参与概要设计。

（3）数据库设计人员与应用程序员：负责数据库中数据的确定、数据库的模式设计、应用程序的编写，参与需求分析与系统分析。

（4）最终用户：通过数据库系统提供的应用软件对数据库进行使用与访问。

数据库系统的组成如图 2-1 所示。

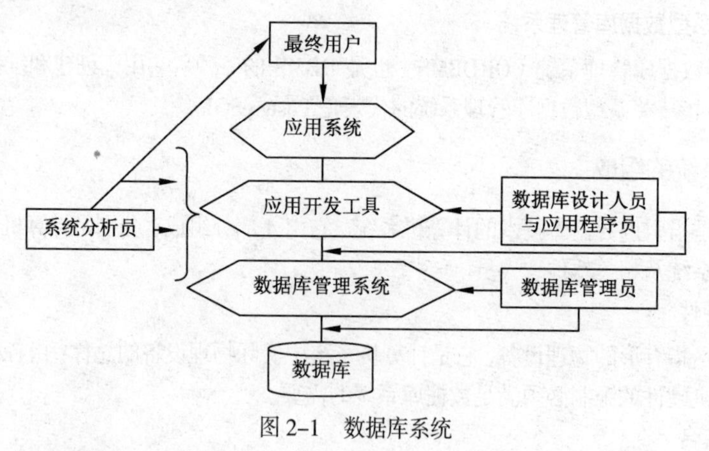

图 2-1　数据库系统

2.1.3　数据库技术发展过程

数据库技术是由于数据管理任务的需要而产生的。数据管理的历史由来已久，早在计算机发明之前，人们就在纸介质、竹简，甚至在石头上记录各种数据，以此来管理和处理数据。

在发明计算机之后，人们逐渐开始使用计算机管理各种数据。这一过程经历了人工管理、文件系

统、数据库系统、分布式数据库系统和面向对象数据库系统等几个阶段。

1. 人工管理阶段

20 世纪 50 年代中期以前，计算机主要用来进行科学计算。数据是无法保存的，因为计算机还没有类似于硬盘的外围存储设备，只能将数据存储在卡片、纸带、磁带等设备上。那个时期，数据对程序不具有独立性，数据和处理它的程序放在一起保存为一个文件，如果数据的逻辑结构和物理结构发生变化，就必须对应用程序也做相应的修改。由于数据和程序放在一起，所以数据就不能重用或允许其他程序共享。一组数据只能对应一个程序，所以不同程序文件中存有大量重复数据，这就是数据的冗余。

2. 文件系统阶段

20 世纪 50 年代后期至 60 年代中后期，计算机开始被用来进行数据处理，而且是大量的用于数据处理。因此，数据存储、查询检索和维护的需求就变得非常重要。这一时期，硬件方面可直接存取的硬盘（磁盘）成为了主要的外部存储器，软件方面出现了文件系统，也就是专门管理外部存储器的数据管理软件。

在这一阶段，人们开始将程序和数据分开存储，有了程序文件和数据文件的区别，使程序与数据有了一定的独立性。

但是，文件系统中的数据文件是为了满足特定业务领域或某部门的专门需要而设计的，服务于某个特定应用程序，数据和程序的依赖程度非常大，同一个数据项可能重复出现在多个数据文件中，导致数据冗余大，且非常容易造成数据的不一致性，例如，A 文件中张三的职称被修改为教授，而 B 文件中张三的职称由于疏忽还是副教授等。

因为上述问题的存在，文件系统再也不能满足日益增长的信息需求，所以人们开始了探索数据库技术的征程。

3. 数据库系统阶段

从 20 世纪 60 年代后期开始，需要计算机管理的数据规模越来越大，同时对数据共享的需求也是日趋强烈，文件系统的数据管理方法已经无法再适应开发应用系统的需求了。为了实现计算机对数据的统一管理，并达到数据共享的目的，便出现了数据库系统。数据库系统阶段，数据管理的主要特点表现在：

（1）数据的共享性提高，多个用户、多个应用程序可以共享相同的数据。

（2）数据的冗余度大大降低，数据的一致性和完整性有所提高。

（3）数据的独立性大大提高，从而改变程序或改变数据时，减少了相互的影响。

4. 分布式数据库系统阶段

在 20 世纪 70 年代后期以前，多数数据库系统是集中式的，这种数据管理技术在某些情况下会出现一些问题，例如，当同一时间访问数据库的用户特别多时，就会严重影响数据库的效率，甚至由于网络堵塞，用户的终端会很长时间不能做出任何反应。基于以上原因，分布式数据库系统走上了数据管理的历史舞台。

分布式数据库系统分为物理上分布、逻辑上集中的分布式数据库结构和物理上分布、逻辑上分布的分布式数据库结构两种。

（1）物理上分布、逻辑上集中的分布式数据库结构是一个逻辑上统一，而数据存放的地理位置不同的数据管理方式。这些地理位置不同的数据组成了逻辑上的一个整体数据库，并受分布式数据库管理系统的统一控制和管理，这就使得不同地理位置上的用户可以就近存取数据，而不用再访问远端数据库中的数据了，从而也提高了数据库系统的效率。

（2）物理上分布、逻辑上分布的分布式数据库结构实际上是将很多独立的集中式数据库通过网络连接起来，共享给网络用户的数据管理方式。在这种结构中每个独立的集中式数据库都由本地数据库管理系统自行管理。

5．面向对象数据库系统

面向对象思想起源于程序设计语言，现在也已经被广泛地应用在计算机科学的各个领域。面向对象数据库是数据库技术与面向对象程序设计相结合的产物，是面向对象方法在数据库领域中的实现和应用。

2.2 关系数据库

2.2.1 数据模型

现实生活中，人们经常使用各种模型。比如：一个企业的建筑模型、一个用于军事的战争态势沙盘模型、航天飞机模型、动物解剖图、地图等，借助这些模型，帮助人们对现实世界中某一事物的结构、组织形态、内部特征、整体与局部的关系，以及它的运动与变化等多元信息的把握和了解。而数据模型是对现实世界中各类数据的抽象和模拟。

任何数据库系统的建立，都要依赖某种数据模型来描述和表示信息系统。因此，数据模型一般应满足三个要求：

（1）需要尽可能真实地模拟或反映现实世界的数值特征。

（2）便于人们理解和交流。

（3）便于在计算机系统上实现存储和处理。

由于数据库的方案设计和数据库的实现各有特点，所以，不同阶段要使用不同的数据模型。

在数据库的概念结构设计阶段，使用概念层数据模型（又称信息模型）。在数据库的结构设计和实施阶段，使用组织层数据模型（简称组织模型）。

为了将现实世界的具体事务抽象、组织成一个为某一 DBMS 支持的数据模型，人们通常分两步完成：

（1）将现实世界的信息（属性、特征等）抽象为信息世界的各类数据，并使用概念模型来描述各数据的名称、数据类型、数据的精度与取值范围、不同数据之间的关联等；

（2）将概念模型转换为组织层模型，将数值化信息转换成机器数据。

这一转换过程如图 2-2 所示。

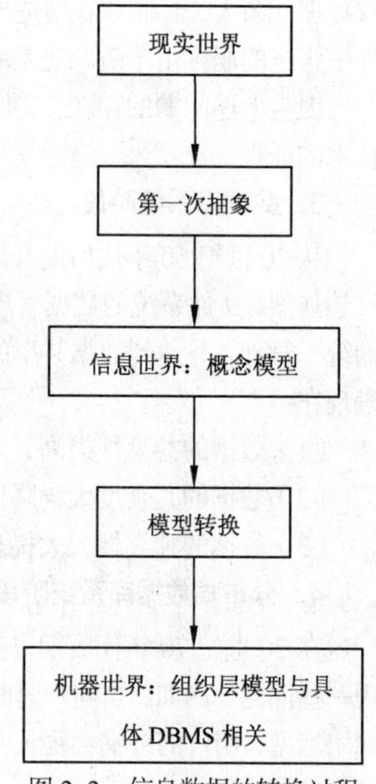

图 2-2　信息数据的转换过程

2.2.2 概念模型

概念模型的设计就是将信息或数据从现实世界转换到信息世界。这个过程是一种创造性劳动，需要设计者对课题内容有着深入、透彻的理解，并且有丰富的实践经验，很高的综合素质和良好的抽象、综合能力。

而从信息世界到机器世界的转换，是比较直接和容易的。只要具有相关的专业技术知识，遵循基本规则和一定的技术规范，就不难实现。数据库应用人员的着眼点和重点应当放在数据库的实现和应用上。

概念层数据模型是用于描述、表达现实世界的多元化信息和数据的工具。同时也是数据库设计人员进行数据库设计的工具，它还是数据库设计人员与用户进行交流的工具。因此，它应具有较强的语义表达能力，也就是说，它能有效地、精确地、完整地表达人们从现实世界抽象出来的各类数据与信息的特征、特性、属性，同时还包含各类数据与信息之间的关联、联系与约束。概念层数据模型应尽可能简单明了、清晰，便于人们理解与相互交流。

概念模型是面向用户的，其主要目标是如何将现实世界的数据表达清楚，方便用户理解和使用。在数据库概念设计阶段，设计人员应把主要精力放在了解现实世界，用户需要的各类数据及数据之间的相互联系上，尽量准确地表述清楚。而将涉及 DBMS 的许多技术性问题暂时放下。也就是说，概念模型的设计与 DBMS 无关。

常用的概念模型有实体–联系模型（Entity–Relationship model，E–R 模型）、语义对象模型等。

2.2.3 概念模型的表示方法（E–R 图）

1. E–R 模型中常用的名词与实体联系图

在 E–R 模型中，有些经常使用的名词或概念：

（1）实体。实体是客观世界中具有某些共同特性的同类对象的集合，也可以称为实体类型。不同的实体可以相互区分，不会混淆。比如：学生、教师、医院、工厂、成绩单、培训计划等都是实体。

在数据库的设计中，经常将一个实体抽象成一个实体类型，或者简称实体型。为了描述和表达的方便，任何实体必须有合适的名称和相关的属性。

（2）属性。实体所具有的某一特性，一个实体可由若干个属性来描述。比如学生的姓名、学号、性别都是属性。

在 E–R 图中，实体用矩形框表示。即一个矩形框内，写一个实体的名称。属性用椭圆形（或圆角矩形），框内加属性的名称来表示。并将该属性框与它所属的实体用直线连接起来，如图 2–3 和图 2–4 所示。

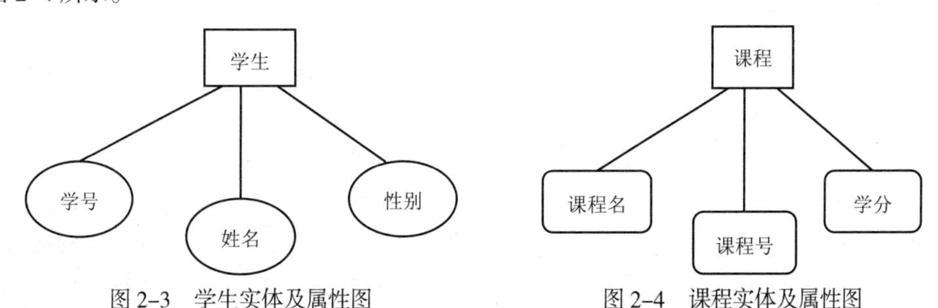

图 2–3　学生实体及属性图　　图 2–4　课程实体及属性图

在设计概念模型时，需要注意以下几个问题：

（1）不同实体的实体名称不能相同。

（2）同一个实体中，各个属性名称不能相同。

（3）一个实体的属性个数、名称、数据类型和取值范围都是唯一确定的。

2. 联系

在客观世界中，事物内部以及事物之间，可能存在复杂的联系。这些联系在抽象到信息世界之后，应该反映为同一实体内部的联系和不同实体之间的联系。一个数据模型不能正确、全面地反映这些联系，就不可能建立一个有实用价值的数据库系统。

实体与实体之间的联系，一般分为三种情况：

（1）一对一联系（1:1）

对于任意两个实体 *A* 和 *B*，如果 *A* 中的每个个体至多与 *B* 中的一个个体相联系，反之亦然，则称实体 *A* 和 *B* 存在一对一联系，记作 1:1。例如：在学校里面，一个班级只有一个班长，而一个班长只在一个班级任职，因此班级和班长之间存在一对一联系。

（2）一对多联系（1:*n*）

对于任意两个实体 *A* 和 *B*，如果 *A* 中的每个个体与 *B* 中的多个个体相联系，反之，*B* 中的每个个体，*A* 中至多只有一个个体与之联系，则称实体 *A* 和 *B* 存在一对多联系，记作 1:*n*。例如：在企业中，一个部门有若干个职工共同工作，而一个职工只能在一个部门工作，则部门和职工之间就构成了一对多联系。

（3）多对多联系（*m*:*n*）

对于任意两个实体 *A* 和 *B*，如果 *A* 中的每个个体与 *B* 中的多个个体相联系，反之，*B* 中的每个个体，*A* 中也有多个个体与之联系，则称实体 *A* 和 *B* 存在多对多联系，记作 *m*:*n*。例如：每个学生都可以选修多门课程，每门课程都可以接纳多个学生选修。它们之间就构成多对多的联系。

画实体联系图时，应注意以下几点：

（1）实体间的联系一般表现为一种行为或一种活动，具有动态特征。这是它与实体属性图明显的区别。在 E–R 图中用菱形框来表示联系。有的联系还可能同时涉及三个或多个实体，画法基本相同。图中要标明联系的类型，即属于三类中的哪一类。这些信息将在数据库后面的设计阶段使用，不可缺少。

（2）有些属性比较特殊，它们并不属于哪一个实体，而是由实体间的联系产生出来的。这样的属性必须在实体联系图中画出，但它是属于联系派生出来的属性，不能将它与某一实体相连。

（3）一般来说，画实体联系图时，可以将实体的属性省略，因为每个实体有一个实体属性图，不必重复，还可以简化总的实体联系图，以便突出实体间的联系。

2.2.4 组织模型

组织层数据模型就是以数据在计算机中的组织方式为出发点，能更有效、更方便，更有利于设计人员与用户进行沟通、理解，且方便用户使用。数据库技术经过近 50 年的研究与发展，最常用的组织层数据模型有四种：

1．层次数据模型

层次型数据模型又称作树型结构，树中的每个结点表示一种记录类型。这种数据模型的优点是数据结构类似金字塔，不同层次之间的关联性直接而且简单。缺点是由于数据纵向发展，横向关系难以确立，数据可能会重复出现，造成管理和维护的不便。

例如，在学校的管理体系中，一个学校有许多系或其他部门，一个系又有多个教研室和多个班级，一个教研室有许多教师，一个班级有许多学生等，这就是一种较典型的层次结构。图 2–5 表示这些信息的组成和联系。

2．网状数据模型

网状数据模型是把每个记录当成一个结点，任意结点与结点之间可以建立联系，形成一个复杂的

网状结构。它的优点是避免了数据的重复性，缺点是关联性比较复杂，特别是当数据库变得越来越大时，关联性的维护会非常烦琐。

在如图 2-6 所示的模型中，信息之间的联系更为复杂。例如，从信息 A 出发，到信息 C_2，有两条路径可走。一条是 A–A_2–C_2，另一条路径是 A–B–D–C_2。

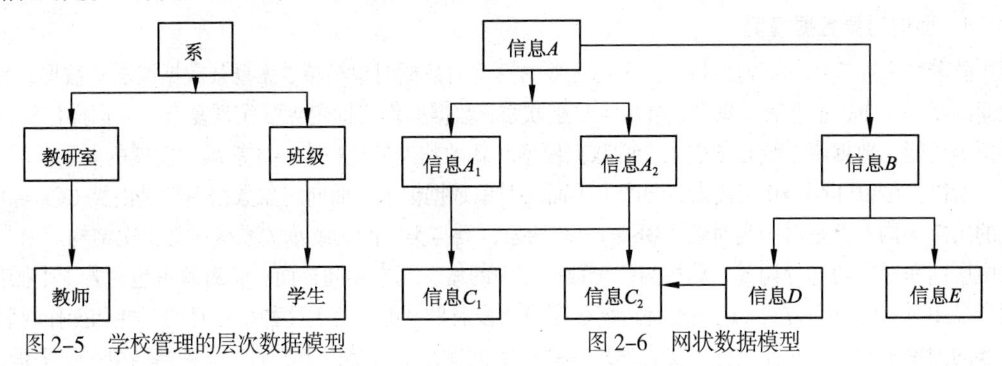

图 2-5　学校管理的层次数据模型　　　　图 2-6　网状数据模型

3. 关系数据模型

关系型数据模型使用二维矩阵来表示和实现数据的联系，而不像网状模型和层次模型使用指针链表实现数据的联系。二维矩阵在关系型数据模型中是以表格形式来实现的，表格中的行和列形成一个关联的数据关系–数据表。

图 2-7 所示为一个学生信息表。如果要查找学号为“1002”的学生的姓名，则可以由横向的“1002”记录行与纵向的“姓名”字段列的关联相交处而得到，如图 2-7 所示。

由此可知，关系型数据库中数据的关联是指表中行与列的关联。除此之外，在关系型数据库中，通常有多个表存在，表与表之间会因为字段的关系而产生关联。

关系型数据库系统之所以成为了数据库系统组织层数据模型的主流技术，这是由于它具有其他数据模型所没有的优势。

（1）在关系模型中，实体与实体之间的联系都用关系来表示，概念单一，数据结构简单、清晰，用户容易理解。

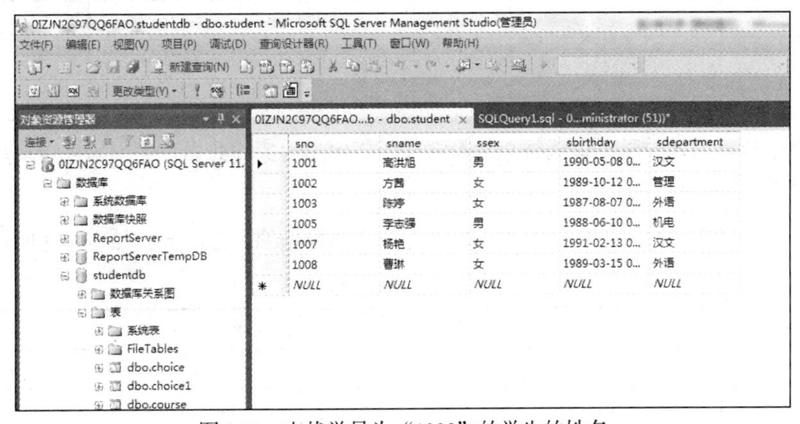

sno	sname	ssex	sbirthday	sdepartment
1001	高洪旭	男	1990-05-08 0...	汉文
1002	方茜	女	1989-10-12 0...	管理
1003	陈婷	女	1987-08-07 0...	外语
1005	李志强	男	1988-06-10 0...	机电
1007	杨艳	女	1991-02-13 0...	汉文
1008	曹琳	女	1989-03-15 0...	外语
NULL	NULL	NULL	NULL	NULL

图 2-7　查找学号为“1002”的学生的姓名

（2）建立在关系模型上的关系数据库系统，它的数据操作主要是关系运算。关系运算的特点是操作对象是关系，操作的结果也是关系，特殊情况下，可能是空关系，即一张空表。

（3）关系操作在执行时，数据的存取路径对用户是透明的。用户只要知道他要“干什么”或“查找什么数据”，而不必考虑“怎么干”或“如何找”，从而使用户感到工作轻松。同时，也极大地方便了用户应用程序的开发和数据库结构的修改，提高了数据库的运行效率。

（4）关系模型和关系运算建立在关系代数理论上，有严格的数学理论基础，一般不会出现意想不到的错误，系统具有较高的数据独立性、数据完整性和数据安全性。

4．面向对象数据模型

随着数据库应用的迅速发展，由于传统数据模型的数据对象简单、无复杂数据或嵌套数据；实体之间的联系简单，不能表示聚合、继承等复杂联系；数据操作方面也无法实现复杂的数据操作和行为模拟等功能，数据库系统必须引入新的数据模型和新的数据处理技术，才能满足发展的需要。

所以，在20世纪80年代末，便产生了面向对象数据模型。面向对象数据模型是由类（Class）构成的层次结构。类是对同类对象（Object）的抽象，类与类之间的继承关系构成类层次结构。一个对象由属性和操作两部分构成。属性与传统数据库中的概念基本相同，而一个对象可包含若干个操作，用于描述对象的行为方式，这一点是传统数据库所没有的。正是由于这种将自身的属性和操作封装在一起的抽象机制，使其能更好、更自然地模拟现实世界，不再受传统数据库那种结构单一、平板化、操作单一的限制；另一方面，由于方法的调用接口与实现部分分离，只要接口部分不变，对象内部数据及方法的实现方式的改变不会影响外界对一个对象的使用，从而极大地提高了数据独立性。由于对象只能接受所定义的若干操作，对象外界不能绕开这些方法直接访问或直接修改对象中的数据，从而能更好地保持数据的完整性和安全性等。因此，使用面向对象数据模型的数据库系统近十多年来得到了较快的发展并保持进一步发展的良好势头。

2.2.5 关系模型

关系型数据模型是组织层数据模型中较为常用的一种模型。关系模型采用二维表来组织、描述和存储数据。表2-1所示为一张“学生信息表”。

表2-1 学生信息表（格式说明）

学　号	姓　名	性　别	出生日期	系　部

注意：上面给出的是一张空白表格，里面没有任何学生的实际数据，学生的数据是每个学生按个人的实际情况来填写的。

假设已有五个学生填好了学生信息表，将这五个人的数据编辑在一起，如表2-2所示。

表2-2 学生信息表

学　号	姓　名	性　别	出生日期	系　部
1001	高洪旭	男	1990-5-8	汉文
1002	方茜	女	1989-10-12	管理
1003	陈婷	女	1987-8-7	外语
1004	王磊	男	1991-1-15	计算机
1005	李志强	男	1988-6-10	机电

可以看出，这两张表有着密切联系，但它们还有许多的不同之处。表2–1所表示的是一个表的结构，它描述了学生信息表由哪几个数据项组成，每个数据项的名称、数据类型和取值范围如何，数据之间有何联系或约束等，它是一张二维表，广义地讲，也可以称作关系；而表2–2是包含学生数据的表，它也是一张二维表，也可以称作关系。这就是关系数据库最明显的特征。无论是数据结构，还是实际数据，在关系数据库中，统一由关系来表示，也就是使用二维表来表示。但数据库的用户如果分不清这两种二维表，将两者混淆，就不能正确地理解或有效使用数据库。下面介绍几个关系数据库中经常使用的术语。

1. 关系

在关系数据库中，关系就是二维表。我们把没有数据的表结构和填写实际数据的表，统称为关系，它们都以二维表的形式存放在数据库中。第一种数据通常称作数据字典（或元数据），而第二种数据称作数据文件（或数据）。

为了区分这两种数据，在关系数据库中，将第一种表称为"关系模式"，与概念模型中的实体对应。

有实际数据的第二种表，在关系数据库中，经常称作二维表，简称表，以便有所区别。关系模式可以不依赖具体数据而独立存在于数据库系统中，而任何表都必然依赖于一个具体的关系模式才能将实际数据存储在数据库中。

关系模式和表是密切联系的，但用途却有明显区别：关系模式用于描述实体及其属性、实体联系的命名，描述实体及联系关系中各属性的取值范围或约束条件；二维表用于存储实例的实际数据值。

一个数据库中有许多的关系模式，这些关系模式共同确定了一个数据库的组成，即构成数据库模型。或者说关系数据库模型是关系模式的集合。

一个数据库中有许多的关系模式和有实际数据的二维表，这两种数据共同构成一个实际的、具体的数据库。数据库是各类数据的集合，也可以说数据库是数据字典和数据文件的总和。

2. 属性

任何实体都有一组相关的属性，与它们对应的一个关系模式中，也有一组属性与此对应。这些属性是对一个实体的信息特征最本质的语义表达。在关系模式中，称作属性，在表中称作字段或列。因此，任何二维表都有若干个平行的列。

3. 元组

在一个关系模式中，填入实际的数据，就形成一个二维表。表中的每一行数据称为一个元组，也称一条记录或一行。

在关系数据库中，这些术语虽然都是通用的，但是使用不当也会引起概念的混淆。一般来说，在说关系模式时，就使用关系模式和它的属性。不要将关系模式说成关系或表，也不要将属性说成字段。而在说明表中的概念时，就使用二维表、数据表、列或字段、元组或行等这些术语。

4. 主键、外键

表中的某一列或某几列的组合可以唯一标识表中的每条记录，我们把这一列或几列的组合称作主键。每个表中只能指定一个主键，比如，我们可以把学生信息表中的学号字段定义成主键，对于每条记录，它的值都是唯一确定的。给定一个学号，就能唯一确定表中的一条记录。而学生信息表中的姓名、出生日期等字段就不能作为主键，因为可能出现相同的情况。

若一个关系 R 中的某一属性 S 与另一关系 F 的主键相对应，则称 S 是关系 R 的外键。数据库中的表与表之间的联系，就是通过表的主键和外键所体现的。

2.3 数据库的结构

2.3.1 数据库文件分类

1. 数据库的物理结构

数据库是用来存储数据的，数据库的存储结构分为逻辑存储结构和物理存储结构。数据库的物理存储表现是操作系统文件，就是物理上，一个数据库由一个或多个磁盘（或光盘）上的文件组成。这种物理存储表现对数据库管理员是可见的，对用户在实际使用时是透明的。

每个数据库在物理上都由至少一个数据文件和至少一个日志文件组成。数据文件用于存储数据库数据，分为主数据文件和次数据文件两种形式。主数据文件用来存储数据库的启动信息以及部分或全部数据，是所有数据库文件的起点，包含指向其他数据库文件的指针。一个数据库只能有一个主数据文件，主数据文件的默认文件扩展名是.mdf。次数据文件辅助主数据文件存储数据和其他数据库对象，一个数据库可以没有次数据文件，但也可以同时拥有多个次数据文件。次数据文件的默认文件扩展名是.ndf。

日志文件用来记录 SQL Server 的所有事物以及由这些事物引起的数据库数据的变化。当数据库损坏时，可以通过事务日志恢复数据库。因为数据库遵守先写日志再执行数据库修改的次序，在数据库数据的任何变化写到磁盘之前，首先在日志文件中做记录，因此如果 SQL Server 系统出错，甚至出现数据库系统崩溃时，数据库管理员可以通过日志文件来完成数据库的修复和重建。

每个数据库必须至少有一个日志文件，但也可以不止一个。如果数据库很大或很重要，则可以设置多个次数据文件和更多的日志文件。

2. 数据库的逻辑结构

逻辑上，一个数据库由若干个用户可见的组件构成，比如表、视图、存储过程等，这些组件称为数据库对象。用户利用这些数据库对象存储或读取数据库中的数据，也直接或间接地利用这些对象在不同应用程序中完成数据的存储、操作、检索等工作。

当一个用户连接到 SQL Server 数据库后，他所看到的是这些逻辑对象，而不是物理的数据文件。

2.3.2 数据库文件组

出于分配和管理的目的，可以将数据库文件分成不同的文件组，按组的方式对文件进行管理。通过设置文件组，可以有效提高数据库的读写性能。

SQL Server 数据库的文件组分为 3 种类型，分别是主文件组、自定义文件组和默认文件组。

（1）主文件组：包含主数据文件和所有没有被包含在其他文件组里的文件。数据库的系统表都包含在主文件组里。

（2）自定义文件组：包含所有在使用 CREATE DATABASE 或 ALTER DATABASE 时使用 FILEGROUP 关键字来进行约束的文件。

（3）默认文件组：容纳所有在创建时没有指定文件组的表、索引以及 text、ntext 和 image 数据类型的数据。任何时候只能有一个文件组被指定为默认文件组。默认情况下，主文件组被当作默认文件组。

使用文件组需要注意以下几点：

（1）一个文件只能存在于一个文件组中。

（2）日志文件不属于任何文件组。

（3）如果文件组的某个数据文件遭到破坏，那么整个文件组中的数据都无法使用。

2.4 系统数据库

系统数据库是 SQL Server 2012 内部提供的一组数据库，在安装 SQL Server 时，系统数据库由安装程序自动创建。

系统数据库主要有以下几个：

（1）Master 数据库：是 SQL Server 2012 的总控数据库。该数据库的主数据文件名为 master.mdf，日志文件名为 mastlog.ldf。Master 数据库记录了 SQL Server 系统的所有系统级别信息，包括系统其他数据库信息、登录账户和系统配置，以及用于系统管理的存储过程和扩展存储过程、启动 SQL Server 服务将首先运行的存储过程名等信息，它还记录用户数据库的主文件地址以便于管理，它是最重要的系统数据库。

（2）Tempdb 数据库：是保存所有的临时表和临时存储过程的系统临时数据库。该数据库的主数据文件名为 tempdb.mdf，日志文件名为 templog.ldf。Tempdb 数据库是全局资源，所有连接到系统用户的临时表和存储过程都存储在该数据库中。Tempdb 数据库在 SQL Server 每次启动时都重新创建，因此该数据库在系统启动时总是空的，该数据库中的临时表和存储过程在连接断开时自动清除。

（3）Model 数据库：是建立所有数据库的模板库。该数据库的主数据文件名为 model.mdf，日志文件名为 modellog.ldf。这个数据库相当于一个模板，所有在本系统中创建的新数据库，刚开始都与这个模板数据库完全一样。用户可以向 Model 数据库中添加数据库对象，这样，当创建数据库时，model 数据库中的所有对象都将被复制到该新数据库中。

（4）Msdb 数据库：是 SQL Server 2012 代理服务所使用的数据库，用来执行预定的任务，如数据库备份和数据转换、调度警报和作业等。该数据库的主数据文件名为 msdbdata.mdf，日志文件名为 msdblog.ldf。

2.5 创建数据库

创建数据库是任何数据库应用系统的第一项具体工作。在 SQL Server 2012 中，数据库由包含数据的表集合和其他对象组成，目的是为执行与数据有关的活动提供支持。当数据库创建后，用户可以向其中添加其他数据库对象。所以，创建数据库实际上就是 SQL Server 2012 通过指定相应的文件来分配磁盘空间，以存储数据库对象及数据。

要创建用户数据库，该用户必须具有相应的权限，一般是 sysadmin 或 dbcreator 服务器角色的成员，或虽不是这些成员但被明确赋予可执行 CREATE DATABASE 语句的权限。

创建数据库需要为数据库提供逻辑名称和物理名称，并指定数据库的大小等参数。数据库的名称必须遵守 SQL Server 2012 的标识符命名规定：最长不能超过 128 个字符，第一个字符必须是字母、汉字、下画线（_）或@、#字符，其余的字符可以是字母、数字和其他符号，为了便于管理和理解，数据库的名称一般要简短且有一定的含义。

SQL Server 2012 提供了 SQL Server 管理控制台和 Transact-SQL 命令两种方式创建数据库。下面我们以创建 studentdb 数据库为例，介绍以上两种数据库创建方法。

2.5.1 使用 SQL Server 管理控制台创建数据库

（1）打开“SQL Server Management Studio”窗口，在对象资源管理器中右击数据库结点，在弹出的快捷菜单中选择“新建数据库”命令，如图 2-8 所示。

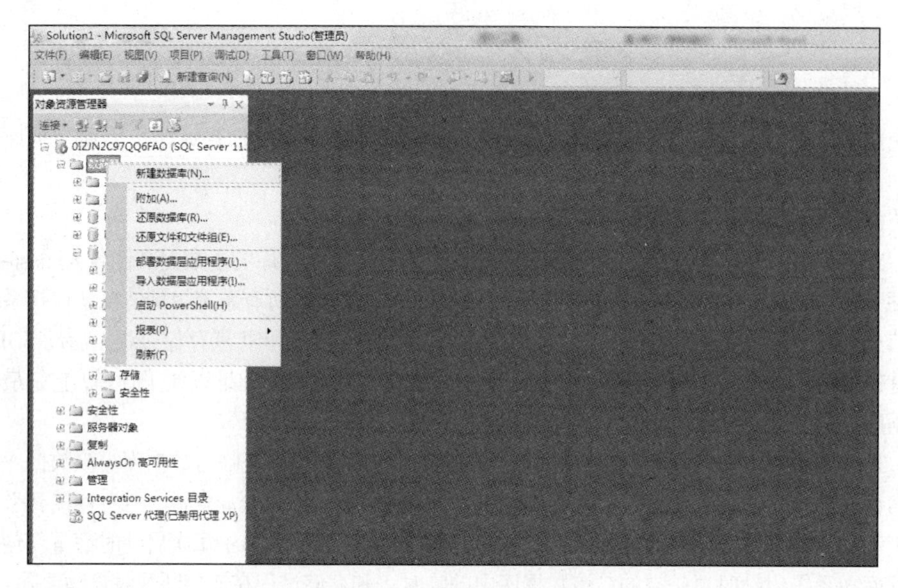

图 2-8 “新建数据库”命令

（2）在弹出的“新建数据库”对话框中，有常规、选项、文件组三部分。在常规标签：设置数据库的名称，并创建数据库文件。其中数据库文件的类型、初始大小、增长方式和物理路径都可以按照要求进行修改和设置，如图 2-9 所示。

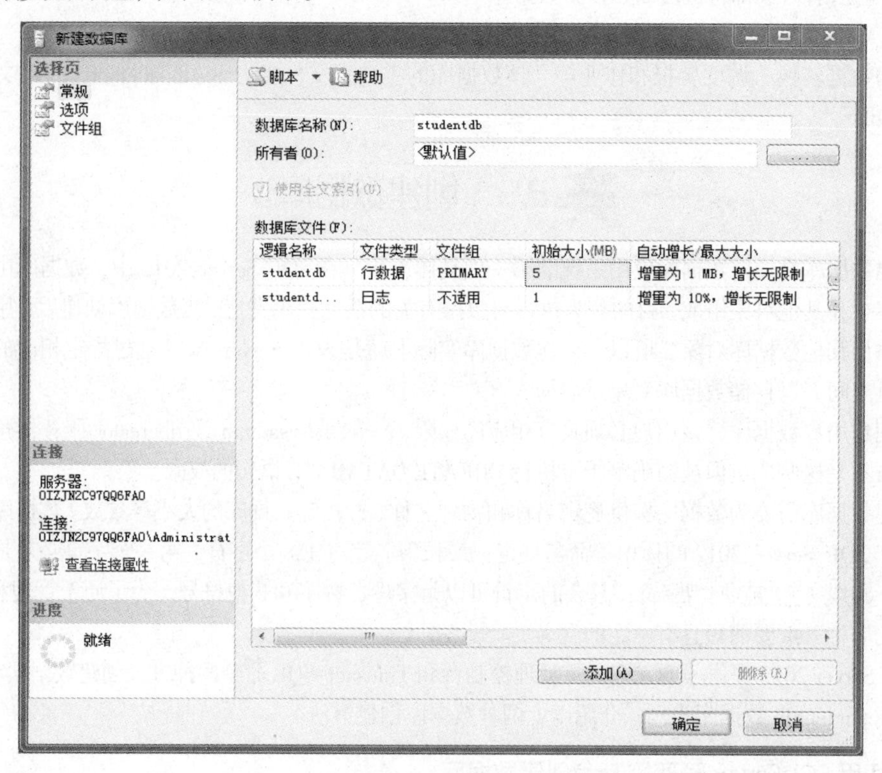

图 2-9 “新建数据库”对话框

（3）单击“确定”按钮，在数据库的树形结构中，就可以看到刚创建的 studentdb 数据库。

2.5.2 用 Transact-SQL 命令创建数据库

除了使用 SQL Server Management Studio 管理工具创建数据库外，还可以使用 CREATE DATABASE 命令来创建数据库。

简要语法如下：

```
CREATE DATABASE database_name
[ON
 [<filespec>[,…n]]
 [,<filegroup>[,…n]]
]
[LOG ON{<filespec>[,…n]}]
[COLLATE collation_name]
```

其中

```
<filespec>定义为
[PRIMARY]
([NAME=logical_file_name,]
  FILENAME='os_file_name'
  [,SIZE=size]
  [,MAXSIZE={max_size|UNLIMITED}]
  [,FILEGROWTH=growth_increment])[,…n]
<filegroup>定义为
FILEGROUP filegroup_name<filespec>[,…n]
```

上述语法格式中，各符号的含义如下：

```
[  ]: 表示该项可省略，省略时各参数取默认值;
[,…n]: 表示前面的内容可以重复多次;
<  >: 表示在实际的语句中要用相应的内容替代;
{  }: 表示有相应参数时，则{  }中的内容是必选的。
```

各参数的含义如下：

（1）database_name：数据库的名称，数据库名称在服务器中必须唯一，并且符合标识符的规则。

（2）ON：指定存放数据库的数据文件信息，说明数据库是根据后面的参数来创建的。

（3）LOG ON：指定日志文件的明确定义。如果没有该选项，则系统会自动产生一个文件名前缀与数据库相同，容量为数据库文件大小 1/4 的日志文件。

（4）collation_name：指定数据库的默认排序规则。排序规则名称既可以是 Windows 排序规则名称，也可以是 SQL 排序规则名称。如果没有指定排序规则，则将 SQL Server 实例的默认排序规则指派为数据库的排序规则。

（5）PRIMARY：指定后面定义的数据文件加入主文件组中，主文件组包含所有数据库系统表，一个数据库只能有一个主文件。如果没有指定 PRIMARY，那么 CREATE DATABASE 语句列出的第一个文件将成为主文件。

（6）logical_file_name：数据文件的逻辑名称，用来在创建数据后执行的 Transact-SQL 语句中引用文件的名称。logical_file_name 在数据库中必须唯一，并且符合标识符的规则。

（7）os_file_name：数据文件的物理名称，是创建文件时由操作系统使用的路径和文件名。

（8）size：文件的初始大小。可以使用千字节（KB）、兆字节（MB）、吉字节（GB）或太字节（TB）为单位。默认值为 MB。指定一个整数，不要包括小数。size 是整数值。对于大于 2 147 483 647 的值，使用更大的单位。

（9）max_size：最大的文件大小。可以使用千字节（KB）、兆字节（MB）、吉字节（GB）或太字节（TB）为单位。默认值为 MB。指定一个整数，不要包括小数。如果没有指定或写 unlimited，那么文件将增大到磁盘充满为止。

（10）FILEGROWTH：用以指定数据库文件的增加量，可以加上 KB、MB、GB、TB 或使用%来设置增长的百分比。

（11）FILEGROUP：用以定义用户文件组及其文件。

【例 2.1】使用 CREATE DATABASE 命令创建一个 student1 数据库，所有参数均取默认值。

程序如下：

```
CREATE DATABASE student1
```

这是最简单的创建数据库的命令。

【例 2.2】使用 Transact-SQL 语句创建一个名为 BOOK 的数据库，它由 5 MB 的主数据文件、2 MB 的次数据文件和 1 MB 的日志文件组成。并且主数据文件以 2 MB 的增长速度增长，其最大数据文件的大小为 15 MB；次数据文件以 10%的速度增大，其最大次数据文件的大小为 10 MB；事务日志文件以 1 MB 的速度增大，其最大日志文件的大小为 10 MB。

程序如下：

```
CREATE DATABASE BOOK
ON
(NAME=book1,
FILENAME='d:\java\book1.mdf',
SIZE=5,
MAXSIZE=15,
FILEGROWTH=2),
(NAME=book2,
FILENAME='d:\java\book2.ndf',
SIZE=2,
MAXSIZE=10,
FILEGROWTH=10%)
LOG ON
(NAME=book_log,
FILENAME='d:\java\book_log.ldf',
SIZE=1,
MAXSIZE=10,
FILEGROWTH=1)
```

在 SQL Server Management Studio 窗口中，单击“新建查询”按钮，并在查询窗口中编写执行以上语句，就可以创建 BOOK 数据库，结果如图 2-10 所示。

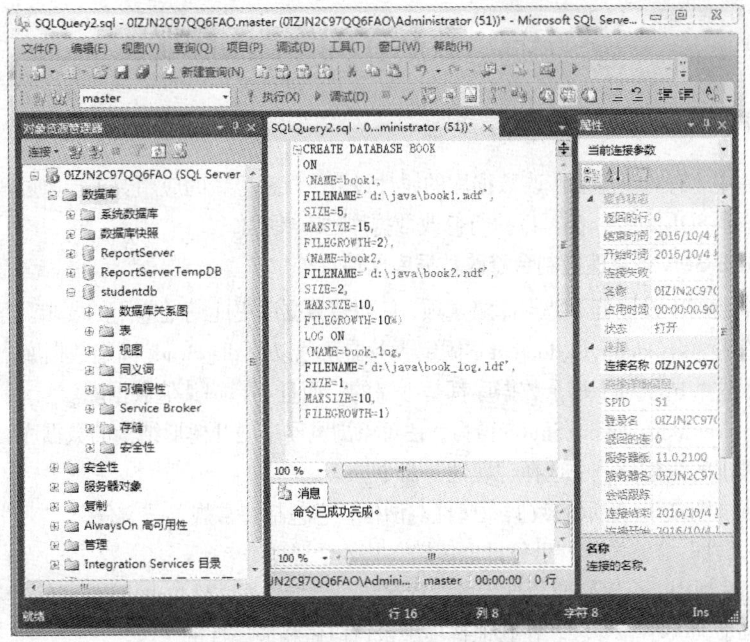

图 2-10 在查询窗口中创建 BOOK 数据库

2.5.3 查看数据库信息

创建好的数据库可以通过SQL Server Management Studio窗口来查看数据库信息。展开数据库结点，选中要查看的数据库并右击，在弹出的快捷菜单中选择“属性”命令，则弹出“数据库属性”对话框，这时数据库相关信息都可以进行查看，如图 2-11 所示。

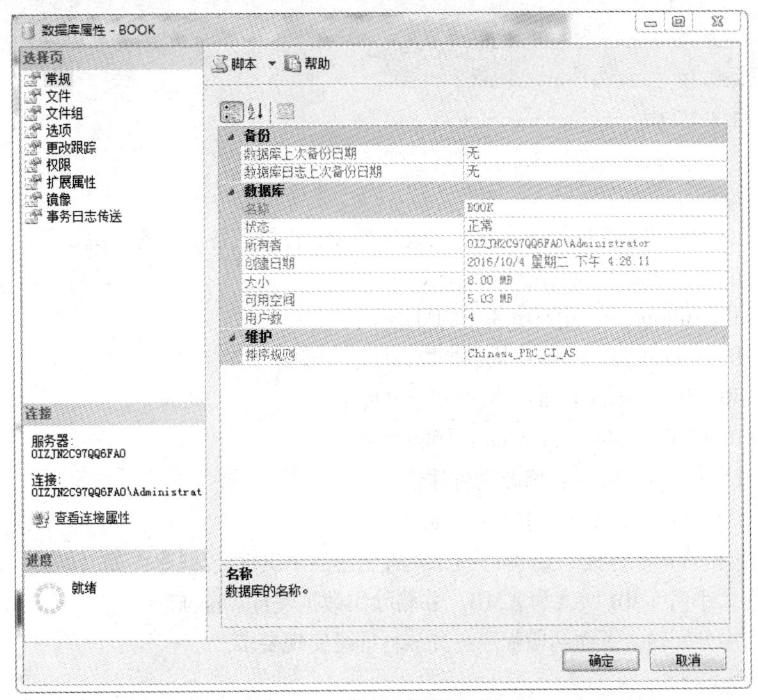

图 2-11 “数据库属性”窗口

2.6 数据库的修改和删除

2.6.1 修改数据库

在实际应用中，有时候需要修改数据库的属性设置，以适应新的应用要求。通过 SQL Server 管理控制台和 Transact-SQL 命令，都可以执行修改数据库的有关操作。

1. 通过 SQL Server 管理控制台修改数据库属性

可以为每个数据库设置若干数据库级选项，从而使数据库更能满足应用的要求。但只有系统管理员、数据库所有者、sysadmin 和 dbcreator 固定服务器角色以及 db_owner 固定数据库角色的成员才能修改这些选项。这些选项对于每个数据库都是唯一的，而且不影响其他数据库。

打开 SQL Server Management Studio 窗口，在对象浏览器中展开树形结构的数据库结点，右击要修改的数据，在弹出的快捷菜单中选择“属性”命令。

此时将出现如图 2-11 所示的数据库属性对话框，它包括“常规”“文件”“文件组”“选项”“权限”“扩展属性”“镜像”“事务日志传送”共 8 个选项。

在“文件”选项中，可以修改数据库的逻辑名称，增加数据文件，也可以重新设置文件的初始大小、增长方式和最大大小等参数。在其他选项中也可以做相应属性的修改。

2. 使用 Transact-SQL 命令修改数据库

在查询窗口中，可以使用 ALTER DATABASE 语句来对数据库进行修改。

简要语法如下：

```
ALTER DATABASE databasename
{ADD FILE<filespec>[,...n]
|ADD LOG FILE<filespec>[,...n]
|REMOVE FILE logical_file_name
|ADD FILEGROUP filegroup_name
|REMOVE FILEGROUP filegroup_name
|MODIFY FILE<filespec>[,...n]
|MODIFY NAME=new_dbname
```

这个语句允许创建和修改数据库文件、日志文件和文件组。各子句的说明如下：

ADD FILE<filespec>[,...n]：增加新的数据文件。

ADD LOG FILE<filespec>[,...n]：增加新的日志文件。

REMOVE FILE logical_file_name：从数据库系统表中删除指定文件。

ADD FILEGROUP filegroup_name：增加一个文件组。

REMOVE FILEGROUP filegroup_name：删除指定文件组。

MODIFY FILE<filespec>[,...n]：修改文件属性。

MODIFY NAME=new_dbname：重命名数据库。

【例 2.3】 使用 Transact-SQL 语句对例 2.2 所创建的 BOOK 数据库作如下修改：将主数据文件（book1）的文件大小由 5 MB 增大为 8 MB，并删除次数据文件（book2）。

在查询窗口中分别输入下面两段程序，并执行即可实现要求。

```
ALTER DATABASE BOOK
MODIFY FILE
```

```
(NAME=book1,SIZE=8)

ALTER DATABASE BOOK
REMOVE FILE book2
```

3. 缩小数据库

数据库不仅可以扩充，还可以缩小。当数据库中的数据文件或日志文件有大量的可用空间时，可以收缩数据库。

数据库文件可以进行手工收缩，也可设置为自动收缩。该活动在后台进行，不影响数据库内的用户活动。

（1）自动收缩

在图 2-11 所示的“数据库属性”窗口的“选项”标签下，把其他选项中自动收缩设置成 True。这种情况下，数据文件和日志文件都可以由 SQL Server 自动收缩。默认情况下，当文件具有 25%以上的可用空间时，该选项将导致收缩操作。

（2）手工收缩

右击相应的数据库结点，在弹出的快捷菜单中选择“任务”→“收缩”→“数据库”命令，如图 2-12 所示。在弹出的对话框中，选中并设置相应的值，最后单击“确定”按钮，如图 2-13 所示。

图 2-12 收缩数据库命令

收缩数据库的指定数据文件或日志文件的大小。右击相应的数据库，在弹出的快捷菜单中选择“任务”→“收缩”→“文件”命令，在弹出的对话框中设置相应的值，最后单击“确定”按钮，如图 2-14 所示。

（3）使用 Transact-SQL 语句收缩数据库

在查询窗口中使用 DBCC SHRINKDATABASE 命令也可以收缩数据库，其语法格式如下：

```
DBCC SHRINKDATABASE (数据库名[,目标百分比])
```

其中，目标百分比是数据库收缩后数据库文件所要的剩余可以用空间的百分比。

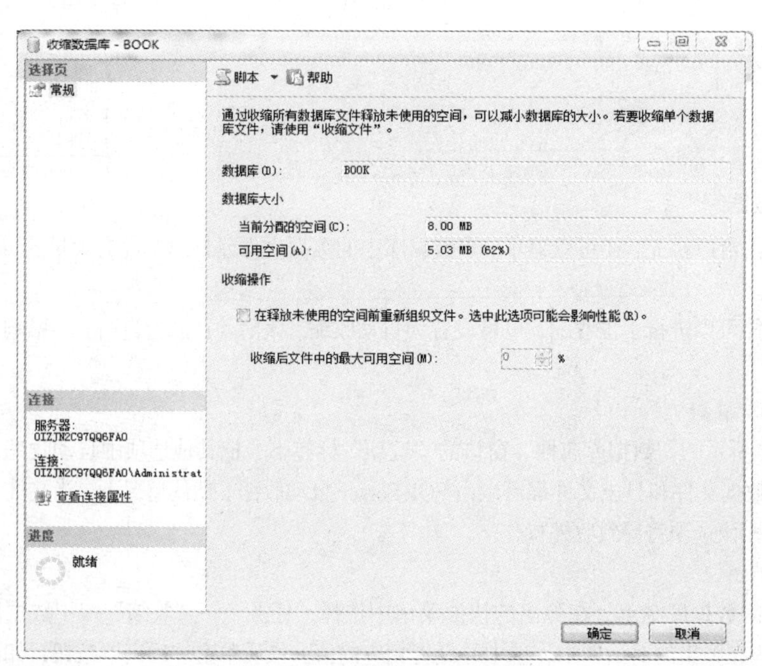

图 2-13 “收缩数据库”界面

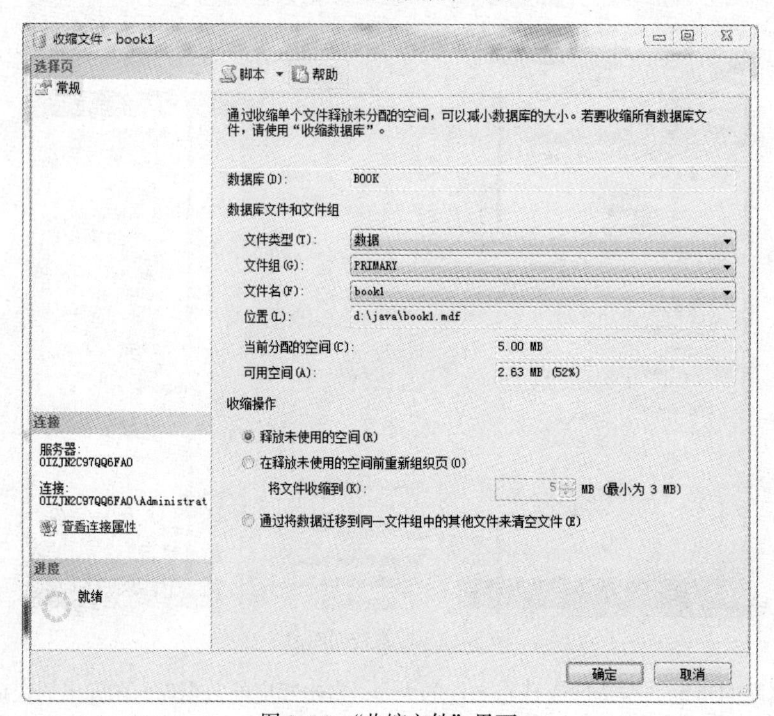

图 2-14 “收缩文件”界面

【例 2.4】将教学数据库 studentdb 中的文件减小，以使数据库中的文件有 10%的可用空间。

程序如下：

```
DBCC SHRINKDATABASE(studentdb,10)
```

2.6.2 删除数据库

对于那些不再需要的数据库，可以删除它以释放在磁盘上所占用的空间。删除数据可以通过 SQL Server 管理控制台和 Transact-SQL 命令两种方式进行。

1．使用 SQL Server Management Studio 管理工具删除数据库

打开 SQL Server Management Studio 窗口，在对象资源管理器中展开树形结构的数据库结点，右击要删除的数据库，在弹出的快捷菜单中，选择“删除”命令。然后在弹出的对话框中单击“确定”按钮就可以删除数据库。

2．使用 Transact-SQL 命令删除数据库

删除数据库的 SQL 语句是使用 DROP DATABASE 命令来实现的。该命令的语法比较简单，如下所示：

```
DROP DATABASE 数据库名[,...n]
```

可以一次删除一个或多个数据库。

需要注意的是，不能删除当前正在使用的数据库。如果数据库的属性为只读，也无法删除。另外，前面介绍过的系统数据库是无法删除的。

【例 2.5】 将前面创建的数据库 student1 删除。

```
DROP DATABASE student1
```

2.7 数据库的迁移

2.7.1 分离和附加 SQL Server 数据库

1．分离和附加数据库的作用

我们将数据库创建好以后，有时会出现这样两种情况：

（1）需要将数据库移到其他计算机的 SQL Server 中使用；

（2）要改变存储数据库数据文件和日志文件的物理位置。

为了能够实现这样的数据库转移和更改数据文件以及日志文件的物理位置，SQL Server 2012 提供了分离和附加数据库的功能。使用这个功能我们可以在不影响数据库和数据库文件的基础上，很方便快捷地将数据库转移。

2．分离数据库

可以在 SQL Server Management Studio 窗口中方便地实施分离数据库的操作，操作步骤如下：

（1）启动 SQL Server Management Studio。

（2）在对象资源管理器树状窗口中，展开数据库结点，选择要分离的数据库。

在该数据库名上右击，在弹出的快捷菜单中选择“任务”→“分离”命令，出现“分离数据库”对话框，如图 2-15 所示。

（3）单击“确定”按钮，即可完成分离数据库。

（4）数据库分离以后，在“对象资源管理器”窗口中，就已经没有该数据库了。此时，可以将数据库对应的数据文件和日志文件移动到其他磁盘或计算机中，再进行附加数据库操作。

3．附加数据库

在 SQL Server Management Studio 窗口中将一个独立的数据库附加到 SQL Server 中的操作步骤如下：

图 2-15 “分离数据库”窗口

（1）启动 SQL Server Management Studio。

（2）在对象资源管理器树状窗口中，在数据库结点上右击，在弹出的快捷菜单中选择“附加”命令，出现“附加数据库”对话框，如图 2-16 所示。

（3）在“附加数据库”对话框中，单击“添加”按钮，弹出“定位数据库文件”对话框。

（4）在“定位数据库文件”对话框中，输入主数据文件的存放路径及文件名，或者从选择文件窗口中选择主数据文件。然后单击“确定”，此时附加的数据库的数据文件和日志文件全部添加到下方窗口中。

（5）单击“确定”按钮，即可完成附加数据库的操作。

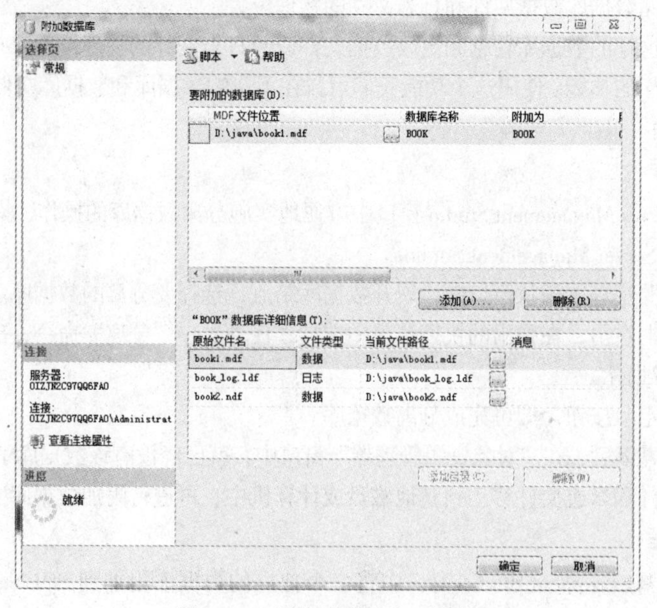

图 2-16 “附加数据库”对话框

2.7.2 导入和导出数据

在 SQL Server 2012 数据库管理系统中，我们不但可以通过分离和附加数据库实现对 SQL Server 数据库的迁移，还可以利用系统工具在 SQL Server 数据库和其他异种数据库之间进行数据的导入和导出。SQL Server 2012 系统提供的导入和导出数据功能允许用户导入和导出数据库并转换异类数据。

下面通过从 studentdb 数据库中导出数据来介绍导入和导出功能的使用。

（1）启动 SQL Server Management Studio。

（2）在对象资源管理器树状窗口中，找到要导出数据的数据库。右击该数据库结点，选择“任务”→“导出数据”命令，弹出“SQL Server 导入和导出向导”窗口，如图 2-17 所示。

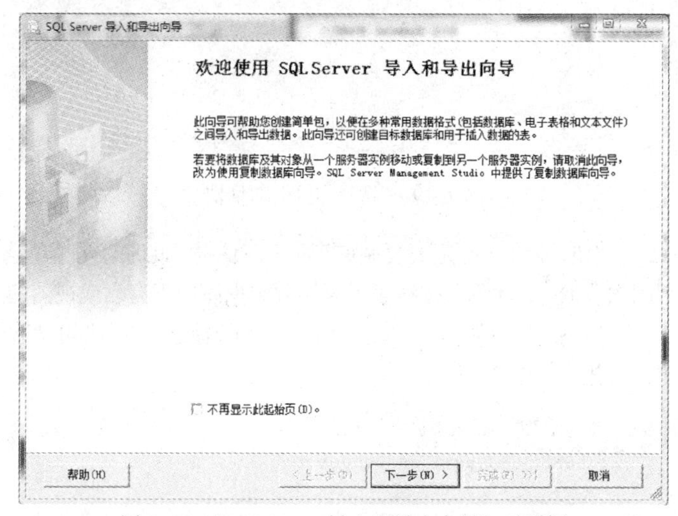

图 2-17 “SQL Server 导入和导出向导”对话框

（3）单击“下一步”按钮，进入“选择数据源”对话框，选择要从中复制数据的源，这里是导出数据，所有默认 SQL 数据源即可。然后选择要导出数据的数据库，如图 2-18 所示。

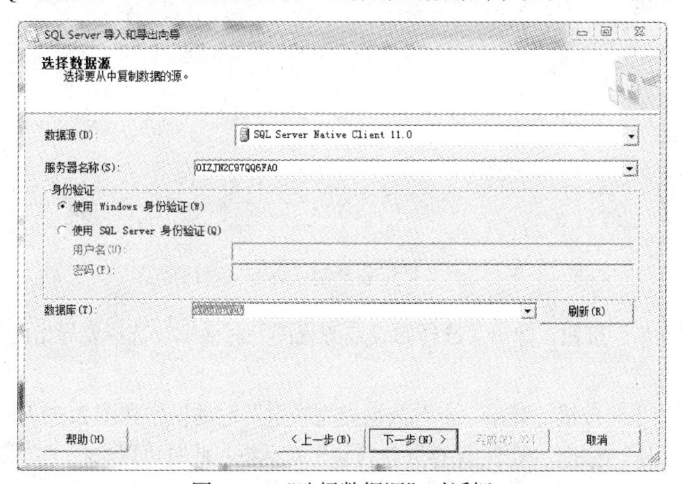

图 2-18 “选择数据源”对话框

（4）单击“下一步”按钮出现“选择目标”对话框，在目标下拉列表中选择 Microsoft Excel，即选择要导出的数据源类型。然后单击“浏览”按钮，给出导出后文件的存储位置和文件名，如图 2-19 所示。

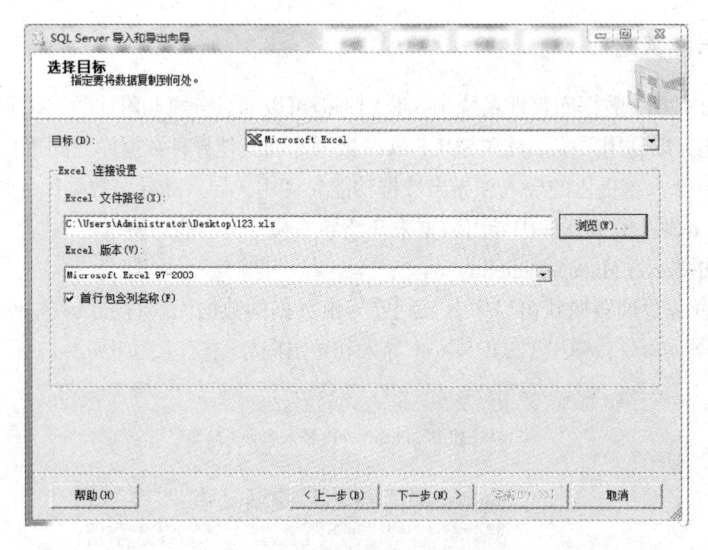

图 2-19 “选择目标”对话框

（5）单击“下一步”按钮，弹出“指定表复制或查询”对话框。此时有两个单选按钮，一个是“复制一个或多个表或视图的数据”，此单选按钮表示复制源数据库中现有表或视图的全部数据；另外一个是“编写查询以指定要传输的数据”，此单选按钮表示可以通过 SQL 语句筛选要复制的数据。此处我们选择第一个单选按钮，如图 2-20 所示。

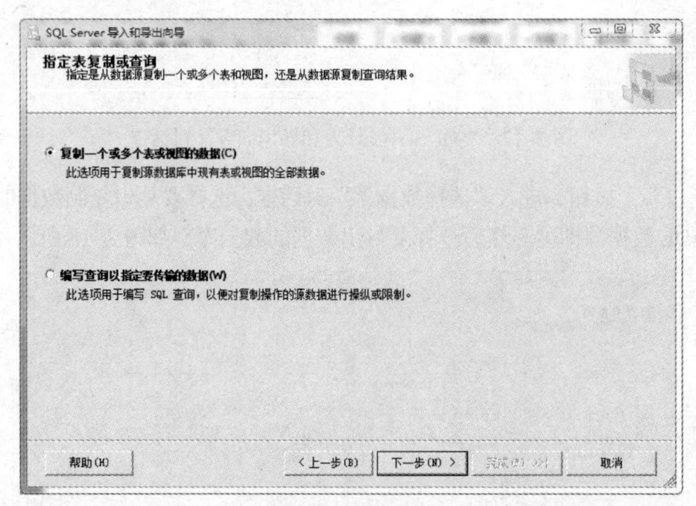

图 2-20 “指定表复制或查询”对话框

（6）单击“下一步”按钮，弹出“选择源表或源视图”对话框。选择要导出的数据表或视图，如图 2-21 所示。

（7）单击“下一步”按钮，弹出“查看数据类型映射”对话框，如图 2-22 所示。

（8）单击“下一步”按钮，弹出“保存并执行包”对话框。此时可以选择“立即执行”，或者“保存 SSIS 包”选项。单击“完成”按钮即可完成数据的导出操作，如图 2-23 所示。

以上我们介绍了如何从 SQL 数据库导出数据到 Excel 数据源中，如果要从 Excel 向 SQL Server 导入数据，其操作步骤与导出数据相似，只是将 Excel 数据作为数据源，而 SQL Server 数据库作为目标。

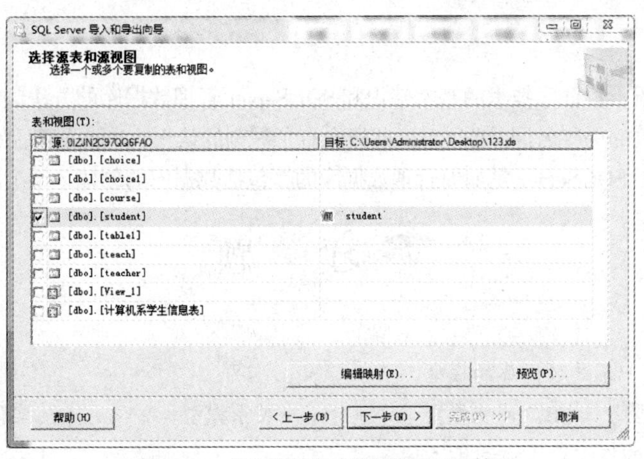

图 2–21 “选择源表或源视图”对话框

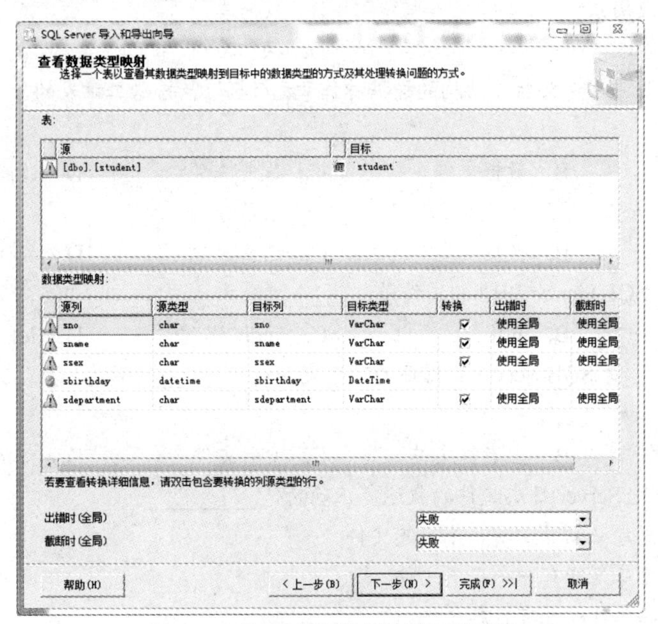

图 2–22 “查看数据类型映射”对话框

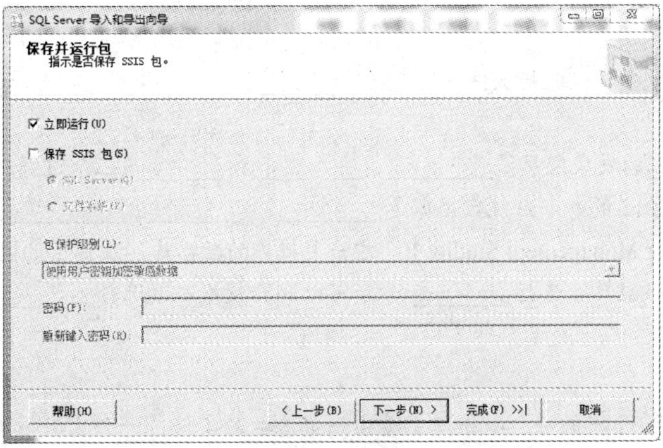

SQL Server 导入和导出向导

保存并运行包

指示是否保存 SSIS 包。

立即运行(U)

保存 SSIS 包(S)

包保护级别(L):

使用用户密钥加密敏感数据

密码(P):

重新键入密码(R):

帮助(H) < 上一步(B) 下一步(N) > 完成(F) >>| 取消

图 2–23 保存并执行包对话框

单元总结

本单元重点介绍了数据库技术的基本知识和SQL Server管理数据库的方法。首先介绍了数据库系统的基本概念和相关的一些名词，必须对这些概念有了深刻的认识，才能为以后的学习打下良好的基础。本单元还介绍了SQL Server是如何管理数据库的，包括数据库的创建、维护和删除等。

习　　题

一、选择题

1. 以下（　　）不是数据库的模型。

A. 层次模型　　B. 网状模型　　C. 关系模型　　D. 实体联系模型

2. 数据库系统的核心是（　　）。

A. 数据库应用系统　　B. 数据库

C. 数据库管理系统　　D. 操作系统

3. 关系型数据库中，定义数据结构的数据称作“元数据”，并以二维表的形式存储于数据库中，称作________。

A. 源代码　　B. 数据文件　　C. 源文件　　D. 数据字典

4. 关系型数据库中，不同的实体是根据________来区分的。

A. 属性　　B. 数据模型　　C. 记录　　D. 名称

5. 下列不属于SQL Server 2012的文件是________。

A. .mdf　　B. .ndf　　C. .mdb　　D. .ldf

6. 以下________是SQL Server数据库的可选文件；________不是SQL Server 数据库的组成文件。

A. 日志文件　　B. 主数据文件　　C. 索引文件　　D. 次数据文件

7. 以下关于SQL Server日志文件的叙述，正确的是________。

A. 每个数据库必须至少有一个日志文件

B. 每个数据库只能有一个日志文件

C. 一个数据库可以没有日志文件

D. 每个数据库可以有多个日志文件，其中一个是主日志文件

二、填空题

1. 计算机中的数据不仅包括数据，还包括________、________、________等，这些都可以作为数据存储。

2. 数据管理技术的发展经历了________、________和________三个过程。

3. SQL Server 2012的四个系统数据库是________、________、________和Master数据库。

4. 在SQL Server Management Studio中，右击要操作的数据库，在弹出的快捷菜单中，选择________命令可以创建数据库，选择________命令可以删除数据库，选择________命令可以修改数据库属性。

三、判断题

1. SQL Server 2012中的每个数据库都是由一个主数据文件、一个次数据文件和一个日志文件组成。　　（　　）

2. Msdb 数据库是 SQL Server 2012 的总控数据库。 ( )

3. 在文件系统阶段，数据管理的特点表现为：数据不保存、数据不能共享、数据对程序不具有独立性。 ( )

4. 关系数据库建立在集合论坚固的数学基础上，有坚实的数学理论基础，严密的逻辑结构和简单明了的表达方式。 ( )

验证性实验 2　数据库的创建和管理

一、实验目的

1. 熟悉 SQL Server Management Studio 管理器的图形界面操作环境。

2. 熟悉创建、修改、删除数据库，以及在 SQL Server Management Studio 管理器中的查询窗口中使用 Transact-SQL 语句管理数据库。

二、实验内容

1. 使用 SQL Server Management Studio 管理器的图形界面创建数据库。

2. 在 SQL Server Management Studio 管理器中的查询窗口中使用 Transact-SQL 语句创建数据库。

三、实验步骤

1. 启动 SQL Server Management Studio 管理器，连接数据库服务器。

2. 使用 SQL Server Management Studio 管理器新建一个数据库，其逻辑名称为“学生成绩管理系统”。

3. 使用 Transact-SQL 语句创建一个名为“学生成绩管理系统”的数据库，包含 2 个 100 MB 的数据文件，2 个 50 MB 的日志文件，主数据文件为第一个文件。所有文件存储在目录“D:\SQLdata”中，其他属性保持默认设置。

4. 使用 DROP DATABASE 命令将“学生成绩管理系统”数据库删除。

第3单元

表 «‹

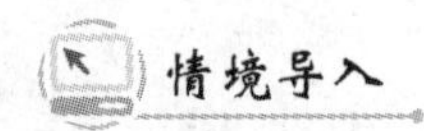

情境导入

“学校信息管理系统”已经创建成功，为了进行数据的录入和保存，需要将具体的数据表添加到数据库中。

数据表是数据库中存储数据的数据库对象，所以要把大量的数据存储到数据库当中，我们需要设计很多相互联系的表来完成。下面我们通过以下内容来认识什么是数据表以及如何创建和管理数据表。

知识目标和能力目标

知识目标

(1) 了解 SQL Server 2012 数据表的基本知识。

(2) 掌握数据表的创建、修改和删除操作。

(3) 掌握表记录的插入、修改和删除操作。

能力目标

1. 专业能力

(1) 掌握如何设计数据表。

(2) 理解数据表之间的关系和数据表的约束。

2. 方法能力

(1) 掌握创建数据表的方法。

(2) 掌握添加数据表约束的方法。

数据库中的表也被称作数据表或基本表，它是一种重要的数据库对象，在数据库中用于存储数据和操作数据的逻辑结构。

本单元将主要介绍数据库中表的基本概念和数据类型，以及创建表、表的插入、表的删除等基本操作的语句和方法。

3.1 表的相关概念

表是建立关系数据库的基本结构，用来存储已经定义好的数据属性。在关系型数据库中，一个表就代表一种关系，而表结构就是指数据库的关系模型。

1. 记录和字段

在关系数据库中，表可以看作是由若干行（Row）和若干列（Column）所组成的集合，每一行代

表一条记录，每一列代表一个域或字段。图 3-1 是 SQL Server 数据库中的一个表，表中存储的是学生基本信息。

	sno	sname	ssex	sbirthday	sdepartment
▶	1001	高洪旭	男	1990-05-08 0...	汉文
	1002	方茜	女	1989-10-12 0...	管理
	1003	陈婷	女	1987-08-07 0...	外语
	1004	王磊	男	1991-01-15 0...	计算机
	1005	李志强	男	1988-06-10 0...	机电
	1006	李敏	女	1990-12-01 0...	计算机
	1007	杨艳	女	1991-02-13 0...	汉文
	1008	曹琳	女	1989-03-15 0...	外语
	1009	魏志强	男	1990-10-03 0...	计算机
*	*NULL*	*NULL*	*NULL*	*NULL*	*NULL*

图 3-1　学生基本信息表

在数据库中规定，每个字段都必须有数据类型，且每个字段的字段名都不能重复，如图 3-1 中的 sno.sname 等就是字段名。虽然大多数数据库管理系统不会强制规定记录不能重复，但考虑到数据的冗余，我们也应该尽量避免记录重复的现象发生。

2. 表结构

对于一个完整的数据表应该由表结构和存储的数据两部分组成。表结构可以看作由表中所有字段的字段信息组成，这些信息包括字段名、字段类型、字段大小和字段约束、表约束等信息。其实创建一个数据表的过程就可以看作是创建其表结构的过程。因此，在创建表时我们必须要首先知道该表包括哪些字段、每个字段的数据类型和大小等内容。例如：下面就是利用 SQL 语句创建一个数据表的过程。

```
CREATE TABLE student
(
  学号 char(9),
  姓名 char(30),
)
```

该 SQL 语句创建一个具有两个字段的数据表 student，字段的字段名分别为“学号”和“姓名”，两个字段数据类型都是字符型，长度分别为 9 和 30。

3.2　表中的数据类型

数据类型定义了数据表中可以存放的数据类型，在创建数据表时，每定义一个字段都要指定数据类型，从而保证基本数据的完整性。

3.2.1　系统数据类型

SQL Server 提供了几种基本的数据类型。表 3-1 中列举出了系统提供的数据类型以及存储空间。

表 3-1　SQL Server 2012 提供的基本数据类型

数据类型	SQL Server 数据类型	存储空间
字符型	char(n) varchar(n) nchar(n) nvarchar(n)	0～8000 B 0～2 GB
整型	int smallint tinyint bigint	4 B 2 B 1 B 8 B
浮点型	real float	4 B 8 B
小数数据	decimal(p,q) numeric(p,q)	2～17 B
二进制	binary(n) varbinary(n)	1～8000 B
位数据	bit	1 B
时间和日期	datetime smalldatetime date time	8 B 4 B 3 B 5 B
文本	text	0～2 GB
图形	image	0～2 GB
货币类型	money smallmoney	8 B 4 B

1. 字符数据类型

字符型（Character）数据类型是所有数据类型中使用最多的数据类型。SQL Server 中有两种常用字符数据类型。分别是 char 和 varchar 类型。char 数据类型存放固定长度的字符串，varchar 数据类型存放可变长度字符串。如下两条语句：

```
学号 varchar(12)
```

和

```
学号 char(12)
```

都声明了"学号"是一个字符类型的字段，其后括号内的 12 代表了该字段中能够输入的最大长度。

2. 整型数据类型

整型（integer）数据类型是比较常用的数据类型之一。

（1）int 数据类型：用于存放-2 147 483 648 ~ 2 147 483 647 之间的所有正、负整数。该类型的数据，在内存中占用 4 字节。

（2）smallint 数据类型：用于存放-32 768 ~ 32 767 之间的所有正、负整数。该类型的数据，在内存中占用 2 字节。

（3）tinyint 数据类型：用于存放 0 ~ 255 之间的所有整数。该类型的数据，在内存中占用 1 字节。

（4）bigint 数据类型：用于存放-9 223 372 036 854 775 808～9 223 372 036 854 775 807 之间的所有正、负整数。该类型的数据，在内存中占用 8 字节。

3．浮点数据类型

浮点数据类型包括按二进制计数系统所能提供的最大精度保留的数据。

（1）real 数据类型：用于存放精度在 1～7 之间的浮点数。该类型数据的范围是-3.40E -38～3.40E +38。

（2）float 数据类型：用于存放精度在 8～15 之间的浮点数。该类型的数据的范围是，-1.79E -308～1.79E +308。

4．小数数据类型

（1）小数数据类型存储带有小数的数值。

（2）decimal(p,q)数据类型：用于存放小数数据，其精度非常高。这里的 p 代表精度，指定小数点左边和右边可以存储的十进制数字的最大个数。q 代表小数点后的位数。

（3）numeric(p,q)数据类型：与 decimal 数据类型基本相同。

5．二进制数据类型

（1）binary(n)数据类型：用于存放二进制数据。其中，n 表示数据的长度，取值范围为 1～8000。

（2）varbinary(n)数据类型：与 binary 类型基本相同。不同的是该数据类型存放可变长度二进制数据。

6．位数据类型

bit 称为位数据类型，只能取 0 或 1 为值，长度 1 字节。bit 值经常当作逻辑值用于判断 TRUE(1)和 FALSE(0)，输入非零值时系统将其转换为 1。

7．日期和时间数据类型

（1）datetime 数据类型：用于存放日期时间数据，可以说是日期和时间的组合。其数据格式为"YYYY-MM-DD HH:MM:SS"。该类型数据的日期时间范围是公元 1753 年 1 月 1 日 0 时—公元 9999 年 12 月 31 日 23 时 59 分 59 秒，其精度为百分之三秒。

（2）smalldatetime 数据类型：与 datetime 数据类型相似，但是精度只能精确到分，其日期时间范围是 1900 年 1 月 1 日—2079 年 6 月 6 日。

（3）date 数据类型：存储用字符串表示的日期数据，可以表示 0001-01-01 到 9999-12-31（公元元年 1 月 1 日到公元 9999 年 12 月 31 日）间的任意日期值。数据格式为"YYYY-MM-DD"。

（4）time 数据类型：以字符串形式记录一天中的某个时间，取值范围为 00:00:00.0000000～23:59:59.9999999，数据格式为"hh：mm：ss[.nnnnnnn]"

8．文本和图形数据类型

SQL Server 中常用的文本和图形数据类型是 text 和 image 类型。

（1）text 数据类型：用于存放大量的文本数据。

（2）image 数据类型：用于存放大量的二进制数据，通常用来存储图像。

9．货币数据类型

（1）money 数据类型：实际上，该类型的数据是一种特殊的 decimal 数据，它有 4 位小数。该类型的范围是，-922 337 203 685 477 5808～+922 337 203 685 477 5807，数据精度为万分之一货币单位。

（2）smallmoney 数据类型类：与 money 类型相似，但是其取值范围是–214 748 3648～+214 748 3647。

3.2.2 自定义数据类型

除了数据库系统提供的数据类型以外，SQL Server 允许用户根据自己的需要自定义数据类型。下面是在 SQL Server 2012 中，利用 SQL Server Management Studio 创建用户自定义数据类型的方法和步骤：

（1）启动 SQL Server Management Studio，选择服务器，单击加号（+），展开数据库→database（某一个数据库名称，如 studentdb）→可编程性→类型→用户定义数据类型，右击“用户定义数据类型”文件夹，弹出图 3–2 所示的快捷菜单。

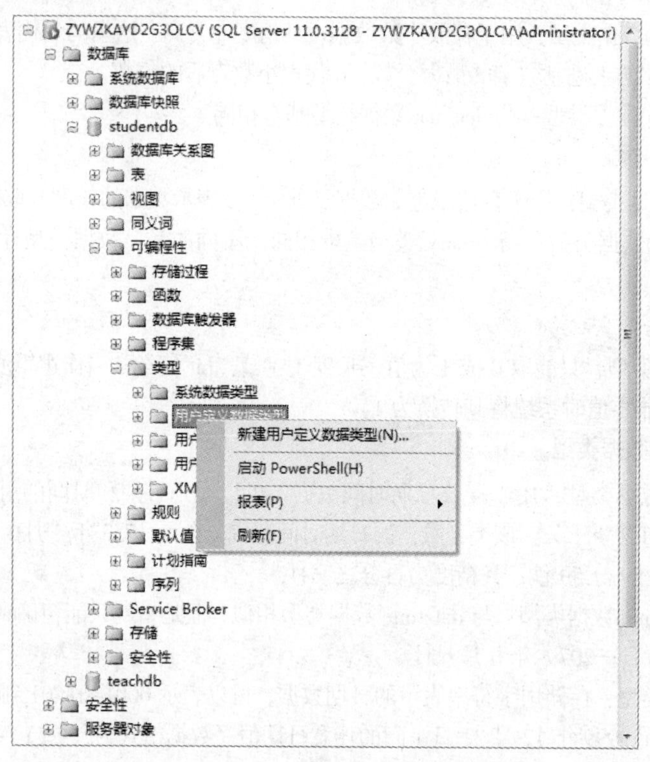

图 3–2　在 SQL Server Management Studio 创建用户自定义数据类型

（2）选择“新建用户定义数据类型（N）”选项，弹出图 3–3 所示的“新建用户定义数据类型”窗口，在“名称”和“数据类型”等位置输入相应信息。

（3）完成相应设置后，单击“确定”按钮完成创建。此时，用户可以在用户自定义数据类型的树形结构中看到刚刚新建的数据类型，如图 3–4 所示。

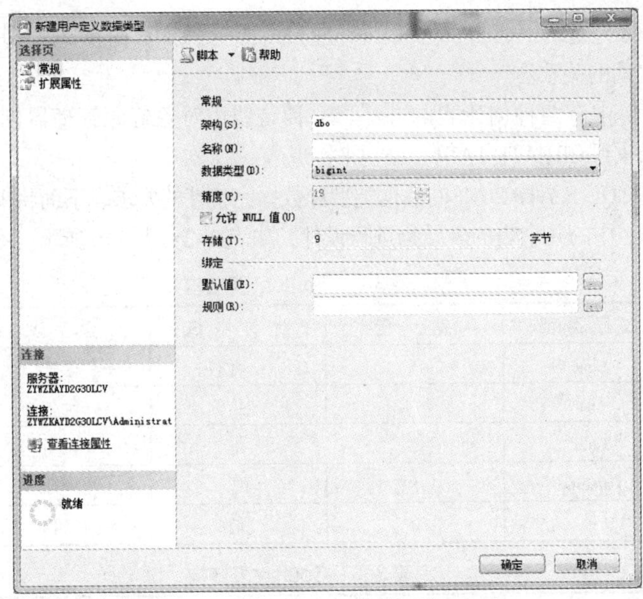

图 3–3 “新建用户定义的数据类型”窗口

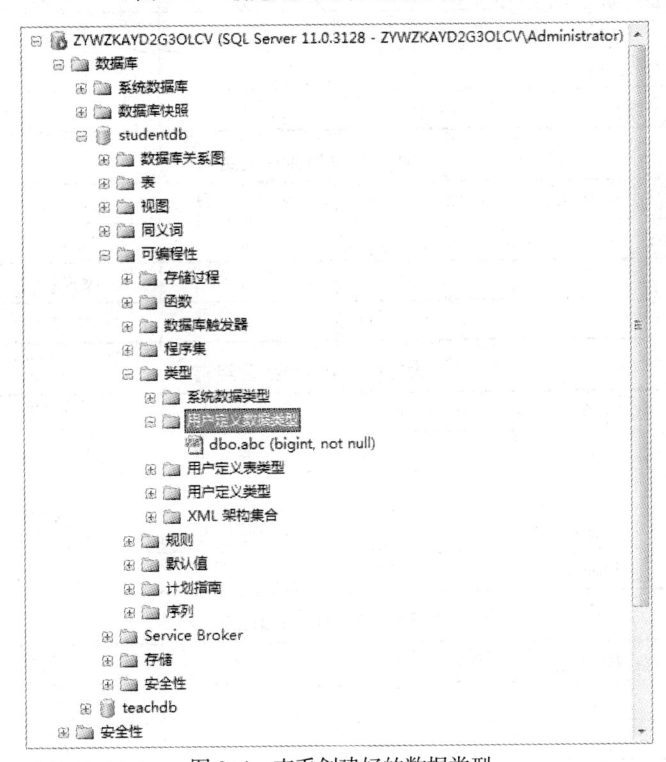

图 3–4 查看创建好的数据类型

3.3 创 建 表

创建表的过程实际上就是定义表的结构和表内部约束关系的过程。表的结构包括表的名称、字段的名称、数据类型、是否为空及其他属性，比如列的默认值是否是标识字段、是否是计算字段等。还有就是设置主键约束、外键约束、唯一性约束和检查约束等来保证数据完整性，其中主键和外键的设置也建立了表与表之间的关系。

SQL Server 2012 中有两种创建表的方法：一种是使用对象资源管理器创建，另一种是通过 Transact-SQL 语句，执行 CREATE TABLE 语句来实现。

根据系统功能和 SQL Server 2012 的数据类型和数据完整性的要求，下面将前面提到的学校信息管理系统（studentdb）中的几个表的表结构进行设计，如表 3-2～表 3-6 所示。

表 3-2　Student 表结构

列　名	数据类型	宽　度	允许空值	含　义	说　明
Sno	Char	6	否	学号	主键
Sname	Char	14	是	姓名	
Ssex	Char	2	是	性别	默认值：男
Sbirthday	Datetime	8	是	出生日期	
Sdepartment	Char	16	是	所属系	

表 3-3　Course 表结构

列　名	数据类型	宽　度	允许空值	含　义	说　明
Cno	Char	6	否	课程号	主键
Cname	Char	16	是	课程名	
Cscore	Tinyint	1	是	学分	

表 3-4　Choice 表结构

列　名	数据类型	宽　度	允许空值	含　义	说　明
Sno	Char	6	否	学号	主键、外键
Cno	Char	6	否	课程号	主键、外键
Score	Decimal	9	是	成绩	约束：成绩 0-100

表 3-5　Teacher 表结构

列　名	数据类型	宽　度	允许空值	含　义	说　明
Tno	Char	6	否	教师号	主键
Tname	Char	14	是	姓名	
Tsex	Char	2	是	性别	默认值：男
Tduty	Char	10	是	职称	

表 3-6　Teach 表结构

列　名	数据类型	宽　度	允许空值	含　义	说　明
Tno	Char	6	否	教师号	主键、外键
Cno	Char	6	否	课程号	主键、外键

3.3.1　使用对象资源管理器创建表

使用对象资源管理器创建表的步骤如下：

（1）启动 SQL Server Management Studio，选择服务器，单击加号（+），展开数据库→database（某一个数据库名称）→表，右击“表”文件夹，会弹出图 3-5 所示的快捷菜单。

（2）选择“新建表”选项，弹出图 3–6 所示的“新建表”窗口。在此窗口中，用户可以在“列名”文本框中输入要建立的字段名，在 SQL Server 中，字段名的命名要注意以下几点：

① 字段名必须由字母、数字、下画线和符号组成。

② 字段名必须由字母、# 或 _（下画线）其中之一作为开头。

③ 不能用 SQL Server 的保留字，如 FROM、SELECT 等。

④ 列名尽量做到“见名知意”。

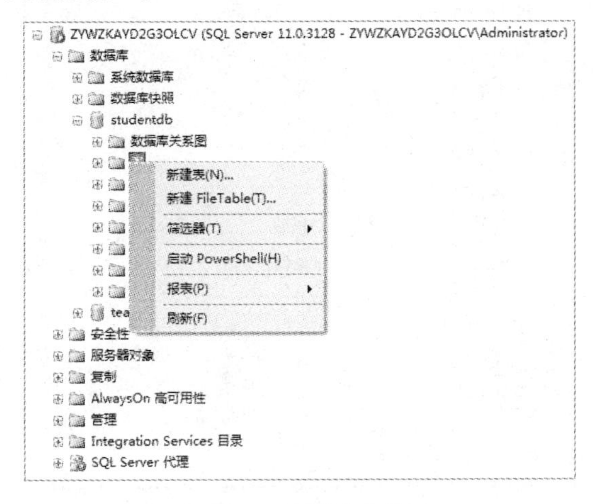

图 3–5　创建表菜单

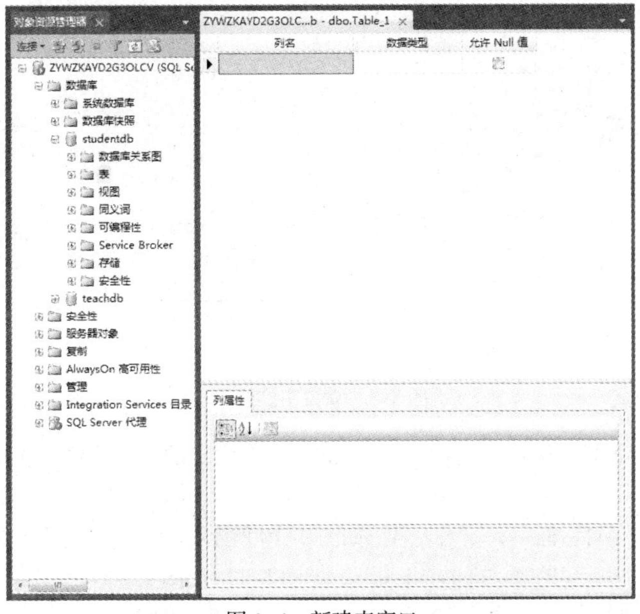

图 3–6　新建表窗口

在数据类型中选择或输入一种数据类型，可以是系统数据类型，也可以是用户自定义数据类型。之后，窗口中出现“列属性”对话框，如图 3–7 所示。在“列属性”对话框中可以设置长度、默认值和是否允许为空等属性。

（3）设置了列属性以后，可设置主键，如果要将目前表中 sno 字段设置为主键，如图 3–8（a）所示，右击此列，选择“设置主键”命令，设置完成以后如图 3–8（b）所示。

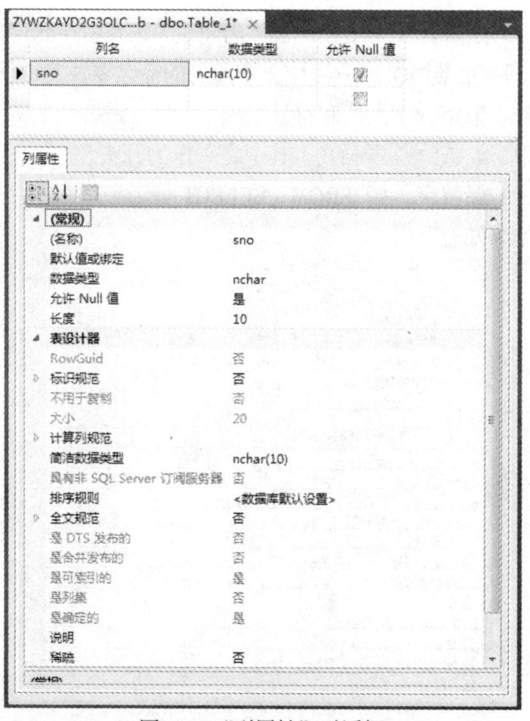

图 3–7 “列属性”对话框

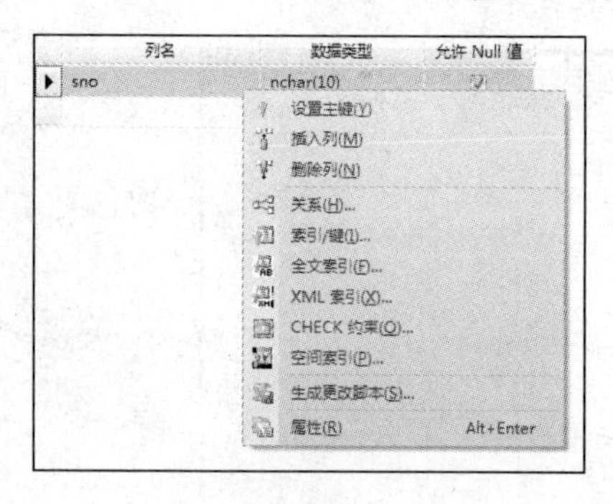

（a）“设置主键”命令

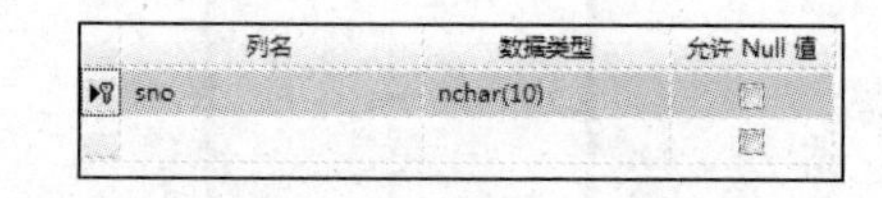

（b）sno 字段设置为主键

图 3–8 设置主键窗口

（4）完成后右击表名 ZYWZKAYD2G3OLC...b - dbo.Table_1* ×，在弹出的快捷菜单中选择“保存”命令，如图 3–9 所示。

（5）在弹出的保存对话框中，输入表名，如图 3–10 所示，单击“确定”按钮。此时，在表的树形结构中可以看到刚刚新建的表“dbo.student”，如图 3–11 所示。

另外，在定义表中字段的时候，还有两种比较特殊但也经常使用的字段，即标识字段和计算字段。

1. 标识字段

每个数据表中都可以有一个标识字段，这个字段的值不能由用户输入只能由系统自动生成。通常我们用标识字段来为每行数据自动编号，标识字段方便了用户操作，还避免了人工输入序列号可能带来的差错及可能产生的序号冲突问题。

如果要将一个字段设置成标识字段，那么该字段的数据类型必须为：int、bigint、smallint、tinyint

或小数位数为 0 的 decimal、numeric 字段。该字段不允许为空，并且不能有默认值。当对表中某一列做了以上设置后，要使它成为标识字段，还必须在该列的列属性中进行如下设置。

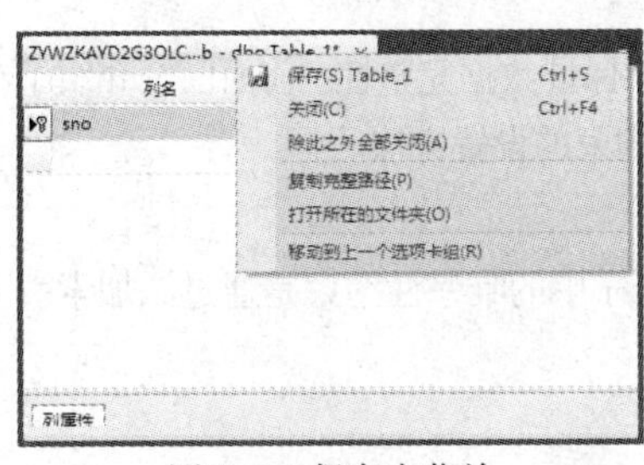

图 3-9　保存表菜单

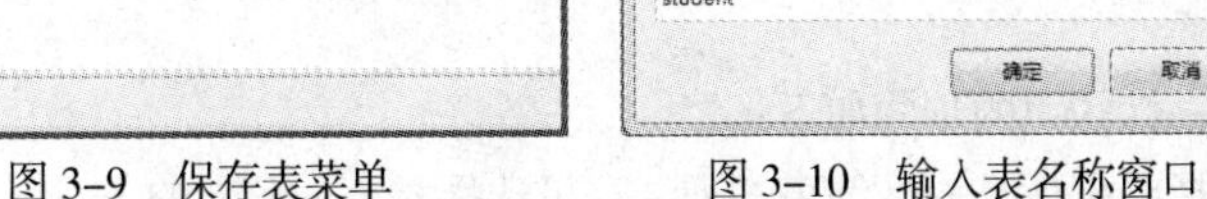

图 3-10　输入表名称窗口

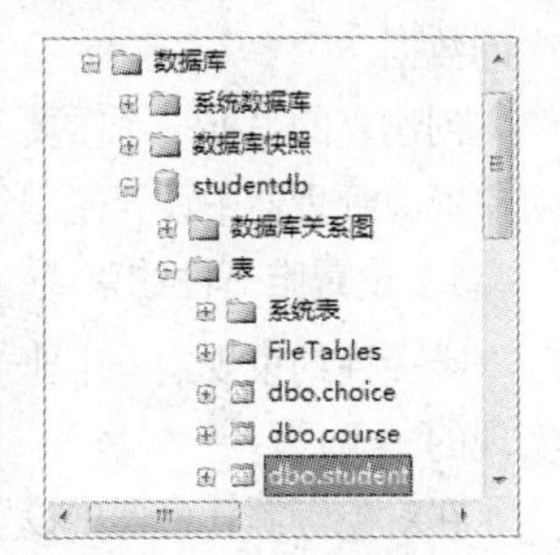

图 3-11　查看表窗口

① 将“（是标识）”栏设置为“是”；

② 在“标识增量”栏输入数字，即下一条记录与本条记录在本列数值上的增量；

③ 在“标识种子”栏输入数字，即添加到表中的第一条记录中该列的值。

如图 3-12 所示，标识种子为 200，标识增量为 20，则该字段的值将依次为：200、220、240…。

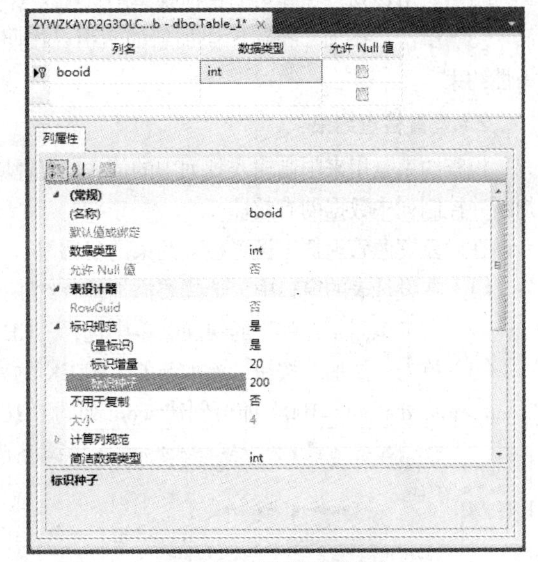

图 3-12　设置标识字段

2. 计算字段

除了标识字段以外，还有另外一种特殊字段，它是通过某些字段的内容计算而求得结果的。比如在一个书店数据库的销售表中，用单价字段乘以数量字段就可以得到销售金额字段的值，那么就可以把销售金额字段设置成为计算字段，然后在该字段中计算所得的列规范中输入计算公式即可，如图 3-13 所示。

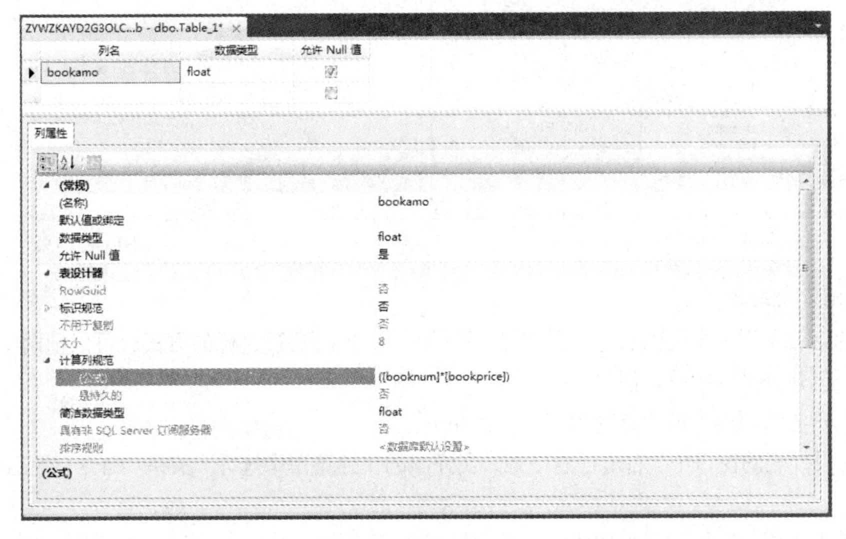

图 3-13　设置计算字段

计算字段实际上是一个虚拟的字段，它并未将计算结果实际存储在表中，而只是在运行时才立即计算出结果。另外，计算字段的特性决定了我们不可以直接向计算字段输入数据，也不能直接修改其中的数据。

创建表的另外一个重要工作就是设置字段的约束条件，从而保证数据完整性。前面已经介绍了在对象资源管理器中设置主键约束的方法，下面将介绍其他几种约束的设置方法。

1. 设置唯一性约束

唯一性约束规定一个非主键列中的数据不能重复。SQL Server 中的唯一性约束是通过添加索引来实现的。

在对象资源管理器中设置唯一性约束的步骤如下：

（1）在设计表的窗口中，选择要添加唯一性约束的列，这里选择 course 表中的 cname 列。

（2）右击该列，在弹出的快捷菜单中选择“索引/键”命令，弹出“索引/键”对话框。

（3）单击“添加”按钮，添加新的索引。按照图 3-14 进行相应的设置即可创建 cname 列的唯一性约束。

2. 设置检查约束

检查约束是用来限制输入到列中的值，是实现域完整性的主要方法。检查约束通过逻辑表达式来判断并控制列中数据的有效性。

在对象资源管理器中设置检查约束的步骤是：

（1）在设计表的窗口中，选择要添加检查约束的列，这里选择 choice 表中的 score 列。

（2）右击该列，在弹出的快捷菜单中选择“CHECK 约束”命令，弹出“CHECK 约束”对话框。

（3）单击“添加”按钮，添加新的 CHECK 约束，如图 3-15 所示，在表达式栏中添加约束条件“score>=0 and score<=100”即可创建 score 列的 CHECK 约束。

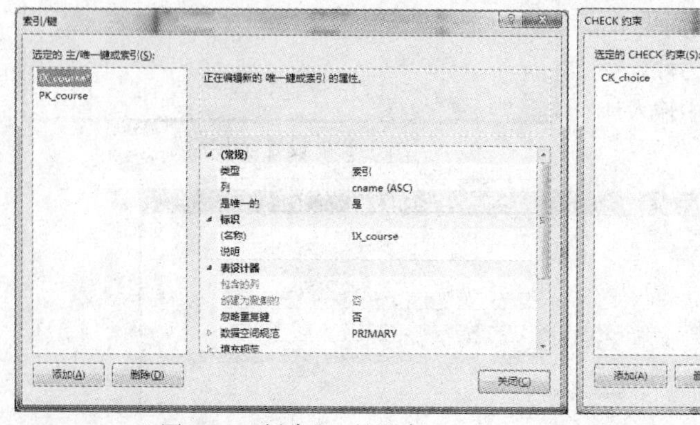

图 3-14 创建唯一性约束

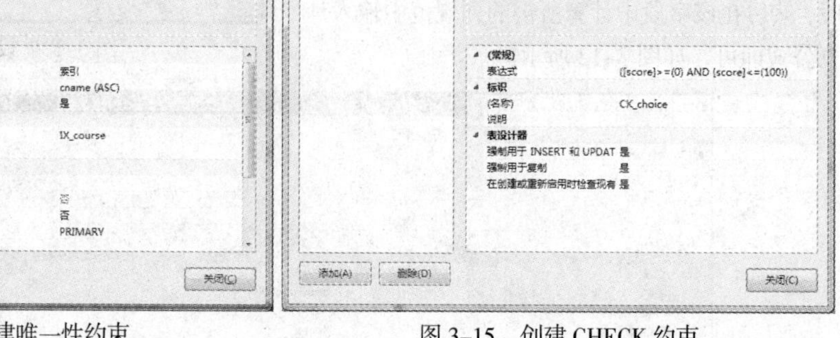

图 3-15 创建 CHECK 约束

3. 创建外键约束

外键约束就是用一个表中的外键引用另一个表中的主键，通过这样的方式就可以把两个表联系起来，所以说创建外键约束就是创建表间的联系。

在对象资源管理器中设置外键约束的步骤如下：

（1）在设计表的窗口中，右击任意一列，在弹出的快捷菜单中选择“关系”命令，弹出“外关系”对话框。

（2）单击“添加”按钮，添加新的关系，如图 3-16 所示。

（3）然后设置关系的表和列规范栏目，选择外键表和外键列以及对应的主键表和主键列，如图 3-17 所示。

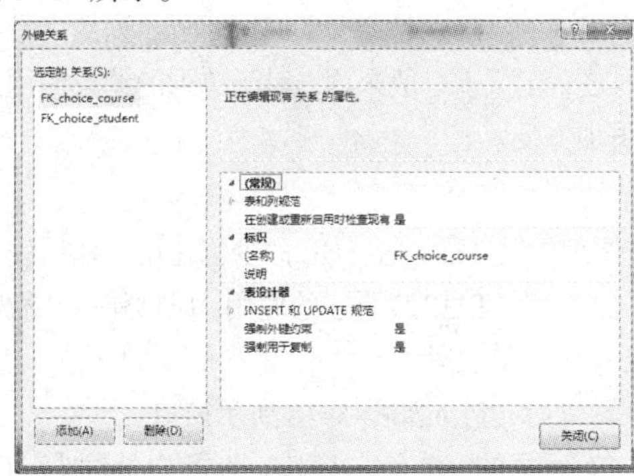

图 3-16　创建外键约束

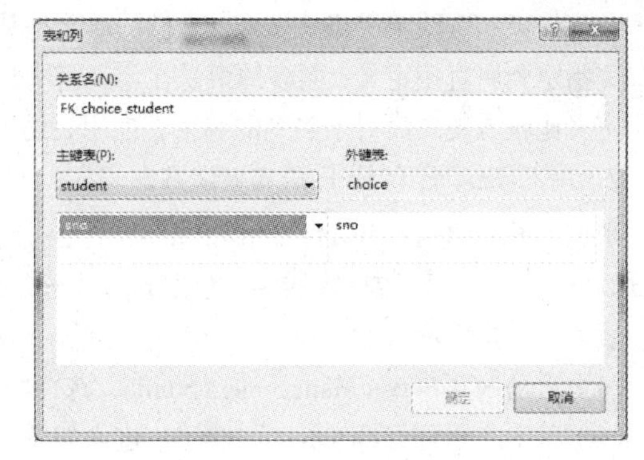

图 3-17　设置外键约束

（4）设置完成后，单击“确定”按钮即可。

3.3.2　使用 Transact-SQL 语句创建表

使用 Transact-SQL 语句创建数据表比使用对象资源管理器更加直接、便捷。在实际的数据库创建过程，数据库创建者通常是使用 CREATE TABLE 语句创建数据表。

1. 创建数据表的 Transact-SQL 语句

使用 CREATE TABLE 语句创建表的语法格式为：

```
CREATE TABLE
[数据库名.[所有者.]|所有者.]表名
({<列定义>[,…n]}
[,<表约束>]
)
```

其中，数据库名和所有者在指定数据库的情况下，可以省略。

<列定义>的格式如下：

```
{列名 列数据类型 [列宽度]}
[DEFAULT 默认值]
[<列约束>][,…n]
```

<列约束>的格式如下：

```
[CONSTRAINT 约束名]
{[NULL|NOT NULL]
 |[PRIMARY KEY|UNIQUE]
 |[[FOREIGN KEY]REFERENCES 参照表[(参照列)]]
 |CHECK(约束逻辑表达式)
}
```

<表约束>的格式如下：

```
[CONSTRAINT 约束名]
{|[PRIMARY KEY(列名称)|UNIQUE(列名称)]
 |[[FOREIGN KEY(列名称)]REFERENCES 参照表[(参照列)]]
```

```
    |CHECK(约束逻辑表达式)
}
```

从列约束和表约束的格式来看，它们的功能是基本相同的。区别是定义的时间不同，列约束是在定义完指定列后直接定义，而表约束是在定义完所有列之后定义。一般来说，对于单列的约束使用列约束定义比较方便，而对于多列的约束，使用表约束更加方便。

2. 用 CREATE TABLE 语句创建数据表

根据上面介绍的 CREATE TABLE 语法，就可以方便地编写 Transact-SQL 命令创建用户数据表。下面以创建 studentdb 数据库的相关数据表为例来介绍 CREATE TABLE 语法的使用。以创建一个教师信息表为例，操作步骤如下：

（1）启动 SQL Server Management Studio，选择服务器以后，进入如图 3-18 所示窗口。

（2）单击“新建查询（N）”按钮，进入如图 3-19 所示的“查询”窗口，在空白处输入 SQL 语句。

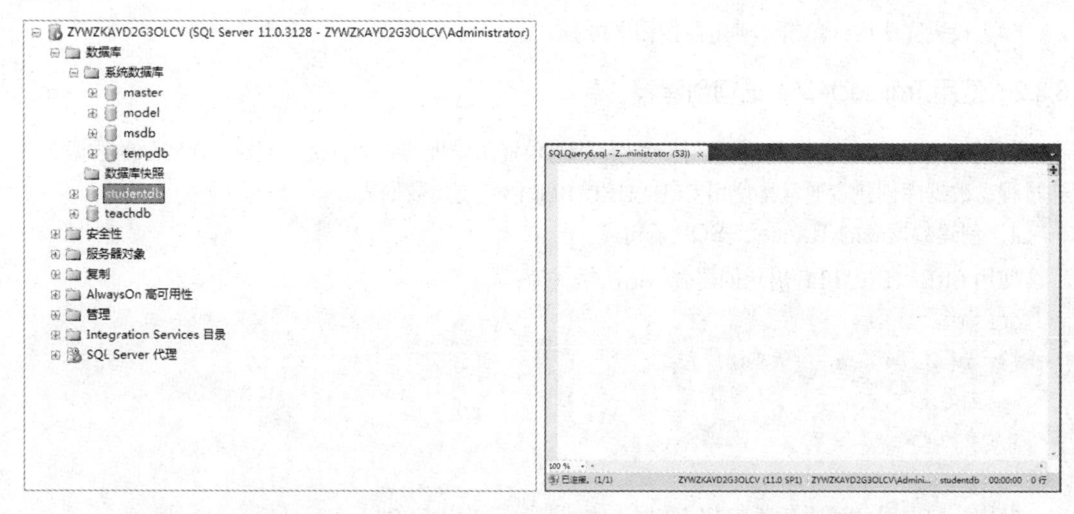

图 3-18　选择数据库窗口　　　　图 3-19　“查询”窗口

（3）在“查询”窗口中输入下列语句：

```
CREATE TABLE studentdb.dbo.teacher
(tno char(6) NOT NULL UNIQUE,
tname char(14),
tsex char(2),
tduty char(10),
)
```

上述代码中，studentdb.dbo.teacher 是指在 studentdb 数据库中建立一个名为 teacher 的表，其中 tno 不能为空且不能重复。

（4）单击“执行”按钮，结果如图 3-20 所示，刷新后左边树形结构中出现新表 teacher。

【例 3.1】用 CREATE TABLE 语句创建课程表 course（参照表 3-3）。

程序如下：

```
USE studentdb
CREATE TABLE course
```

```
(cno char(6) NOT NULL PRIMARY KEY, /*用列约束定义cno为非空，主键*/
 cname char(16),
 cscore tinyint
)
```

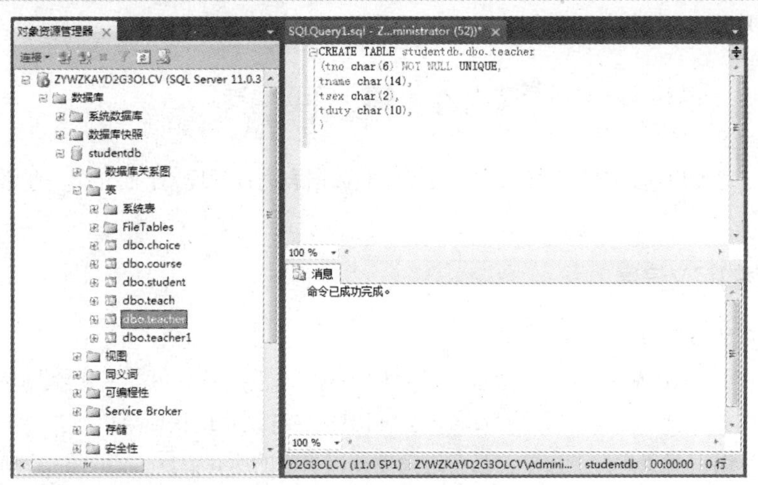

图 3-20　查看创建好的表

在 SQL Server Management Studio 中查询窗口输入以上语句，执行查询后即可创建 course 表。

【例 3.2】用 CREATE TABLE 语句创建选课表 choice（参照表 3-4）。

程序如下：

```
USE studentdb
CREATE TABLE choice
(sno char(6)NOT NULL,
 cno char(6)NOT NULL,
 score decimal CHECK(score>=0 and score<=100), /*给score列添加检查约束*/
 CONSTRAINT pk_choice PRIMARY KEY(sno,cno),
/*用表约束创建多列主键*/
 CONSTRAINT fk_choice_student FOREIGN KEY(sno) REFERENCES student(sno),
/*用表约束创建外键*/
CONSTRAINT fk_choice_course FOREIGN KEY(cno) REFERENCES course(cno)
/*用表约束创建外键*/
)
```

另外，我们也可以将本例中的约束用列约束处理，如下所示：

```
USE studentdb
CREATE TABLE choice
(sno char(6)NOT NULL FOREIGN KEY REFERENCES student(sno),
 /*用列约束创建外键*/
 cno char(6)NOT NULL FOREIGN KEY REFERENCES course(cno),
/*用列约束创建外键*/
 score decimal CHECK(score>=0 and score<=100), /*给score列添加检查约束*/
```

```
CONSTRAINT pk_choice PRIMARY KEY(sno,cno)
/*用表约束创建多列主键*/
)
```

在 SQL Server Management Studio 中新建查询输入以上语句，执行查询后即可创建 choice 表。

按照上面的方法，我们就可以创建 studentdb 数据库中其他数据表。

3.4 管 理 表

一个表建立完成以后，还需要有一些相关操作对数据表进行管理，下面介绍一些常用的管理表的基本操作。

3.4.1 查看表的定义信息

查看表信息的步骤如下：

（1）启动 SQL Server Management Studio，选择服务器，单击加号（+），展开数据库→database（某一个数据库名称）→表，右击要打开的表名，会弹出图 3-21 所示的快捷菜单。

（2）选择“编辑前 200 行”命令，在右边会显示出表中的所有数据，如图 3-22 所示，在此窗口中，用户可以根据需要添加、删除或修改表的相应信息。

（3）右击任何一条记录，将弹出图 3-23 所示的快捷菜单。

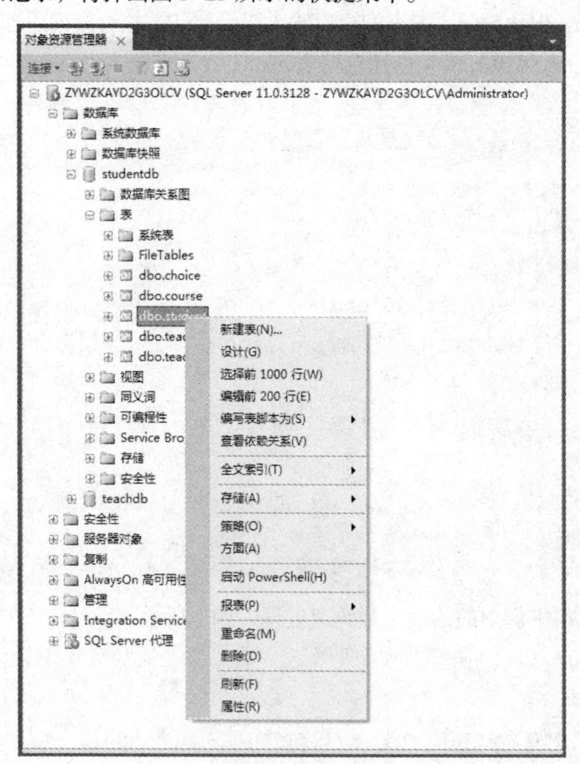

图 3-21　打开表菜单

（4）选择“窗格”命令。

① 关系图：如图 3-24 所示，显示所有字段名称。

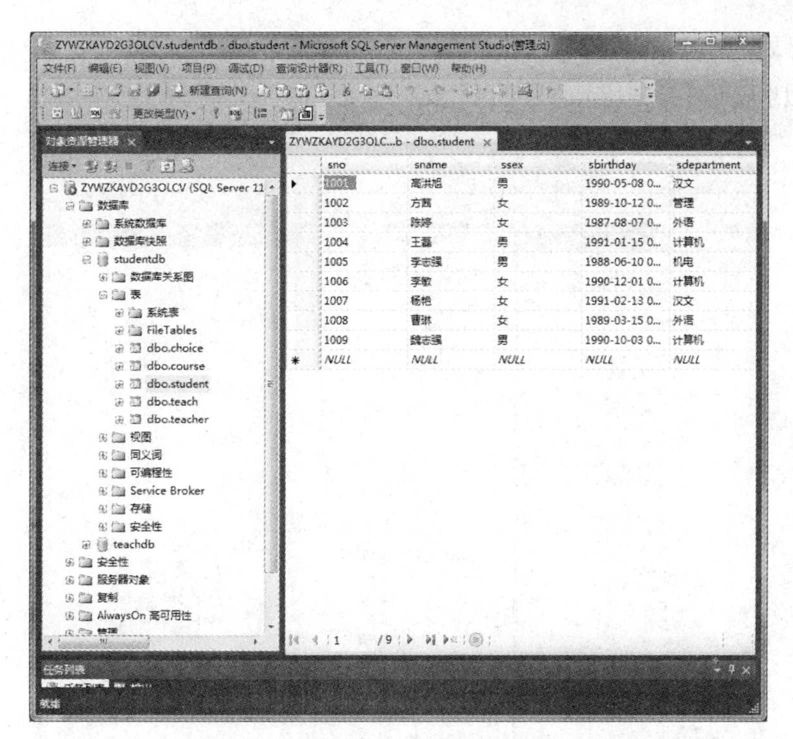

图 3-22　表中的数据

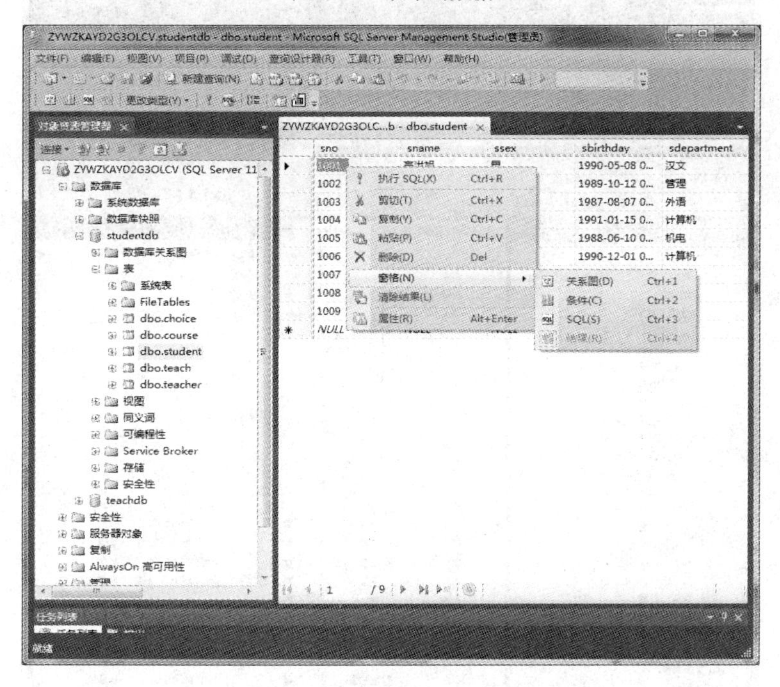

图 3-23　记录的快捷菜单

② 条件：此窗格用与向选择查询中添加数据表或视图对象以及选择相应的输出字段，同时用户还可以将相关联的表连接起来，如图 3-25 所示。其中，能够操作的属性有列、别名、表、输出和排序类型等。

③ SQL：SQL 脚本文件，记录了用户对数据表的操作，单击该命令，由于在条件窗格中加添加了排序，所以生成了图 3-26 所示的 SQL 脚本。

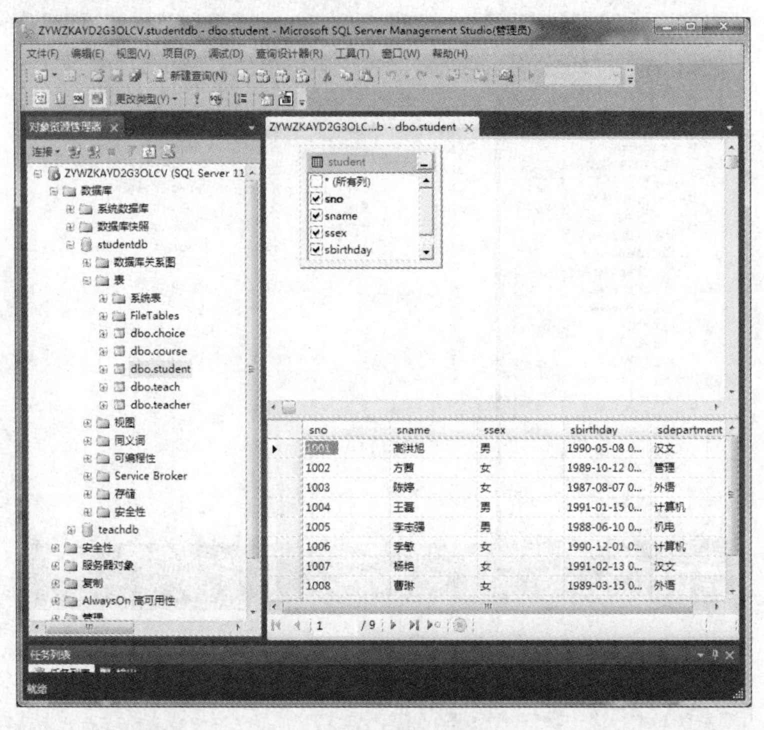

图 3-24 “关系图”窗口

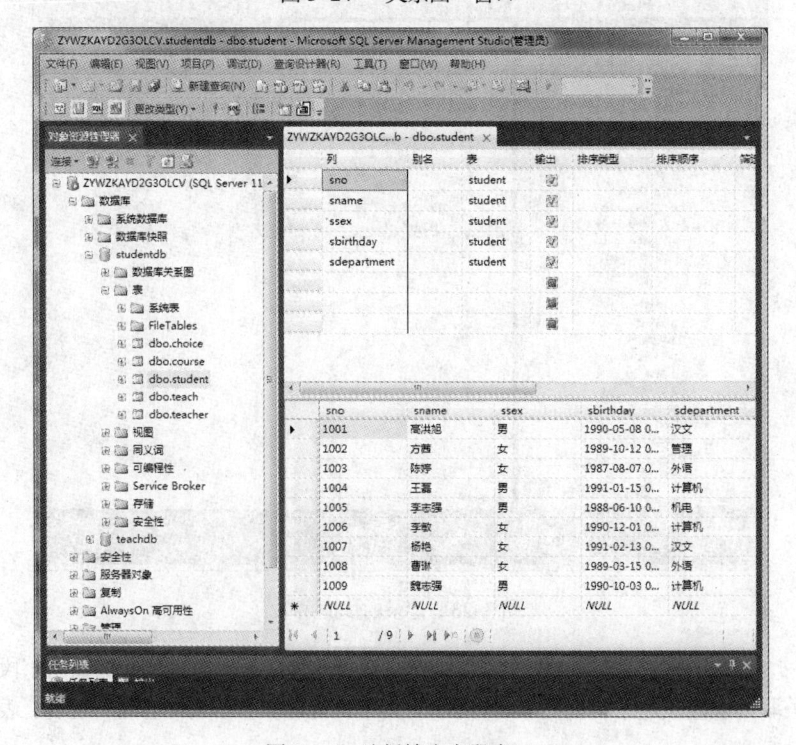

图 3-25 选择输出字段窗口

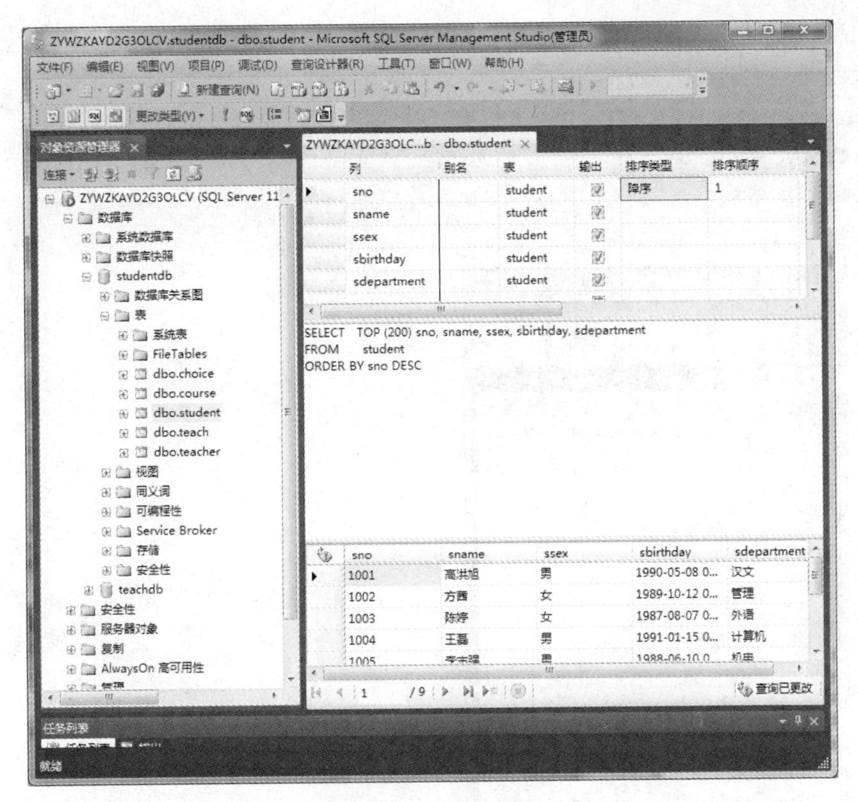

图 3–26　SQL 脚本窗口

3.4.2　修改表

已经创建好的表在实际应用过程中可能需要对原来的表结构进行修改，如添加新属性、删除原有字段等。

下面介绍利用 SQL Server Management Studio 增加字段和删除字段的具体步骤：

1．增加字段操作

（1）打开 SQL Server Management Studio，连接好数据库服务器，右击需要修改的表，弹出图 3–27 所示的快捷菜单。

（2）单击“设计”命令，弹出如图 3–28 所示窗口，在底部空白网格行中直接输入新的字段信息即可。

（3）如果需要在固定字段之前加入一新的字段，可以右击此列，如图 3–29 所示，选择“插入列”命令。弹出如图 3–30 窗口，输入相应数据信息。

2．删除字段操作

删除字段与增加字段操作类似，选择要删除的列并右击，在弹出的快捷菜单中选择“删除列”命令即可完成。

另外，还可以新建查询使用 ALTER TABLE 语句来修改数据表的结构。

用 ALTER TABLE 语句修改数据表结构的语法如下：

```
ALTER TABLE 表名
{[ALTER COLUMN 列名 {[<新数据类型>][NULL|NOT NULL]}]        /*修改列定义*/
```

```
    |ADD {<列定义>[,…n]}                                          /*增加列定义*/
   |[CONSTRAINT 约束名]<约束定义>
   |DROP {COLUMN 列名[,…n]}                                       /*删除列定义*/
    |[CONSTRAINT]约束名
    |{CHECK|NOCHECK}CONSTRAINT{约束名|ALL}
   }
```

图 3-27　修改表快捷菜单

列名	数据类型	允许 Null 值
sno	char(6)	
sname	char(14)	☑
ssex	char(2)	☑
sbirthday	datetime	☑
sdepartment	char(16)	☑

图 3-28　修改表窗口

列名	数据类型	允许 Null 值
sno	char(6)	
sname	char(14)	☑

设置主键(Y)
插入列(M)
删除列(N)
关系(H)...
索引/键(I)...
全文索引(F)...
XML 索引(X)...
CHECK 约束(O)...
空间索引(P)...
生成更改脚本(S)...
属性(R)　Alt+Enter

图 3-29　修改表结构快捷菜单

列名	数据类型	允许 Null 值
sno	char(6)	
sname	char(14)	☑
ssex	char(2)	☑
sbirthday	datetime	☑
sdepartment	char(16)	☑

图 3-30　修改表结构窗口

其中<列定义>与 CREATE TABLE 语句中的<列定义>内容相同。

NOCHECK 子句可以使已经定义好的约束无效，CHECK 子句使之重新有效。

下面通过几个例题说明 ALTER TABLE 语句的使用。

【例 3.3】 在 course 数据表中添加一列：列名为 cperiod、数据类型为 smallint 并且允许为空。

程序如下：

```
USE studentdb
ALTER TABLE course
ADD cperiod smallint NULL
```

【例 3.4】 在 course 数据表中将 cno 设置为主键。

程序如下：

```
USE studentdb
ALTER TABLE course
ADD PRIMARY KEY(cno)
```

【例 3.5】 删除 course 数据表中的 cperiod 列。

程序如下：

```
USE studentdb
ALTER TABLE course
DROP COLUMN cperiod
```

【例 3.6】 将 course 数据表中 cname 列的宽度由 16 改为 18。

程序如下：

```
USE studentdb
ALTER TABLE course
ALTER COLUMN cname char(18)
```

【例 3.7】 为 course 数据表中 cname 列增加一个默认值“暂未定”。

程序如下：

```
USE studentdb
ALTER TABLE course
ADD DEFAULT '暂未定' FOR cname
```

【例 3.8】 修改 course 数据表，使其中的 ck_course 约束无效（但不删除）。

程序如下：

```
USE studentdb
ALTER TABLE course
NOCHECK CONSTRAINT ck_course
```

3.4.3 更改表名

对表可进行重命名操作，首先打开 SQL Server Management Studio，连接好数据库服务器，右击需要修改的表，弹出图 3-31 所示的快捷菜单，选择“重命名”命令，在光标处输入新的表名即可完成，如图 3-32 所示。

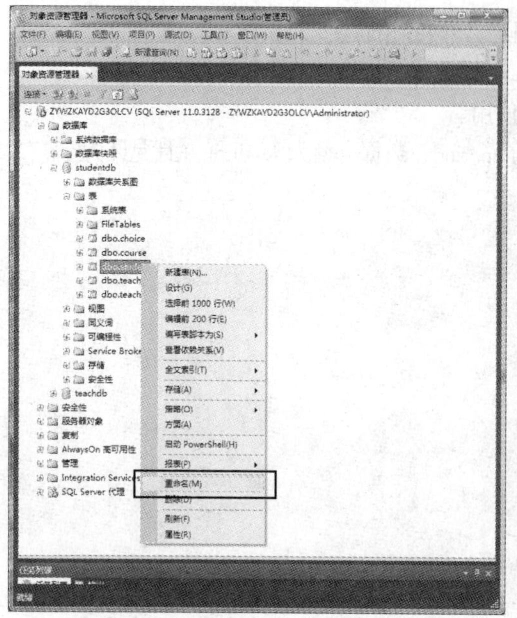

图 3-31 “重命名”命令

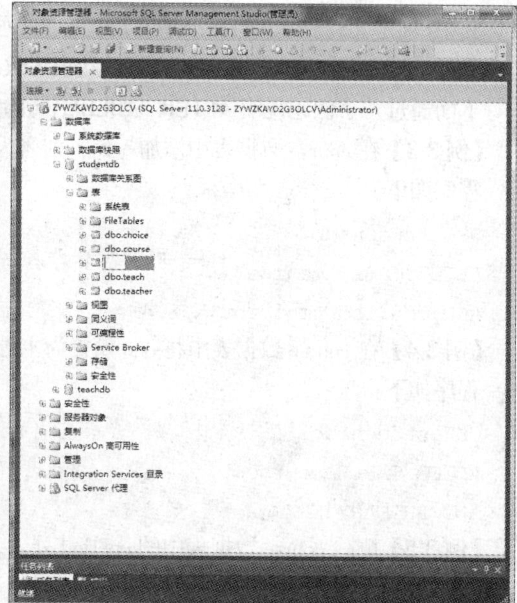

图 3-32 输入表名窗口

3.4.4 查看表之间的依赖关系

SQL Server 2012 中可以通过“查看依赖关系”命令，清楚地看到数据库中表与表之间所存在的关系。步骤如下：

打开 SQL Server Management Studio，连接好数据库服务器，右击需要查看的表，弹出图 3-33 所示的快捷菜单，选择“查看依赖关系”命令，在弹出的“对象依赖关系”窗口中列出了此表与数据库中存在关系的其他数据表，如图 3-34 所示。

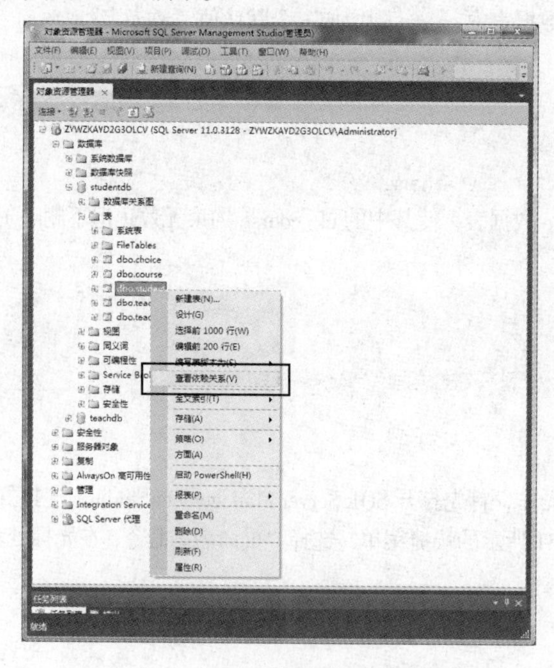

图 3-33 “查看依赖关系”命令

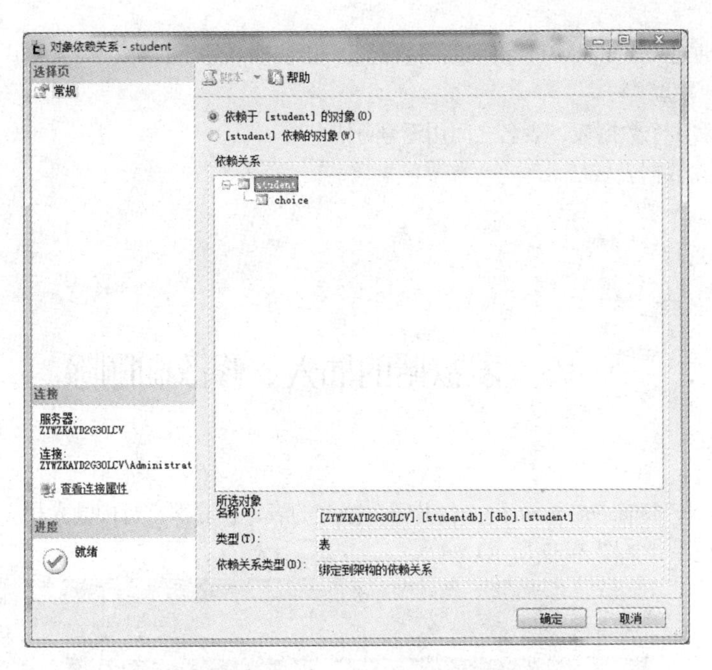

图 3-34 “对象依赖关系”窗口

3.4.5 删除表

当某个表不再需要时或者不能满足需求时，可以将表删除，操作步骤如下：

打开 SQL Server Management Studio，连接好数据库服务器，右击要删除的表，弹出如图 3-35 所示的快捷菜单，选择“删除”命令，在弹出的“删除对象”窗口中单击“确定”按钮即可将该表从数据库中删除，如图 3-36 所示。

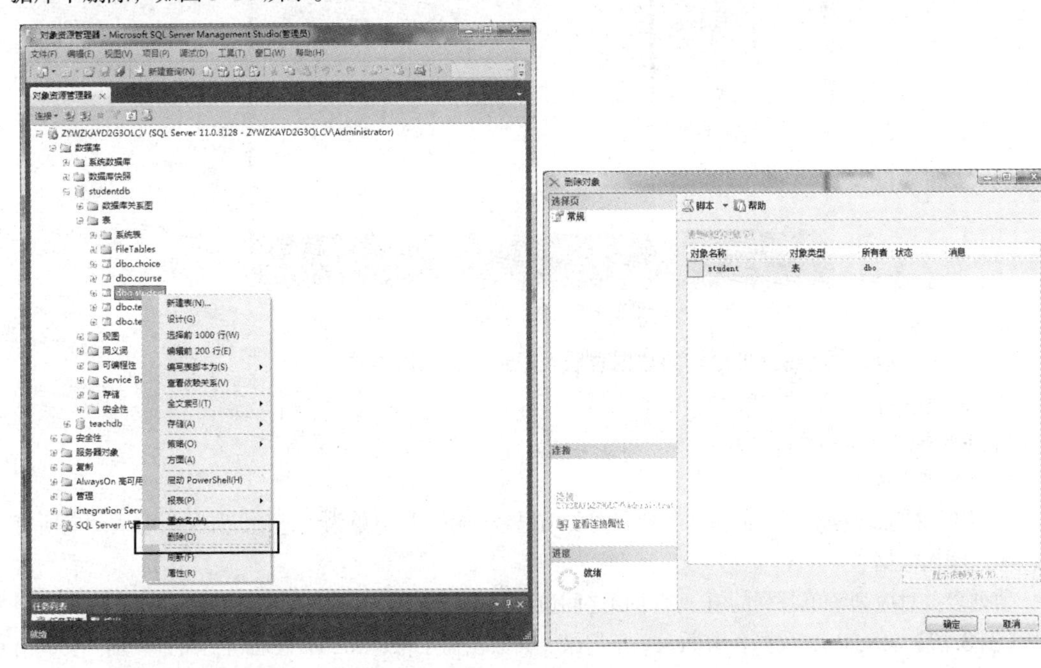

图 3-35 “删除表”命令

图 3-36 “删除对象”窗口

另外还可以通过 DROP TABLE 语句删除数据表，语法格式如下：

```
DROP TABLE 表名
```

如果一次删除多个数据表，表名之间用逗号分隔。

【例 3.9】删除数据表 course。

程序如下：

```
USE studentdb
DROP TABLE course
```

3.5 表数据的插入、修改和删除

3.5.1 插入数据

利用 SQL Server Management Studio，打开需要修改的表，在底部空行中输入相应字段信息保存即可为数据表添加记录，如图 3-37 所示。

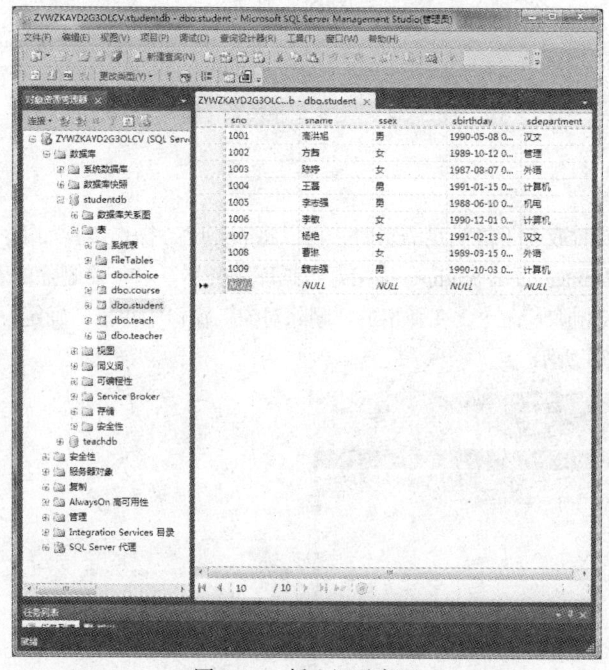

图 3-37　插入记录窗口

另外，还可以使用 INSERT 语句向数据表插入记录，其语法格式为：

```
INSERT [INTO]{表名|视图名}
{[(列清单)]{VALUES({DEFAULT|NULL|表达式}[,…n](值列表))|<查询>}}
```

各项参数含义如下：

列清单：插入数据的列名清单，各列名间要用逗号分隔。列清单为可选项，如果省略表示向所有列按顺序添加数据。

值列表：对应列清单各列的值，各个值之间也要用逗号分隔。

【例 3.10】向 student 数据表中插入一条记录。其数据为学号：1020；姓名：王丽；性别：女；出生日期：1988 年 5 月 10 日；其他数据暂无。

程序如下：

```
USE studentdb
INSERT student(sno,sname,ssex,sbirthday)
VALUES('1020','王丽','女','1988-5-10')
```

3.5.2 修改数据

使用 SQL Server Management Studio 修改数据，首先打开需要修改的表，选择要更新的记录行，把光标定位在要修改的数据上即可修改数据。

另外，还可以使用 UPDATE 语句修改数据，其语法格式为：

```
UPDATE{表名|视图名}
SET{列名={表达式|DEFAULT|NULL}[,…n]}
[WHERE<条件>]
```

其中，<条件>为更新记录所满足的条件，由逻辑表达式构成。当要修改多列时，各列之间要用逗号分隔。

【例 3.11】 把 student 数据表中，学号为“1020”的记录中的 ssex 列的值改为男。

程序如下：

```
USE studentdb
UPDATE student SET ssex='男'
WHERE sno='1020'
```

3.5.3 删除数据

利用 SQL Server Management Studio，打开需要修改的表，右击删除行，弹出图 3-38 所示快捷菜单，选择“删除”命令，在弹出的对话框中选择“是”按钮则删除该行，选择“否”按钮则取消删除操作，如图 3-39 所示。如果在删除过程中需要删除多行，可按住【Shift】键同时选择多行。

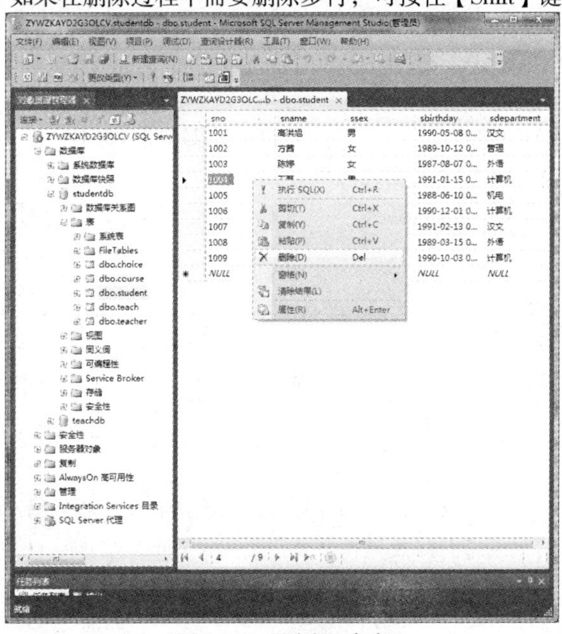

图 3-38 “删除”命令

另外，还可以使用 DELETE 语句删除记录，其语法格式为：

```
DELETE [FROM]{表名|视图名}[WHERE<条件>]
```

其中，<条件>是删除记录时指定的条件，由逻辑表达式构成。关键字 FROM 可以省略。

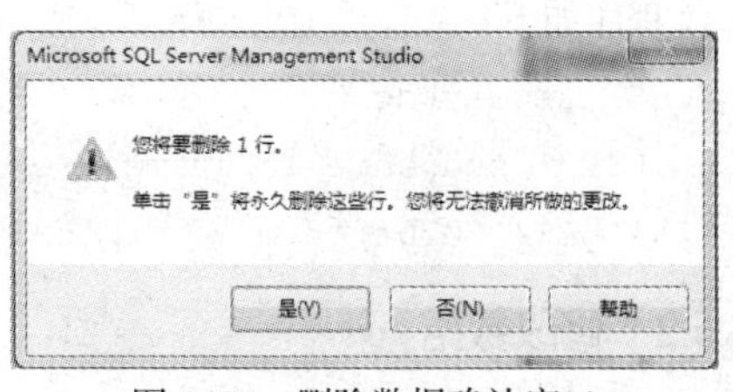

图 3-39　删除数据确认窗口

【例 3.12】删除 student 数据表中学号为"1020"的记录

程序如下：

```
USE studentdb
DELETE FROM student
WHERE sno='1020'
```

单元总结

表是数据库中非常重要的一个数据对象，创建的表的好坏直接关系到数据的成败。表中的数据内容应该做到具体但不烦琐。通过本单元的学习，用户应该掌握表的创建规则，以及在 SQL Server 2012 中关于表的相关操作：表的创建、修改、删除等。

习　题

一、选择题

1. 下面（　　）数据类型用来存储二进制数据。

   A. Datetime　　B. Smallmoney　　C. Binary　　D. Real

2. 下面（　　）数据类型不属于 Special 数据类型。

   A. Cursor　　B. Sysname　　C. Image　　D. spl_variant

3. 下面可以用于创建数据表的是（　　）语句

   A. CREATE DATABASE　　B. CREATE TABLE

   C. ALTER DATABASE　　D. ALTER TABLE

4. 非空约束和（　　）的组合是主键约束。

   A. 检查约束　　B. NULL 约束　　C. 非主键约束　　D. 唯一性约束

二、填空题

1. 整数数据类型包括________、________、________和________。
2. 图形数据类型理论上最大可以存储________字节的数据。
3. 在一个表中只能设置________个主键约束，可以定义________个唯一性约束。
4. 在 SQL Server 2012 中，创建数据表的方法有________和________。

三、判断题

1. 在关系型数据库中，一个表就代表一种关系，而表结构就是指数据库的关系模型。（　　）
2. 可以对已经建立好的表进行修改操作。（　　）
3. 在删除一个表之前要先删除与此表相关联的表中的外部关键字约束。（　　）

验证性实验3 建立“学生成绩”数据库中的表

一、实验目的

1. 熟悉 SQL Server Management Studio 的图形操作环境创建、删除和修改表的操作。
2. 熟悉 SQL Server Management Studio 中使用 Transact-SQL 语句创建、删除和修改表的操作。

二、实验内容

1. 在学生成绩数据库（XSCJ）中创建学生情况表（XSQK）、课程表（KC）、学生成绩表（XS_CJ）。
2. 在 XSQK、KC、XS_CJ 三个表中输入数据。

三、实验步骤

1. 启动 SQL Server Management Studio，连接数据库服务器，进入 SQL Server Management Studio 界面。

2. 使用 SQL Server Management Studio 的对象资源管理器图形界面创建 XSQK、KC、XS_CJ 三个表。

XSQK、KC、XS_CJ 表结构如下：

学生情况表（XSQK）的结构

列　名	数据类型	长　度	是否允许为空值	默认值	说　明
学号	char	6	N		主键
姓名	char	8	N		
性别	bit	1	N		男 1，女 0
出生日期	smalldatetime	4	N		
专业名	char	10	N		
所在系	char	10	N		
联系电话	char	11	Y		

课程表 KC 的结构

列　名	数据类型	长　度	是否允许为空值	默认值	说　明
课程号	char	3	N		主键
课程名	char	20	N		
教师	char	10			
开课学期	tinyint	1			只能 1~6
学时	tinyint	1		60	
学分	tinyint	1	N		

成绩表 XS_KC 的结构

列　名	数据类型	长　度	是否允许为空值	默认值	说　明
学号	char	6	N		外键
课程号	char	3	N		外键
成绩	tinyint	1			0~100

3. 按照以上表结构的要求设置各个表数据的数据完整性。
4. 在对象资源管理器中删除创建好的所有表。
5. 在查询窗口中使用T-SQL语句创建以上数据表。
6. 按以下内容为各个表输入数据。

学生情况表记录

学　号	姓　名	性　别	出生日期	专　业	所在系	联系电话
201001	刘志英	0	1989-7-15	计算机应用	计算机	6603258
201002	黄宇荣	0	1991-1-20	计算机应用	计算机	6603258
201003	王越凡	1	1990-5-10	计算机网络	计算机	6603269
201004	韩科	1	1990-10-8	计算机网络	计算机	6603269
201005	杨宇	1	1990-5-29	语文教育	汉文系	6603563
201101	刘慧	0	1991-4-1	旅游管理	管理系	6603758
201102	李融	0	1990-8-15	旅游管理	管理系	6603841
201103	白皓天	1	1990-9-7	旅游管理	管理系	6603468
201104	姚志成	1	1989-3-22	文秘	汉文系	6603722

课程表记录

课程号	课程名	教　师	开课学期	学　时	学　分
101	计算机组成原理	马雪丽	2	45	3
102	数据结构	刘占福	3	45	3
103	操作系统	韩志强	2	60	4
104	数据库原理及应用	曹宇	3	75	5
105	网络基础	李威	4	45	3
106	高等数学	王元	1	90	6
107	大学英语	王娜	1	90	6
108	VB 程序设计	赵娜	3	70	5

成绩表记录

学　号	课程号	成　绩
201001	101	88
201001	102	92
201001	107	75
201002	101	45
201002	102	62
201004	107	79
201102	103	50
201102	108	81
201103	103	56
201104	103	73

第4单元

数据完整性 <<<

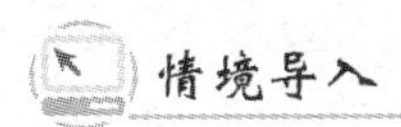

情境导入

"学校信息管理系统"已经创建成功，如何保证该数据库中数据的正确性和可靠性，这是一个关系到数据库是否具有实际使用意义的问题。

在实际使用的数据库系统中，能够保证数据库中的数据正确、可靠是第一前提。而数据完整性是保证数据库数据正确、可靠的最主要手段，下面我们通过以下内容来了解数据完整性的相关知识。

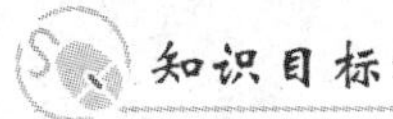

知识目标和能力目标

知识目标

(1) 了解数据完整性的基本概念。

(2) 了解约束、默认、规则的概念。

(3) 了解约束的种类。

(4) 了解创建默认和规则的方法。

能力目标

1. 专业能力

(1) 掌握各种约束的功能。

(2) 了解默认和规则的作用。

2. 方法能力

(1) 掌握创建约束的方法。

(2) 掌握创建默认和规则的方法。

数据的完整性是指确保数据库中的数据一致性、正确性和有效性，防止数据库中存在不符合语义的、不正确的数据。SQL 语言提供了响应完整性约束的机制，以实现数据库的完整性，将正确的数据保存到数据库中。本单元主要介绍了约束、默认和规则等确保数据完整性的内容。

4.1 数据完整性的基本概念

数据完整性概念的提出，实质上是为了防止数据库中存在非法数据，或者防止用户向数据表输入非法数据等。这里所说的非法数据是指不符合规定或实际情况的数据，例如，在年龄字段中输入的500；在 Choice 表中输入 Student 表中并不存在的学号等。

数据完整性被分为3大类，分别是实体完整性（Entity Integrity）、域完整性（Domain Integrity）、和参照完整性（Referential Integrity）。

1. 实体完整性（Entity Integrity）

这类完整性用于防止数据表中有重复的记录存在，也被称为行完整性。在数据表中通过设置主键（PRIMARY KEY）约束、唯一（UNIQUE）约束和列的 IDENTITY 属性，使得表中每一行记录都能表示唯一的一个实体对象。

2. 域完整性（Domain Integrity）

这类完整性用于防止用户向数据表的具体字段输入非法数值，或不向必填字段输入数据等，也被称为字段完整性或列完整性。要检查是否满足域完整性，可以使用检查约束（CHECK）、非空约束（NOT NULL）等几个约束实现。

3. 参照完整性（Referential Integrity）

这类完整性防止多个相关表之间的数据不一致。例如：在 choice 表中存在"李四"各科成绩的情况下，设置参照完整性可以防止将 Student 表中"李四"的记录删除。甚至还可以解决，在 Student 表中更改"李四"这条记录的主键"学号"的值时，数据库系统自动更新 choice 表中所有"李四"成绩记录的"学号"值。这样就很好地维护了多个相关表之间的数据一致性。参照完整性可以通过设置主键（PRIMARY KEY）约束和外键（FOREIGN KEY）约束实现。

4.2 约　束

SQL Server 提供了响应的组件用来实现数据的完整性，在本小节中，我们主要讨论约束的内容，在 SQL Server 2012 中自动强制数据完整性的约束有主键约束、唯一性约束、检查约束、外键约束和非空约束几种。

4.2.1 主键约束（PRIMARY KEY 约束）

在数据库表中，主键用来强制一个字段或多个字段组的唯一性，并且不允许该字段值为空。通过设置主键可以防止表中有重复记录出现，即保证了实体完整性。定义主键约束（PRIMARY KEY）时，可以使用列约束，也可以使用表约束。

4.2.2 唯一性约束（UNIQUE 约束）

唯一性约束用于表中的非主键字段，唯一性约束保证一个字段或者多字段的实体完整性，确保这些字段不会输入重复的值。定义了唯一性约束的字段称为唯一键，系统自动为唯一键创建唯一索引，从而确保唯一键的唯一性。

唯一键的值可以是 NULL 值，但系统为了确保其唯一性，不允许出现多个"NULL"值而只允许出现一个 NULL 值。唯一性约束定义时可以使用列约束，也可以使用表约束。

主键约束与唯一性约束很相似，总结起来二者有下面的区别。

① 一个数据表中可以设置多个唯一性约束，但主键只能设置一个。

② 被设置为主键的字段值不能是 NULL 值，而被设置为唯一性约束的字段值允许是 NULL 值，但在这个字段中 NULL 只能出现一次。

4.2.3 检查约束（CHECK 约束）

检查约束可以防止用户向某字段输入非法数值，例如，可以防止向 Student 表的学生年龄字段中输入不符合实际的数值等。CHECK 约束由关键字 CHECK 以及逻辑表达式组成，当数据库管理系统执行 INSERT、DELETE、UPDATE 等语句改变表的数据时，都对这些逻辑表达式求值。若修改后，搜索条件成立（条件值为 TRUE），则系统允许修改，否则（条件值为 FALSE）系统结束操作并提示错误信息。

4.2.4 默认值约束（DEFAULT 约束）

使用 DEFAULT 约束，当用户插入一条新记录但并没有为显示字段提供数据时，系统会将默认值赋给该字段。例如，在 Teacher 表中的 Tsex 字段中，可以让数据库管理系统在用户没有输入任何值时，自动填上“女”。默认值约束所提供的默认值可以为常量、函数、空值(NULL)等。

在使用 DEFAULT 约束时，还应该注意：

① 每个字段只能有一个默认约束。

② 约束表达式不能参照表中的其他字段和其他表、视图或存储过程。

4.2.5 外键约束（FOREIGN KEY 约束）

外键约束定义表与表之间的联系，为表中的一个字段或者多个字段的数据提供数据完整性参照。FOREIGN KEY 约束通常是和 PRIMARY KEY 约束或者 UNIQUE 约束同时使用的。

在使用 FOREIGN KEY 约束时需要注意以下几点：

① 一个表最多只能有 253 个不同的数据表进行参照，同时每个表也最多只能有 253 个 FOREIGN KEY 约束。

② 在临时表中不能使用 FOREIGN KEY 约束。

③ FOREIGN KEY 约束同时也可以参照自身表中的其他字段。

④ FOREIGN KEY 约束不能自动创建索引。

⑤ FOREIGN KEY 约束只能参照同一个数据库中的某个表，而不能参照其他数据库中的表。

4.3 默　　认

由于默认对象是单独存储的，所以用户可以先创建默认对象后，再将其绑定到某个字段或者用户自定义的数据类型上。当表被删除时，默认约束会同时被删除，但是默认对象不会被删除。

4.3.1 创建默认对象

使用 CREATE DEFAULT 语句创建默认对象的语法格式为：

```
CREATE DEFAULT default_name
AS constant_expression
```

其中 default_name 是默认值的名字，该名称必须符合标识符的命名规则。constant_expression 是包含常量值的表达式。可以使用任何常量、内置函数或数学表达式。字符和日期常量用单引号引起来；货币、整数和浮点常量不能使用引号。二进制数据必须以 0x 开头。默认值必须与字段数据类型兼容。

【例 4.1】 使用 CREATE DEFAULT 语句创建 text1 默认对象，其默认值是 10。

在 SQL Server Management Studio“查询”窗口中输入下列代码：

```
USE studentdb
GO
CREATE DEFAULT text1 as 10
```

其执行结果如图 4–1 所示。

图 4–1 创建默认对象

4.3.2 绑定和解绑定默认对象

1. 默认对象在创建以后，需要绑定到某个字段或者用户自定义数据类型上才能够使用。绑定可用存储过程 sp_bindefault。语法格式如下：

```
sp_bindefault [@defname =] 'default',
[@objname =] 'object_name'
[, 'futureonly']
```

参数说明：

@defname：默认对象的名称，default 是已有的默认对象的名称。

@objname：要绑定的表和列名或者用户自定义的数据类型。

futureonly：仅在绑定默认值到用户自定义数据类型上时才可以使用此选项。当指定此选项时，仅在以后使用此用户自定义数据类型的字段才会应用新默认值，而当前已经使用此数据类型的字段则不受任何影响。

【例 4.2】将例 4.1 中所创建的默认对象 text1 绑定到 teacher 表中的 tno 字段上。

在 SQL Server Management Studio“查询”窗口中输入下列代码：

```
USE studentdb
GO
EXEC  sp_bindefault  'text1','teacher.
tno'
GO
```

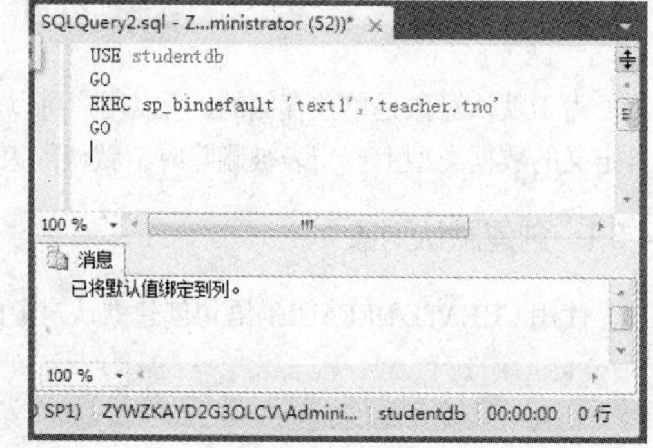

图 4–2 绑定默认值

其执行结果如图 4–2 所示。

2. 如果需要解除某字段或者用户自定义数据类型上绑定的默认值，可使用 sp_unblindefaut 存储过程。语法格式如下：

```
Sp_unbindefault [@objname =] 'object_ name'
[,'futureonly']
```

其中，“futureonly”选项同绑定时一样，仅用于用户自定义数据类型，指定现有的用此用户自定义数据类型定义的字段仍然保持与此默认值的绑定。如果不指定此选项，则由此用户自定义数据类型定义的字段也将随之解除与此默认值的绑定。

【例 4.3】解除例 4.2 中与 tno 字段绑定的默认值。

在 SQL Server Management Studio“查询”窗口中输入下列代码：

```
USE studentdb
GO
EXEC sp_unbindefault 'teacher.tno'
GO
```

其执行结果如图 4–3 所示。

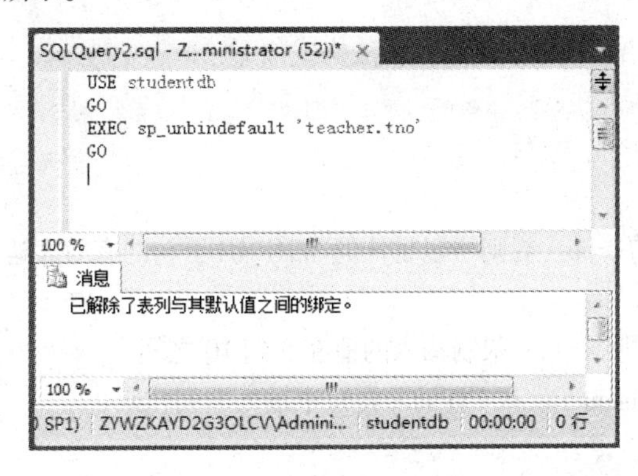

图 4–3 解除默认值绑定

4.3.3 删除默认对象

如果默认对象不再需要时，可以使用 DROP DEFAULT 命令删除当前数据库中的一个或多个默认值。在删除时需要注意的是，删除默认对象之前，要确保默认对象已经解除绑定。

DROP DEFAULT 命令的语法格式如下：

```
DROP DEFAULT {default}[,…n]
```

【例 4.4】删除默认对象 text1。

在 SQL Server Management Studio“查询”窗口中输入下列代码：

```
USE studentdb
GO
DROP DEFAULT text1
```

其执行结果如图 4–4 所示。

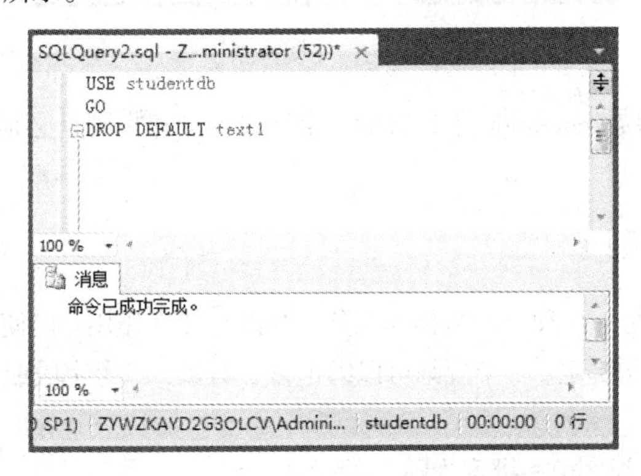

图 4–4 删除默认对象

4.4 规　　则

规则是对存储在表的字段或自定义数据类型中的值的规定和限制。和默认对象类似，规则也同样只有在绑定到字段或者用户自定义数据类型上才能发挥作用。规定绑定成功以后，将指定可以插入到字段中的可接受的值。表中每个字段或者每个自定义数据类型只能和一个规则绑定。

4.4.1　创建规则

使用 CREATE RULE 语句创建规则，其语法格式如下：

```
CREATE RULE name AS condition
```

其中的参数说明如下：

name：新规则的名称。

condition：定义规则的条件。规则可以是任何 WHERE 子句的有效表达式，但不能引用列和其他数据库对象。

【例 4.5】创建一个规则 text3，限制输入的值在 5 到 10 之间。

在 SQL Server Management Studio“查询”窗口中输入下列代码：

```
USE studentdb
GO
CREATE RULE text3 as
@tnumber BETWEEN 5 AND 10
```

其执行结果如图 4-5 所示。

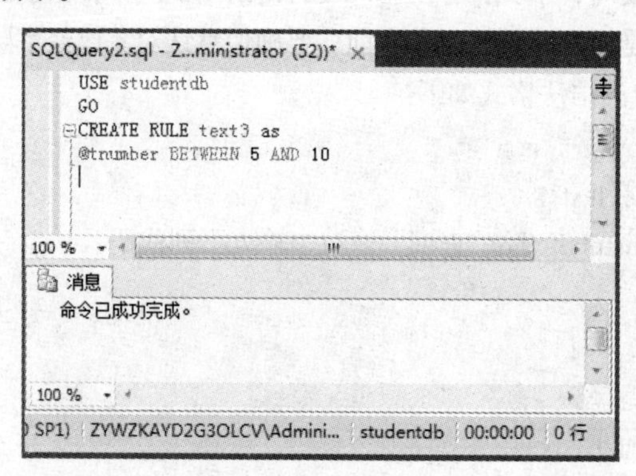

图 4-5　创建规则

说明：@tnumber 是参数 condition 中包含的一个变量，创建规则是必须使用@开头的任何名称或者符号来表示。

4.4.2　绑定和解绑定规则

建立规则后，规则只是一个独立的数据库对象，并没有什么作用。要使用规则，需要先将它与某个字段或者自定义数据类型绑定。一个规则可以绑定多个对象，一个字段或一个自定义数据类型则只能绑定一个规则。

1. 通过存储过程 sp_bindrule 绑定规则

其语法格式如下：

```
sp_bindrule [@rulename =] 'rule',
[@objname =] 'object_name'  [, 'futureonly']
```

其中参数的意义与绑定默认对象类似。

【例 4.6】将例 4.5 创建的规则绑定到表 teacher 中的 tno 字段上。

在 SQL Server Management Studio“查询”窗口中输入下列代码：

```
USE studentdb
GO
EXEC sp_bindrule 'text3','teacher.tno'
```

其执行结果如图 4-6 所示。

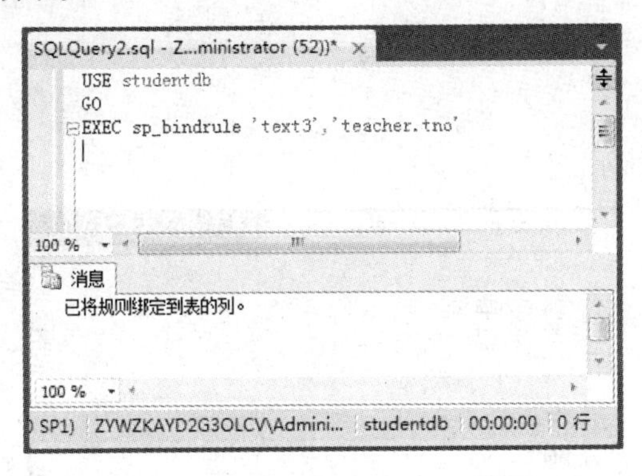

图 4-6　绑定规则

2. 通过存储过程 sp_unbindrule 解除绑定规则

其语法格式如下：

```
sp_unbindrule [@objname =] 'object_name'
[,'futureonly']
```

【例 4.7】解除绑定在 tno 字段上的 text3 规则。

在 SQL Server Management Studio“查询”窗口中输入下列代码：

```
USE studentdb
GO
EXEC sp_unbindrule 'teacher.tno'
```

其执行结果如图 4-7 所示。

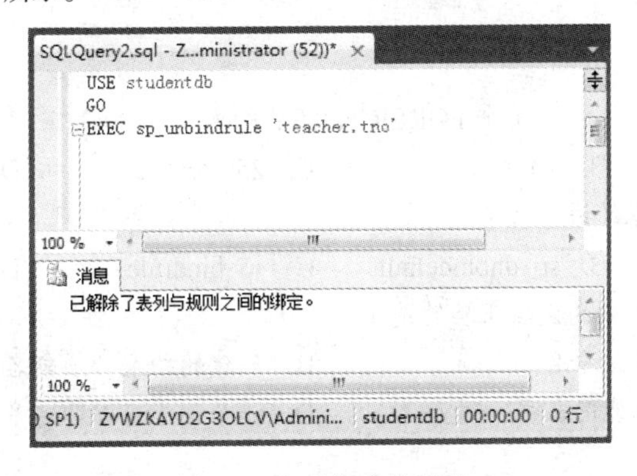

图 4-7　解除绑定的规则

4.4.3 删除规则

对于不再使用的规则，可以通过 DROP RULE 语句删除，与删除默认对象类似。同样，删除规则首先要解除对规则的绑定。

使用 DROP RULE 命令的语法格式是：

```
DROP RULE {rule}[…,n]
```

【例 4.8】删除 text3 规则。

在 SQL Server Management Studio“查询”窗口中输入下列代码：

```
USE studentdb
GO
DROP RULE text3
GO
```

其执行结果如图 4–8 所示。

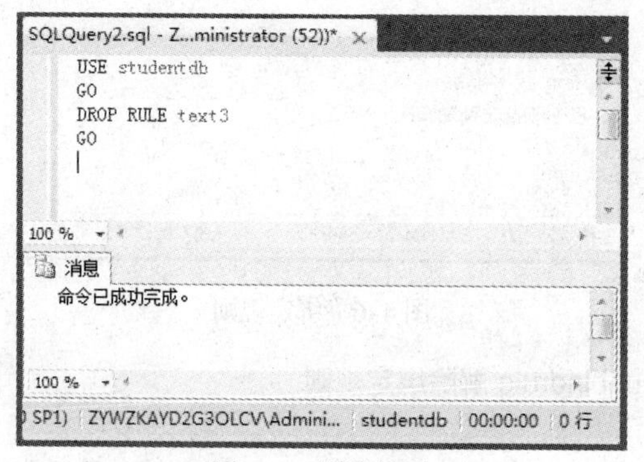

图 4–8 删除规则

单元总结

本单元内容相对较少，操作也相对简单，但是用户必须能够熟练掌握本单元介绍的所有内容，因为数据的完整性是实现数据库完整性的重要保证，约束，默认和规则的创建和使用也是保证数据完整性的重要条件，同时也可与其他约束条件结合使用。

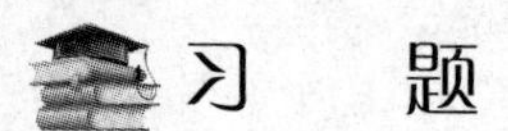

习 题

一、选择题

1. 每个表最多可以有（　　）个 FOREIGN KEY 约束。

   A. 1 个　　B. 10 个　　C. 253 个　　D. 无数个

2. 解除绑定默认对象的语句为（　　）。

   A. sp_bindefault　　B. sp_unbindefault　　C. sp_bindrule　　D. sp_unbindrule

3. 以下关于约束和规则的说法正确的是（　　）。

   A. 创建的规则必须命名　　B. 创建的约束必须命名

   C. 约束和规则不能用在同一列上　　D. 一个列上可以绑定多个规则

二、填空题

1. SQL SERVER 2012 中自动强制数据完整性的约束有________、________、________和___

_____、_______。

2. 指定默认值有________和________两种方法。

3. 在查询分析器中，系统默认是以________形式显示结果。保存的文件默认扩展名为________。

三、判断题

1. 数据完整性被分为实体完整性、域完整性参照完整性三大类。 (　　)

2. 在数据库表中，主键用来强制一个字段或多个字段组的唯一性，并且允许该字段值为空。 (　　)

3. 规则是对存储在表的字段或自定义数据类型中的值的规定和限制。 (　　)

验证性实验4　实现数据完整性

一、实验目的

1. 掌握默认值对象的定义和删除。
2. 掌握规则的定义和删除。

二、实验内容

1. 创建默认值对象，并绑定到列，然后再删除。
2. 创建规则对象，并绑定到列，实现域完整性。

三、实验步骤

1. 定义新的默认值对象。

通过T-SQL语句创建名称为“DF_出生日期”和值为“1990-1-1”的默认值对象。

2. 将默认值对象绑定到XSQK表的出生日期列。

通过T-SQL语句把刚才创建的“DF_出生日期”绑定到XSQK表的出生日期列。

3. 使用默认值对象为新插入行的出生日期列设置值。

① 在对象资源管理器窗口中选择并打开其中的“表”对象，选中XSQK表。

② 右击并选择打开表命令，打开表的数据记录窗口。

③ 在表中插入一行新记录，其中出生日期列不填，其值由刚才绑定的默认值对象设定。

④ 关闭数据记录窗口。

4. 取消绑定并删除默认值对象。

通过Transact-SQL语句取消绑定的默认值对象，然后删除默认值对象。

5. 定义新的规则。

通过Transact-SQL语句创建名称为“RO_开课学期”的规则，要求其值在1～6之间。

6. 将规则绑定到KC表的开课学期列。

通过Transact-SQL语句把刚才创建的“RO_开课学期”绑定到KC表的开课学期列。

7. 使用值对象为新插入行的出生日期列设置值。

① 在对象资源管理器窗口中选择并打开其中的“表”对象，选中KC表。

② 右击并选择打开表命令，打开表的数据记录窗口。

③ 在表中分别插入两行新记录，其中一行的开课学期的值为指定范围，另一行的开课学期的值

不在指定范围。

当插入第一行时，系统成功地插入了新数据行，但无信息返回；而在插入第二行时系统提示错误信息，拒绝接受不在范围的非法值，从而保证了域完整性。

④ 关闭数据记录窗口。

8. 取消绑定并删除规则。

通过 Transact-SQL 语句取消绑定的规则，然后删除规则。

第5单元

索　　引

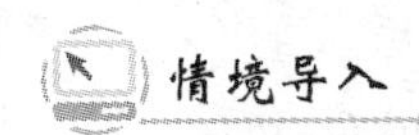

情境导入

我们已经为 studentdb 数据库中的所有表录入了数据，为了更快速有效地查询数据库里的数据，需要建立相应的索引。如果为所有表的每个字段都建立一个索引，这样的做法可行吗?

数据库的索引就好像书籍的目录，通过索引可以快速查找满足条件的记录。既然创建索引可以提高检索数据的速度，那是不是要为每个字段都建立索引。当然不需要，因为虽然索引有很多优点，但是也需要花费一定的代价。比如创建索引需要花费一定时间并占用存储空间，另外索引还减慢了数据更新速度。所以一般很少用作查询的列不需要要创建索引。下面我们通过以下内容来认识什么是索引以及如何创建和管理索引。

知识目标和能力目标

知识目标

(1) 了解索引的基本概念。

(2) 掌握索引的创建、修改和删除操作。

能力目标

1. 专业能力

(1) 理解各种索引的区别和作用。

(2) 准确分析并创建索引。

2. 方法能力

(1) 掌握创建索引的方法。

(2) 掌握修改和删除索引的方法。

5.1　索引的概念

索引是数据库中另一个比较常用而且重要的数据库对象。使用索引，可以大大提高数据库的检索速度，改善数据库的性能，本单元首先介绍了索引的作用和分类，然后结合实例介绍了索引的创建、管理和维护等操作。

5.1.1　索引的含义和特点

索引是一个单独的、存储在磁盘上的数据库结构，它们包含着对数据表里所有记录的引用指针。使用索引用于快速找出在某个或多个列中有某一特定值的行，对相关列使用索引是降低查询操作时间的最佳途径。索引包含由表或视图中的一列或多列生成的键。

例如：数据库中有1万条记录，现在要执行这样一个查询：select * from table where num=5000。如果没有索引，必须遍历整个表，直到num等于5000的这一行被找到为止；如果在num列上创建索引，SQL Server不需要任何扫描，直接在索引里面找5000，就可以得知这一行的位置。可见，索引的建立可以加快数据的查询速度。

索引的优点主要有以下几条：

（1）通过创建唯一索引，可以保证数据库表中每一行数据的唯一性。

（2）可以大大加快数据的查询速度，这也是创建索引最主要的原因。

（3）实现数据的参照完整性，可以加速表和表之间的连接。

（4）在使用分组和排序子句进行数据查询时，也可以显著减少查询中分组和排序的时间。

增加索引也有许多不利的方面，主要表现在以下几个方面：

（1）创建索引和维护索引要消耗时间，并且随着数据量的增加所耗费的时间也会增加。

（2）索引需要占用磁盘空间，除了数据表占数据空间之外，每一个索引还要占一定的物理空间，如果有大量的索引，索引文件可能比数据文件更快达到最大文件限制。

（3）当对表中的数据进行增加、删除和修改的时候，索引也要动态地维护，这样就降低了数据的维护速度。

5.1.2 索引的作用

对于大部分数据库用户来说索引是一个非常陌生的概念。因为普通用户很少去使用索引。只有那些管理着海量数据的专业数据库管理人员才会创建索引和使用索引。建立索引是加快查询速度的有效手段，数据库索引的主要作用是能为数据库提供唯一的码值，提高数据库的查询性能。

一个索引其实就是一个结构，是对数据表中一个或多个字段的值进行排序的结构，这个结构包含了一个特定的关系值和指向表中与该关系值所对应记录的物理地址的指针。使用索引能够提高性能的原因其实也很好理解。例如，要查询本书中关于表的内容，可以使用两种解决方法。一种方法是从第1页开始一页一页的向后查找；另一种方法是在目录中先找到关于表的内容，查询所在的页数，然后，直接翻到该页上。可想而知，当书本内容比较多的情况下，采用第二种方法会很快找到相应的内容。这里索引就好比本书的目录，因此使用索引会提高查询性能。

5.1.3 索引的分类

索引类型根据不同的语句可分为不同的类型。按存储结构的不同将索引分为两类，即聚集索引和非聚集索引。

1. 聚集索引

一个聚集索引就是一个在物理上与表融合在一起的视图。表和视图共享同一块的存储区域。聚集索引在物理上以索引顺序重新整理了数据的行。这种体系结构中的一个表只允许有一个聚集索引。使用聚集索引对数据进行检索要比非聚集索引更快，同时聚集索引更适用于检索连续键值。

在默认状态下，SQL Server将PRIMARY KEY约束所建立的索引作为聚集索引，但这一默认设置可以使用NONCLUSTERED关键字来改变，在创建索引（CREATE INDEX）语句中，使用CLUSTERED选项建立聚集索引。

2. 非聚集索引

非聚集索引不按顺序排列表格中的数据，也不改变行的物理存储顺序。非聚集索引的检索效率相对于聚集索引来说比较低，但由于一个数据表只能创建一个聚集索引，所以当用户需要使用多个索引时就只能创建非聚集索引了。

在默认状态下，SQL Server 将 UNIQUE 约束所建立的索引作为非聚集索引，但这一默认设置可以使用 CLUSTERED 关键字来改变，在创建索引（CREATE INDEX）语句中，使用 NONCLUSTERED 选项建立非聚集索引。

5.2 索引的创建

一般来说，索引会加快表的连接和执行排序或分组操作的查询，因此，索引最好创建在具有高度选择性的字段上，即大部分数据是唯一的字段或字段组合。建立索引一般思路是：

① 主键经常作为 WHERE 子句的条件，应该在表的主键字段上建立聚集索引。

② 如果索引键的键值具有唯一性，那么要确保把索引定义为唯一索引。

③ 可以在一个经常做插入操作的表上，使用 FILLFACTOR 建立索引以减少页拆分，同时降低死锁的发生。

5.2.1 系统自动创建索引

在 SQL Server 中，某些索引是由系统自动创建的，若表中创建或者添加了 PRIMARY KEY 约束或 UNIQUE 约束，系统会基于添加约束字段自动创建唯一索引。

1. 唯一性约束

使用 CREAT TABLE 语句创建表时，如果为表中某个字段添加了 UNIQUE 约束，则 SQL Server 在该字段上会自动创建一个非聚集唯一索引，其默认名称为 UQ_表名_XXX，其中“X”是 SQL Server 自动生成的数字或英文字母。如果使用关键字 CLUSTERED，则该索引是聚集索引，如果不使用关键字或者使用关键字 NONCLUDTERED，则该索引是非聚集索引。

【例 5.1】在数据库 studentdb 中建立一个 teacher1 表。

在 SQL Server Management Studio“查询”窗口中输入下列代码：

```
USE studentdb
GO
CREATE TABLE teacher1
(
tno int UNIQUE,
tname char(10)
)
GO
EXEC sp_helpindex teacher1;
```

通过系统存储过程 sp_helpindex 查看表中的索引信息，执行结果如图 5-1 所示。从执行结果我们可以看出，系统自动生成的索引名为“UQ_teacher1_DC10824EC6991757”，在 index_description 中我们可以看出该索引是非聚集的唯一索引。

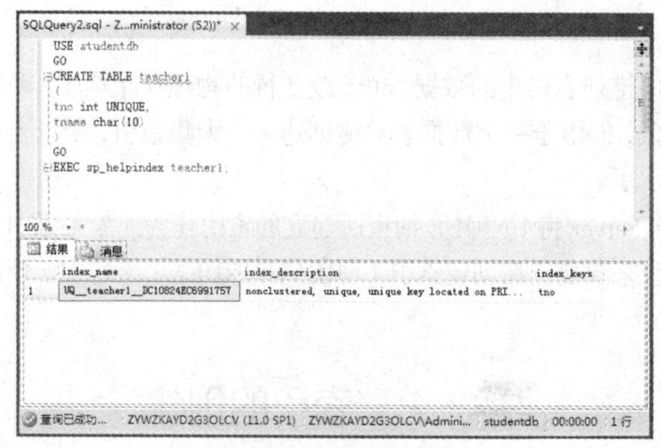

图 5-1　非聚集索引名

2. 主键约束

在表中的某个字段上设置主键约束时，SQL Server 在这个主键上自动创建一个唯一索引，其默认名称为 PK_表名_XXX。如果使用 NONCLUSTERED 关键字，则生成非聚集的唯一索引；如果使用的是 CLUSTERED 关键字，则生成聚集的唯一索引；如果不使用任何关键字，并且其他字段上也不存在聚集索引，则生成聚集的唯一索引；在没有关键字，但已经存在聚集索引时，生成的是非聚集的唯一索引。

【例 5.2】在数据库 studentdb 中，创建一个带主键的表 student1。

在 SQL Server Management Studio“查询”窗口中输入下列代码：

```
USE studentdb
GO
CREATE TABLE student1
(
sno int PRIMARY KEY,
sname char(10)
)
GO
EXEC sp_helpindex student1;
```

执行结果如图 5-2 所示。

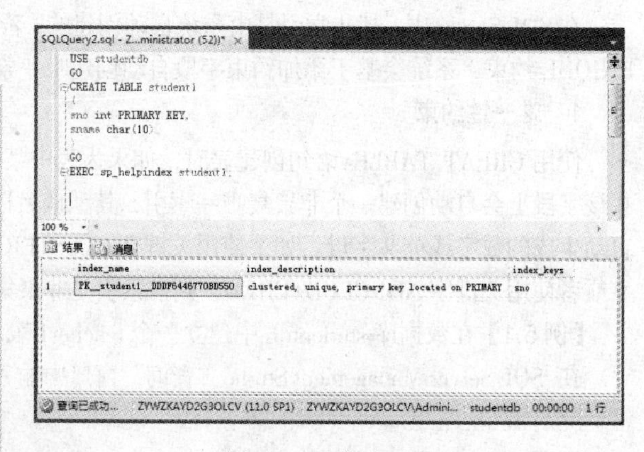

图 5-2　聚集索引名

5.2.2　使用 SQL Server 管理控制台创建索引

在 SQL Server Management Studio“查询”窗口中先利用 CREATE TABLE 命令创建一个数据表 student2，输入下列代码：

```
USE studentdb
GO
CREATE TABLE student2
(
sno int PRIMARY KEY,
sname char(10)
)
```

数据表成功创建以后，我们可以通过 SQL Server Management Studio 来创建索引，具体步骤如下：

（1）启动 SQL Server Management Studio，选择服务器，单击加号（+），展开数据库→database（某一个数据库名称）→表→dbo.student2→索引，右击索引，弹出如图 5-3 所示的快捷菜单。

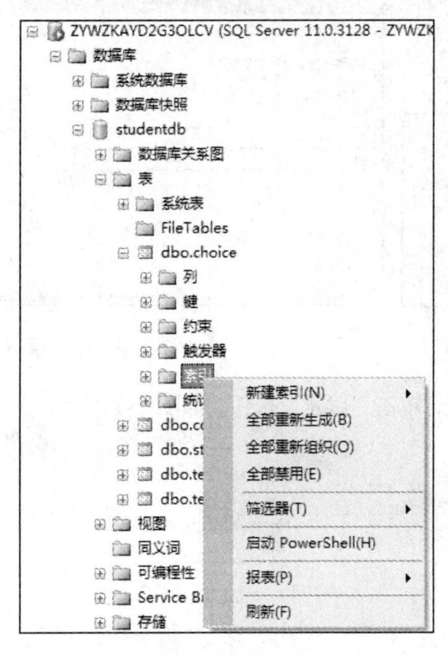

图 5-3 创建索引菜单

（2）选择“新建索引”命令，会弹出如图 5-4 所示的“新建索引”窗口。

（3）在“索引名称”框内输入索引的名称，然后选择“索引类型”为“非聚集”，如图 5-5 所示，索引类型有三种，分别是“聚集索引”“非聚集索引”和“主 XML 索引”。在选择时需要注意的是一个数据表中只能有一个聚集索引，如果在选择时该表中已经存在一个聚集索引，那么“聚集”选项将不能再次选择。如果创建的是唯一索引，需要选择“唯一”单选框。

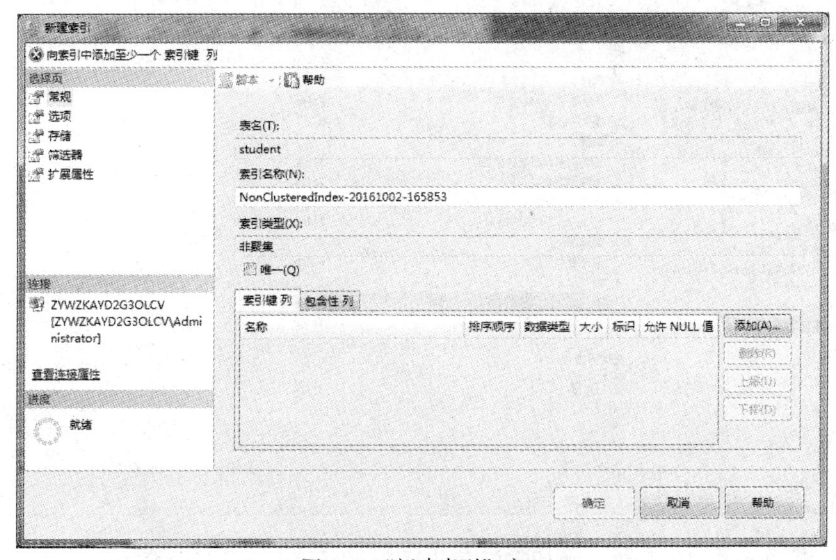

图 5-4 “新建索引”窗口

（4）单击图 5–4 窗口中的“添加”按钮，会弹出如图 5–6 所示的选择窗口，在此窗口列表中列出了表中所有字段及字段信息，如果需要将某个字段作为索引键，选择前面复选框即可。

图 5–5　选择索引类型窗口

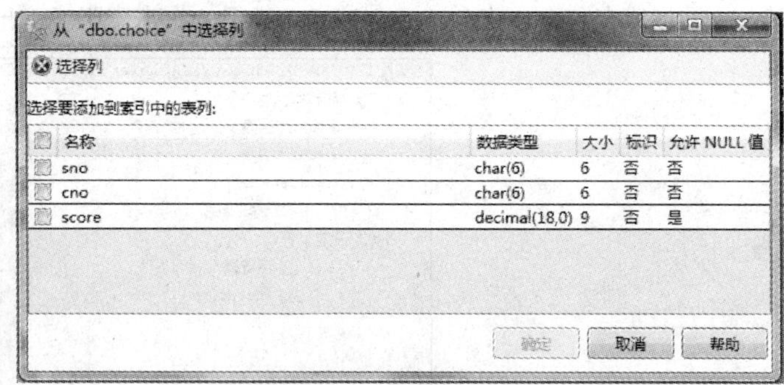

图 5–6　指定索引字段窗口

（5）选择好了索引字段后，单击“确定”按钮，如图 5–7 所示，选项卡中显示出新增加的索引字段名称。

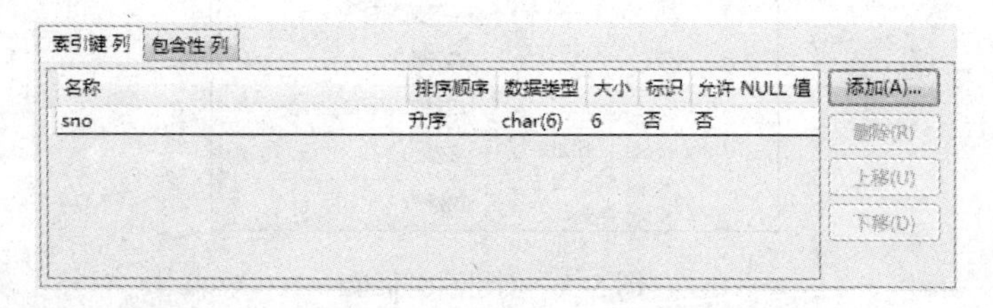

图 5–7　“索引键列”选项卡

（6）在“新建索引”窗口中左侧选择页里选择“选项”命令，设置应用索引时的选项，如图 5–8 所示。

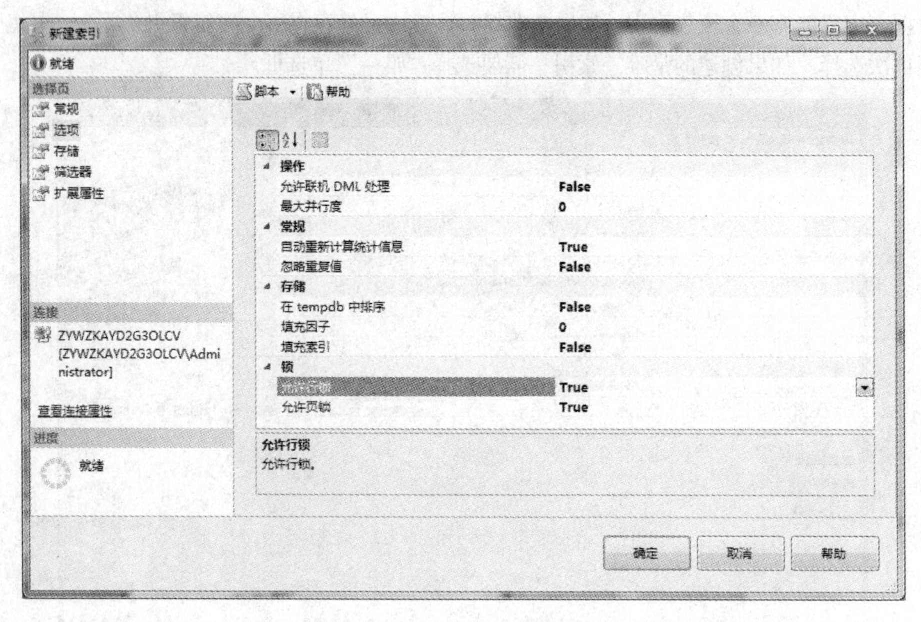

图 5–8　索引选项设置窗口

（7）在“新建索引”窗口中左侧选择页里选择“扩展属性”选项，可添加另外一个表中的字段，如图 5-9 所示。

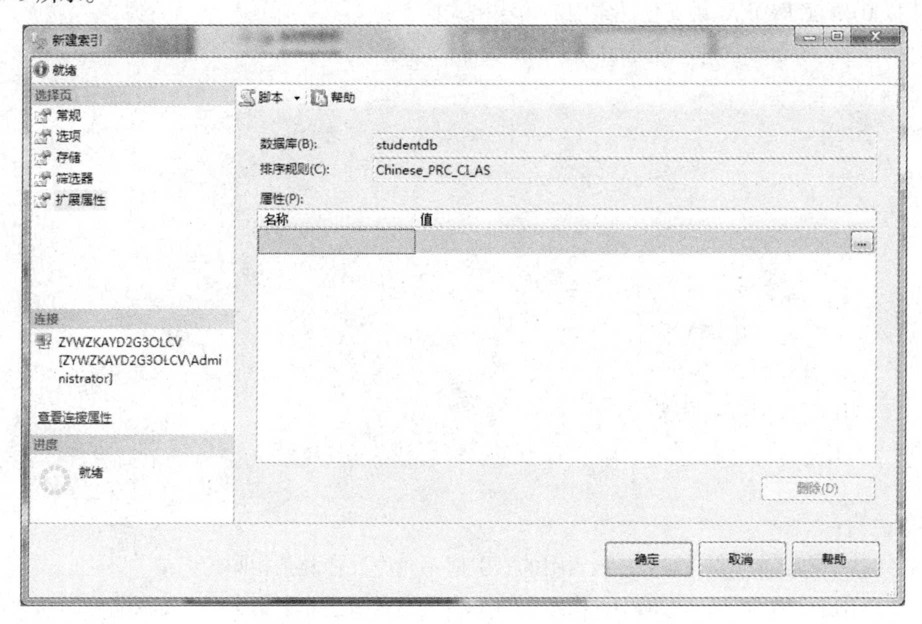

图 5-9　索引扩展属性设置窗口

（8）在“新建索引”窗口中左侧选择页里选择“存储”选项，可以设置索引文件的存放位置，如图 5-10 所示。

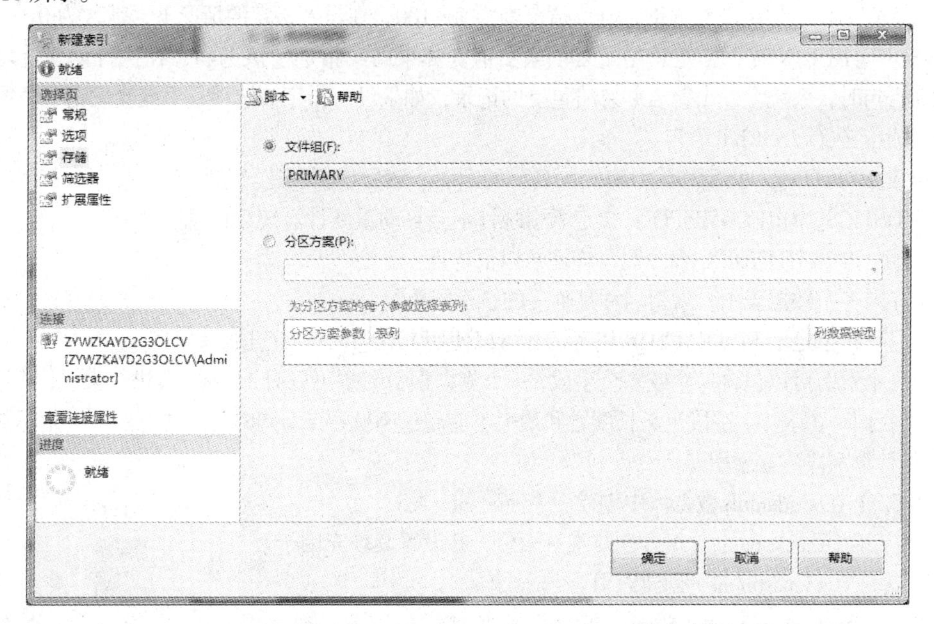

图 5-10　索引存储设置窗口

（9）上述选项按需要修改完毕以后，单击“确定”按钮完成创建索引。

5.2.3 使用 CREATE INDEX 语句创建索引

使用 CREATE INDEX 语句创建索引的语法格式如下：

```
CREATE [ UNIQUE ] [ CLUSTERED | NONCLUSTERED ]
INDEX  index_name
ON  tablename ( columnname [ ASC | DESC ] [ ,...n ] )
[
 WITH
[ [,] PAD_INDEX ]
[ [,] FILLFACTOR = fillfactor ]
[ [,] IGNORE_DUP_KEY ]
[ [,]DROP_EXISTING]
STATISTICS_NORECOMPUTE]
]
[on filename]
```

参数说明：

UNIQUE：指定创建唯一索引，该索引的索引值不允许存在两条相同的记录。

CLUSTERED | NONCLUSTERED：指定创建一个聚集索引或非聚集索引，如果省略默认为创建非聚集索引。

PAD_INDEX：指定索引中间级中每个页上保持开放的空间，该选项只有在制定了相应的FILLFACTOR 时才起作用。

FILLFACTOR：指定填充程度，其取值范围为 1～100，在没有指定的情况下，默认为 0。

IGNORE_DUP_KEY：指定忽略重复的索引值。如果已经指定了该选项，在执行创建重复键的INSERT 语句时，系统会发出警告并忽略重复的记录；如果没有指定该选项，系统会发出一条警告信息，并且拒绝执行 INSERT 语句。

DROP_EXISTING：指定移除具有相同名称的索引，然后重新创建。

STATISTICS_NORECOMPUTE：指定索引统计不会自动重新计算统计信息。

在使用 CREATE INDEX 命令时，应注意以下 3 点：

① 在同一个数据表中，索引名称是唯一的，不能重复。

② 只有在指定了 FILLFACTOR 以后，才可以使用 PAD_INDEX 选项。

③ 一个索引可以包含一个或多个字段，一个复合索引最多可以对 16 个字段进行索引，并且这些字段必须在同一个表中，字段定义长度之和最大不能超过 900 字节。同时需要注意的一点是不能对数据表中的计算字段建立索引。

【例 5.3】在 studentdb 数据库中创建一个 student3 表。

（1）基于（sno，sname）组合创建唯一索引，并设置其填充因子。

（2）基于（sdepartment）创建索引。

在 SQL Server Management Studio“查询”窗口中输入下列代码：

```
USE studentdb
GO
CREATE TABLE student3
(
```

```
sno int,
sname char(10),
ssex char(2),
sbirthday char(20),
sdepartment char(20)
)
CREATE UNIQUE INDEX index_stu
ON student3(sno,sname)
WITH PAD_INDEX,FILLFACTOR=80
CREATE INDEX index_dep
ON student3(sdepartment)
EXEC SP_helpindex student3
```

执行结果如图 5-11 所示。

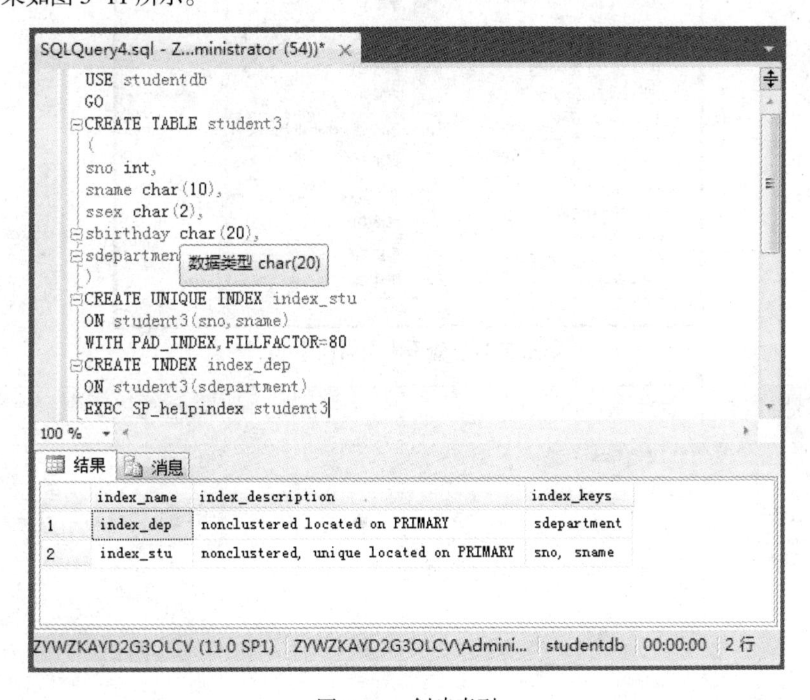

图 5-11 创建索引

5.3 索引的管理和维护

5.3.1 查看和修改索引信息

在使用 T-SQL 语句创建索引时，我们已经看到了用 sp_helpindex 系统存储过程查看表中索引信息的方法，下面介绍在 SQL Server Management Studio 中查看索引信息的步骤。

（1）启动 SQL Server Management Studio，选择服务器，单击加号（+），展开→数据库→database（某一个数据库名称）→表→dbo.student3→索引，右击要查看的索引，弹出如图 5-12 所示的快捷菜单。

（2）选择“属性”命令，弹出如图 5-13 所示的“索引属性”窗口。此窗口中可以查看索引各个选项的相关信息内容。

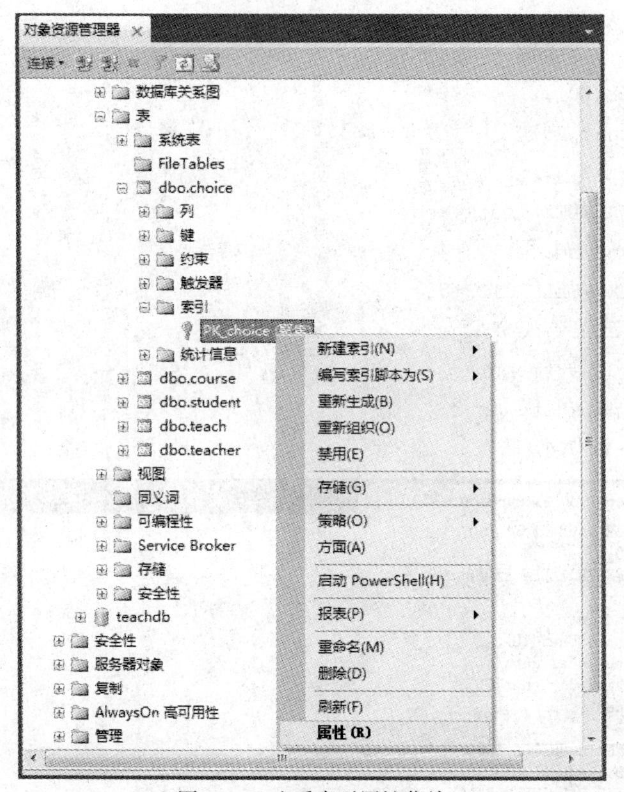

图 5-12　查看索引属性菜单

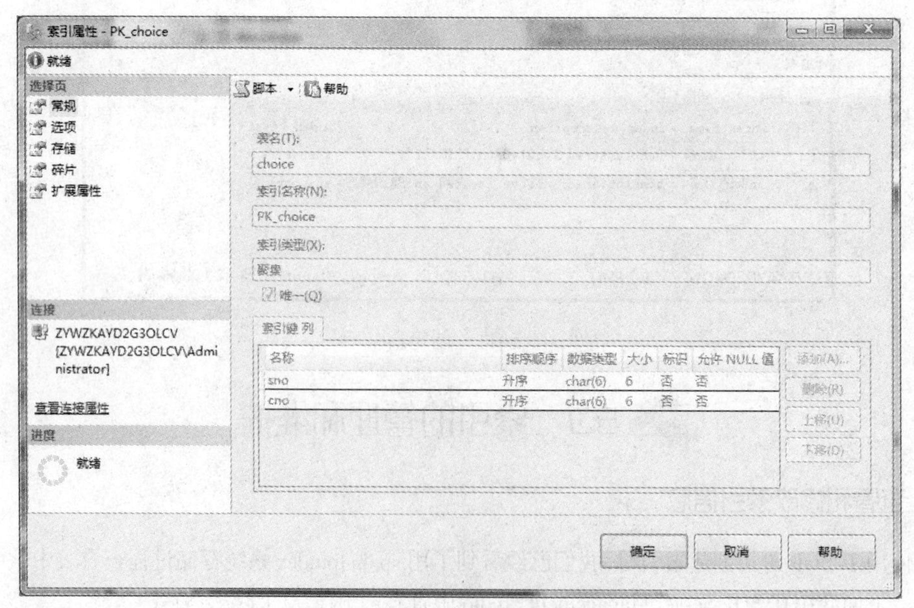

图 5-13　查看“索引属性”窗口

5.3.2　删除索引

索引虽然可以提高查询速度，但同时也降低了更新数据的速度，因为每当更新数据时，都要维护一次索引。因此，当不再使用索引或者要向表插入大量数据时，应当删除索引。

1. 使用 DROP INDEX 语句删除索引

使用 DROP INDEX 语句可以从数据表中删除一个或多个索引，语法格式为：

```
DROP INDEX 表名.索引名[,…N]
```

【例 5.4】用 DROP INDEX 语句删除例 5.3 创建的索引 index_stu。

在 SQL Server Management Studio“查询”窗口中输入下列代码：

```
USE studentdb
GO
drop index student3.index_stu
```

执行结果如图 5-14 所示。

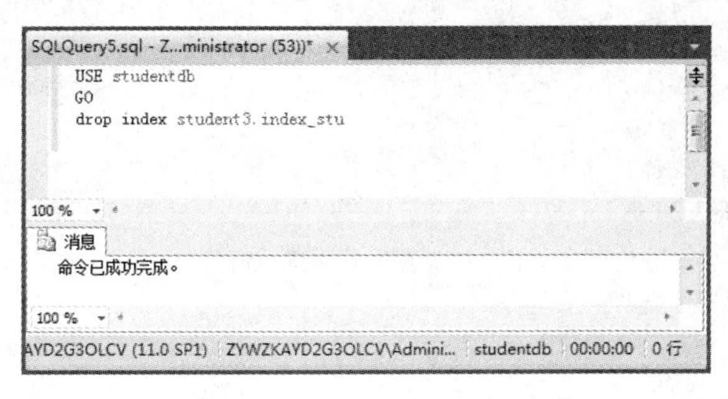

图 5-14　删除索引

在 SQL Server Management Studio 左侧对象资源管理器中刷新，可以发现 student3 表中已经删除了 index_stu 索引。

2. 使用 SQL Server Management Studio 向导删除索引

使用 SQL Server Management Studio 向导删除索引的具体步骤为：

（1）启动 SQL Server Management Studio，选择服务器，单击加号（+），展开数据库 database（某一个数据库名称）→表 dbo.student3→索引，右击要删除的索引，弹出如图 5-15 所示的快捷菜单。

图 5-15　删除索引菜单

（2）选择“删除”命令，在弹出如图5-16所示的窗口中单击“确定”按钮删除。

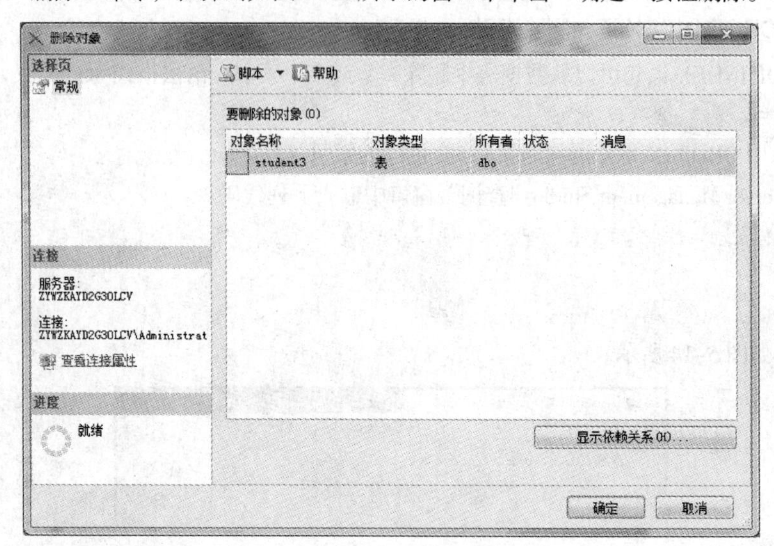

图5-16　删除索引确认窗口

单元总结

索引是一个重要而且特殊的数据库对象，它可以用来提高表中数据的访问速度，而且还能够强制实施某些数据完整性。掌握索引的创建和使用有助于查询速度的提高以及数据库的性能优化。通过本单元的学习，希望用户对于索引的基本概念和基本操作有详细的了解。

习　题

一、选择题

1. 在（　　）索引中，表中各行的物理顺序和键值的逻辑顺序相同。

   A. 聚集索引　B. 唯一索引　C. 非聚集索引　D. 都不是

2. 复合索引中包含的列数最多为（　　）。

   A. 1　B. 10　C. 16　D. 无数

3. 每个数据表可创建（　　）非聚集索引。

   A. 100　B. 249　C. 1　D. 无数

4. 下面（　　）数据类型不能作为索引的列。

   A. datetime　B. char　C. image　D. int

二、填空题

1. 建立索引的目的是________。
2. 使用________语句删除索引。
3. 索引按是否与数据库的物理存储顺序相同分为________和________两种类型。
4. 系统自动创建的索引有________和________。

三、判断题

1. 在数据库中。可以通过索引加快数据的查询。（　　）

2. 按存储结构的不同可以将索引分为聚集索引和非聚集索引两大类。 ( )
3. 删除索引可以提高数据库的更新速度。 ( )

验证性实验 5 创建和使用索引

一、实验目的

1. 掌握索引的创建方法。
2. 掌握索引的使用。

二、实验内容

1. 为 XS_KC 表创建索引 IX_XS_KC。
2. 使用强制索引查询数据。

三、实验步骤

1. 创建 XS_KC 表的索引 IX_XS_KC。

① 选择要创建索引的数据库文件夹，如“XSCJ”文件夹，并在右边的对象窗口中选择并打开其中的“表”对象。

② 打开所要创建索引的表，如“XS_KC”表，选择“索引”文件夹

③ 右击选择“新建”按钮，创建新的索引，并为其设置相应的属性。

为 XS_KC 表创建一个基于“成绩”列的索引 IX_XS_KC，其中成绩列按升序排列。

④ 单击“确定”按钮，完成新索引的创建。

2. 强制使用刚才创建的索引查询数据。

① 新建一个查询窗口，并在其右上角的下拉框中选择要操作的“XSCJ”数据库。

② 强制使用“IX_XS_KC”索引查询所有课程的及格成绩记录。

在查询命令窗口中输入以下 SQL 查询命令并执行：

```
SELECT 学号,课程号,成绩
FROM   XS_KC
WITH (INDEX (IX_XS_KC))
WHERE 成绩>=60
```

观察显示出来的数据是否有序。

第6单元

数据查询 «‹

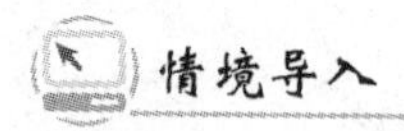

情境导入

第 5 单元已经完成了学校管理信息系统数据库的创建和优化，现在要进行数据库数据查询，检验数据是否可以获得正常查询和更新等。那么在 SQL Server 2012 数据库管理系统中应该如何查询数据呢?

数据库建立并输入数据后，用户就可以对数据库的数据进行查询和操作，从而完成对数据库的操作。数据查询是数据库操作中最基本也是最重要的操作之一，在 SQL Server 2012 中具体实现查询操作要使用 T-SQL 语言中的 SELECT 语句。下面我们通过以下内容来学习如何查询和操作数据库中的数据。

知识目标和能力目标

知识目标

(1) 掌握数据查询和数据更新的语法格式。

(2) 能运用所学知识对数据进行相关操作。

(3) 能根据测试结果写出检验报告。

能力目标

1. 专业能力

(1) 掌握查询的语法。

(2) 掌握数据更新的语法。

2. 方法能力

(1) 扩展相应的信息掌握能力。

(2) 提高数据查询、更新测试能力。

6.1 SELECT 语句的语法格式

对 SQL Server 数据库进行查询主要使用 SELECT 语句，SELECT 语句从数据库中检索出来的数据，以一条或多条记录集的形式返回给用户，其完整的语法格式为：

```
SELECT     [DISTINCT | ALL] select_list
[INTO         new_table]
FROM       table_source
[WHERE     search_condition ]
[GROUP BY  group_by_expression ]
```

```
[HAVING    search_condition ]
[ORDER BY  order_expression [ ASC | DESC ] ]
```

参数说明：

（1）Select_list：查询列表，指明要查询的字段名。各个字段名用逗号分开。

（2）INTO new_table：指定用查询得到的记录集来创建一个新表，new_table 为新表名。

（3）FROM table_source ：指出所查询各表的表名以及将各表之间的逻辑关系。

（4）WHERE search_condition：指明查询条件，定义由引用表向结果集中返回数据所满足的要求。

（5）GROUP BY group_by_expression：根据 group_by_expression 参数指定的字段对结果集进行分组。

（6）HAVING search_condition：根据 search_condition 所指定的条件，对已经得到的结果集进行附加筛选。

（7）ORDER BY order_expression [ASC | DESC]：定义查询得到的结果集的排列顺序。

6.2 单表查询

SELECT 语句不但可以完成简单的单表查询，也可以完成复杂的多表查询。本小节我们主要介绍单表的查询操作。

6.2.1 基本的 SELECT 语句

SQL 语言中的 SELECT 查询语句用来从数据表中查询数据。其完整的语法格式由一系列的可选子句组成。上节已经对完整的 SELECT 作了介绍，下面介绍 SELECT 语句最基本的语法格式。

```
SELECT *
FROM  table_source
```

参数说明：

（1）SELECT 关键字后的“*”，代表查询引用表中的所有字段的内容。也可以指定要查询的字段名列表。

（2）FROM 关键字后的 table_source，指定要查询的数据表。

（3）所有 SELECT 语句必须有 SELECT 子句和 FROM 子句组成，书写时可以将两个子句写在一行中。

1. 查询所有字段

选择查询表中所有字段有两种方法：一是在 SELECT 语句后面的关键字用“*”，二是在 SELECT 后面列出所有要查询的字段。

【例 6.1】查询 student 表中所有记录。

在 SQL Server Management Studio“查询”窗口中输入下面的语句：

```
USE studentdb
GO
SELECT *
FROM student
```

执行结果如图 6-1 所示。也可以将“SELECT *”用“SELECT sno,sname,ssex,sbirthday,sdepartment”代替，程序会得到同样的结果，如图 6-2 所示。

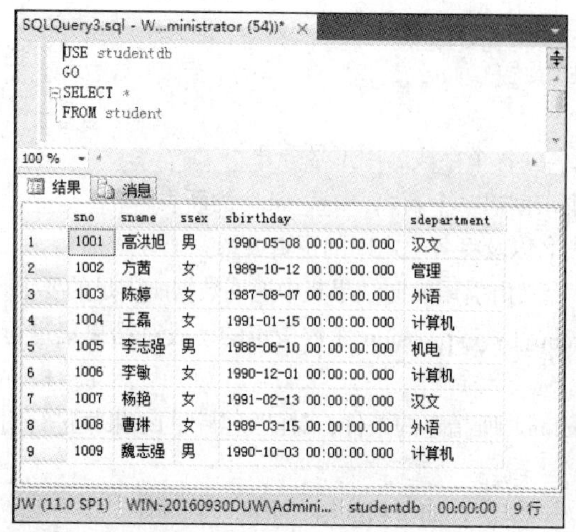

图 6-1　查询全部字段执行结果

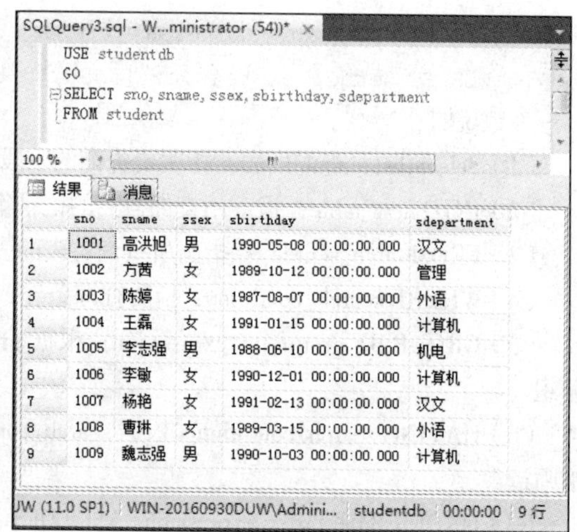

图 6-2　例题 6.1 执行结果

2. 查询指定字段

一般情况下，一个数据表包含了一个实体的所有内容，而用户在查询过程中，只希望得到一部分内容，对其他内容不感兴趣，此时，用户在查询过程中可以指定要显示的字段名，各字段名用逗号隔开。

【例 6.2】显示 student 表中学生姓名，性别和所在系别。

在 SQL Server Management Studio“查询”窗口中输入下面的语句：

```
USE studentdb
GO
SELECT sname,ssex,sdepartment
FROM student
```

执行结果如图 6-3 所示。

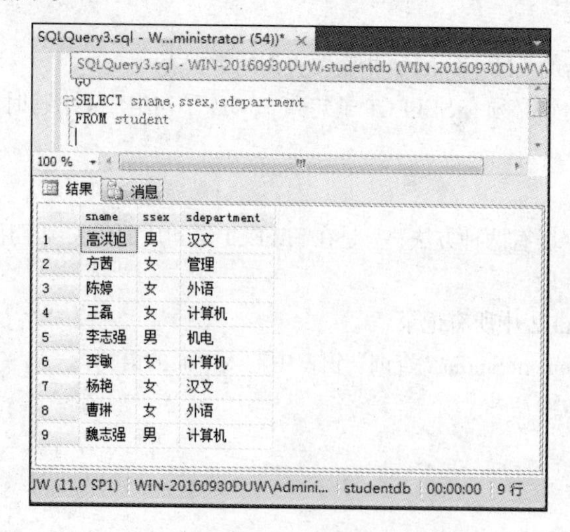

图 6-3　查询指定字段执行结果

3．设置字段别名

在显示查询的结果集时，有时候为了方便用户理解，常常为字段取一个别名来代替原来的字段名。

【例 6.3】为例题 6.2 中显示的三个字段设置别名。

在 SQL Server Management Studio“查询”窗口中输入下面的语句：

```
USE studentdb
GO
SELECT sname AS '姓名',ssex AS '性别',sdepartment AS '所在系别'
FROM student
```

执行结果如图 6–4 所示。

4．限制返回行数

如果用 SELECT 语句查询得到结果集的行数太多，用户可以使用 TOP n 选项返回记录集中的前 n 条记录。

【例 6.4】返回例题 6.3 结果集中的前 5 条记录。

在 SQL Server Management Studio“查询”窗口中输入下面的语句：

```
USE studentdb
GO
SELECT TOP 5 sname AS '姓名',ssex AS '性别',sdepartment AS '所在系别'
FROM student
```

执行结果如图 6–5 所示。

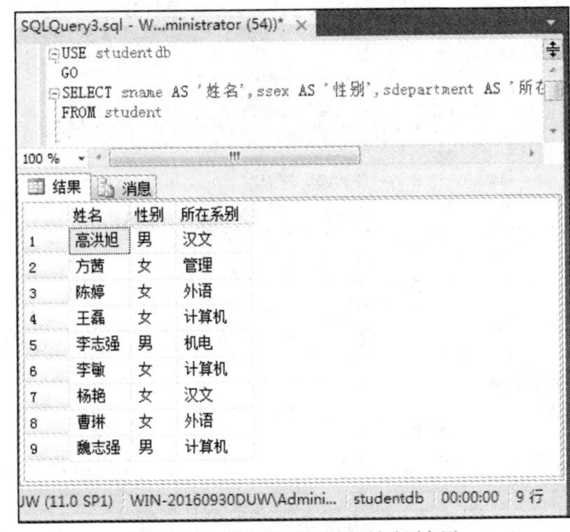

图 6–4 设置字段别名执行结果

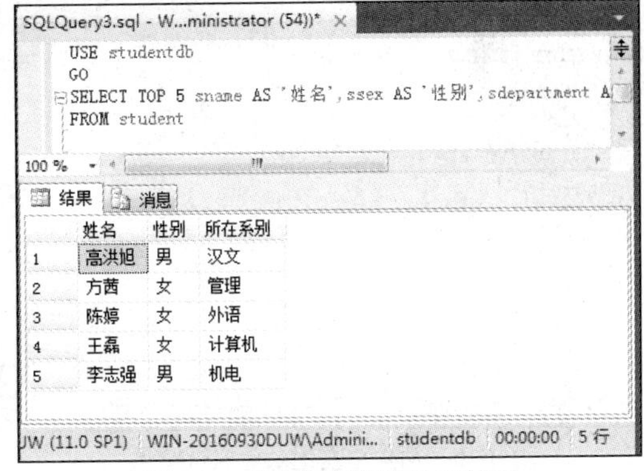

图 6–5 限制返回行数执行结果

【例 6.5】查询 student 表中年龄最大的同学（不考虑月和日）。

我们可以考虑按出生日期的升序构成结果集，然后取出第一条记录即可。使用 YEAR（）函数可以从出生日期中取出年份。但如果存在年份相同的不同数据，为了把这些数据全部显示出来，则需要加上 WITH TIES 选项。

在 SQL Server Management Studio“查询”窗口中输入下面的语句：

```
USE studentdb
SELECT TOP 1 WITH TIES
sname,sbirthday
```

```
FROM student
ORDER BY YEAR(sbirthday)
```

5. 消除重复的记录行

在用 SELECT 选择语句查询时，使用 DISTINCT 关键字可以将重复记录只显示第一次出现的记录，而后面重复的记录不再显示。

【例 6.6】查询 choice 表中所有课程号。

在 SQL Server Management Studio“查询”窗口中输入下面的语句：

```
USE studentdb
GO
SELECT DISTINCT cno FROM choice
```

执行结果如图 6–6 所示。

6. 查询结果集中包括导出列

查询列表中可包含表达式，这样在结果集中就包含了源表（或视图）中并不存在、而是通过计算得到的列，即导出列。导出列可通过函数、运算符、数据类型转换或者子查询等获得。

【例 6.7】使用运算符导出列。

```
USE studentdb
SELECT sno,cno,score,score+20,round((score*0.7),2)
FROM choice
```

该例对 choice 表中的成绩列（score）进行计算，分别加上 20 分和降低 30%（乘以 0.7），导出新列。结果如图 6–7 所示。

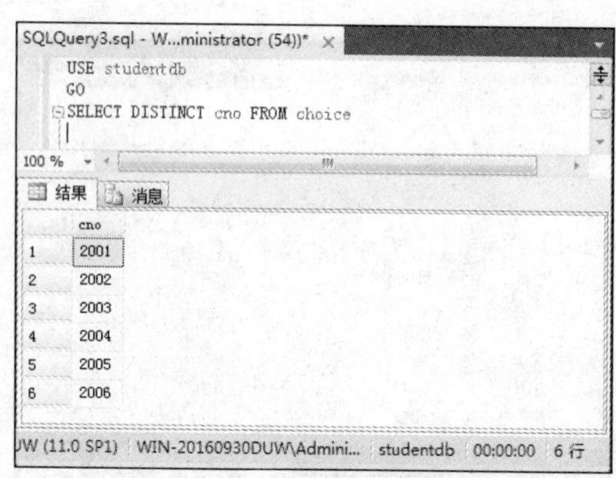

图 6–6 消除重复记录行执行结果

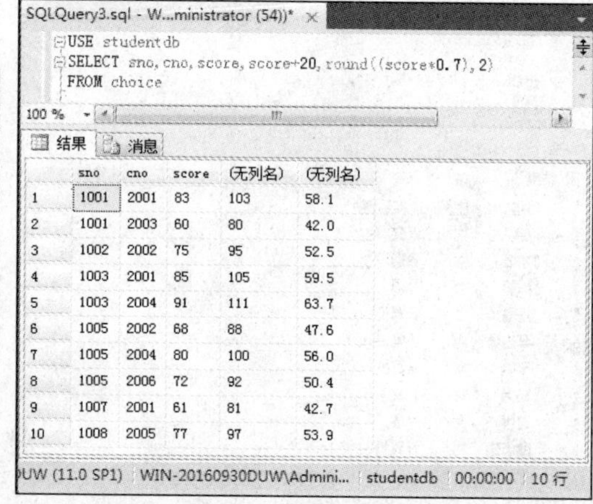

图 6–7 使用运算符号出列执行结果

图 6–7 中，第 4 列和第 5 列没有字段名，这是因为这两列是通过计算得出的新列，而并非是表中原有的列，所以没有字段名。通过本例还应该知道，SELECT 子句中除了可以放置数据表原有的字段外，还可以放置表达式，另外字段列表中还可以放置常量。

7. 显示常数列

对表（或视图）进行查询返回的结果集中还可以指定某些列显示为常数，以增加可读性。

【例 6.8】在结果集中指定一列常数。

```
USE studentdb
SELECT sno as 学号,cno 课程号,原成绩=score,'加 20 分='as ' ',修改成绩=score+20
FROM choice
```

该例在最后一列前面增加了一列字符常数“加20分=”，用来说明最后一列成绩的依据。为了使该常数列不显示列名，用一个加引号的空格作为列名。结果如图6-8所示。

```
USE studentdb
SELECT sno as 学号,cno 课程号,原成绩=score,'加20分=' as ' ',
FROM choice
```

	学号	课程号	原成绩		修改成绩
1	1001	2001	83	加20分=	103
2	1001	2003	60	加20分=	80
3	1002	2002	75	加20分=	95
4	1003	2001	85	加20分=	105
5	1003	2004	91	加20分=	111
6	1005	2002	68	加20分=	88
7	1005	2004	80	加20分=	100
8	1005	2006	72	加20分=	92
9	1007	2001	61	加20分=	81
10	1008	2005	77	加20分=	97

图6-8 在结果集中指定常数列

6.2.2 条件查询

在很多情况下，用户只需要查询满足某些条件的记录，这就需要对数据表中的记录进行过滤。在SELECT语句中，WHERE子句就用来指定选择条件，从而控制结果集的记录构成。

1. 比较

比较查询是由比较运算符和相应的表达式构成查询条件，查询结果由查询条件的真假来决定，需要注意的是text、ntext和image类型的数据是不能作为比较查询的条件。

【例6.9】查询choice表中成绩大于80分的记录。

在SQL Server Management Studio“查询”窗口中输入下面的语句：

```
USE studentdb
GO
SELECT * FROM choice
WHERE score>80
```

执行结果如图6-9所示。

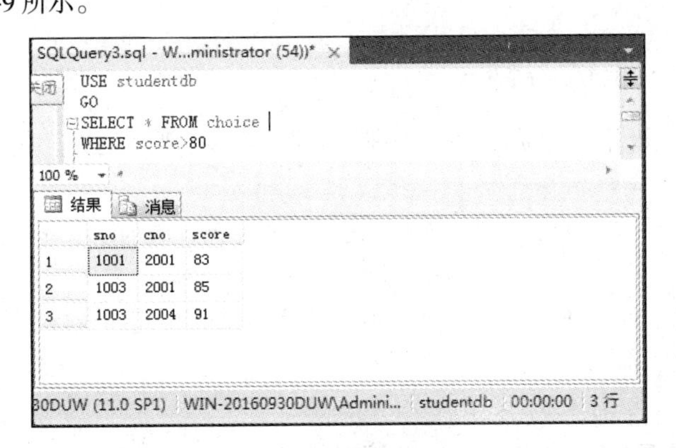

图6-9 比较执行结果

字符串比较大小，其实是在比较每个字符的 ASCII 码值，ASCII 码大的字符为大。人们经常使用的字符里数字字符“0”的 ASCII 码是 48，“1”的 ASCII 码是 49，依此类推向后递增；大写英文字母“A”的 ASCII 码是 65，“B”的 ASCII 码是 66，依此类推向后递增；小写英文字母“a”的 ASCII 码是 97，“b”的 ASCII 码是 98，依此类推向后递增。因此，每个排列后面的字符都比前面的要大。汉字比较大小时比较的是拼音，例如，“张”比“王”大，因为“z”大于“w”。

【例 6.10】从 Student 表中，查询姓名按拼音排在“方茜”后的所有学生的姓名和所属院系。

```
SELECT   sname as 姓名,sdepartment as 所属院系
FROM     student
WHERE    sname>'方茜'
```

运行结果如图 6-10 所示。

2. 逻辑运算

WHERE 子句中可以利用逻辑运算符（AND、OR 和 NOT）连接查询条件。NOT 用于对搜索条件取相反的返回结果；AND 用于两个条件表达式的“与”连接，即当这两个条件表达式都成立（逻辑表达式的值为真）时，返回结果才成立；OR 用于两个条件表达式的“或”连接，即当这两个条件表达式中有一个成立（逻辑表达式的值为真），返回结果就成立。

【例 6.11】查询 choice 表中成绩大于 90 或小于 60，并且课程号等于 2001 的记录。

```
USE studentdb
SELECT sno,cno,score
FROM choice
WHERE (score>90 or score<60) and cno='2001'
```

执行结果如图 6-11 所示。

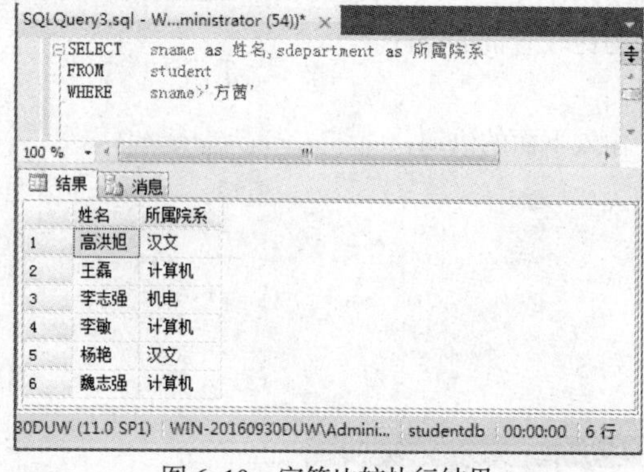

图 6-10　字符比较执行结果

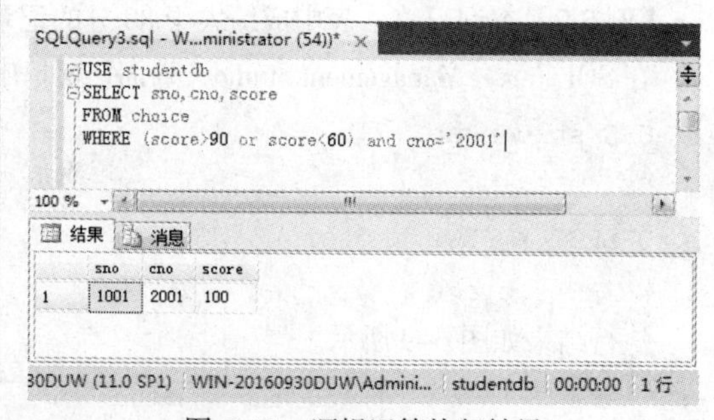

图 6-11　逻辑运算执行结果

逻辑运算符的优先级并不相同。当一个查询语句中包含多个逻辑运算符时，取值的优先顺序依次为：NOT、AND 和 OR。

如果将本例题的查询语句进行修改，去掉表达式中的括号，改为以下程序：

```
WHERE  score>90 or score<60  and cno='2001'
```

则其执行结果如图 6-12 所示。因为去掉括号以后，该查询语句的执行顺序发生变化，导致查询结果大不相同。

3. 确定范围

当需要返回某一字段的值介于两个指定值之间的记录，就可以使用范围查询条件 BETWEEN...END

来实现。需要注意的是用 BETWEEN...END 作为范围查询的时候是包含上下边界值的。

【例 6.12】查询 choice 表中成绩介于 80 到 90 分的记录。

在 SQL Server Management Studio“查询”窗口中输入下面的语句：

```
USE studentdb
GO
SELECT * FROM choice
WHERE score BETWEEN 80 AND 90
```

执行结果如图 6-13 所示。

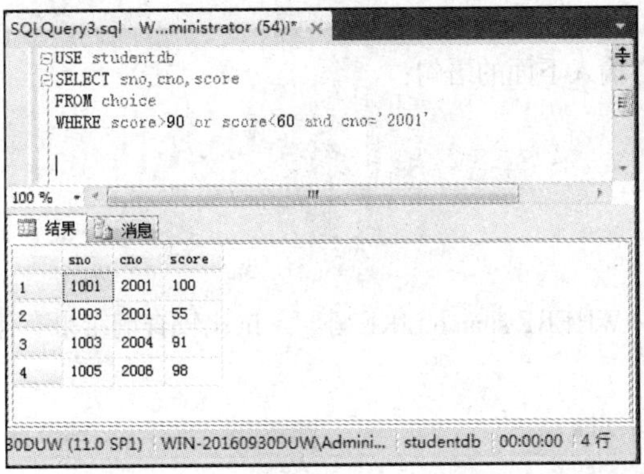

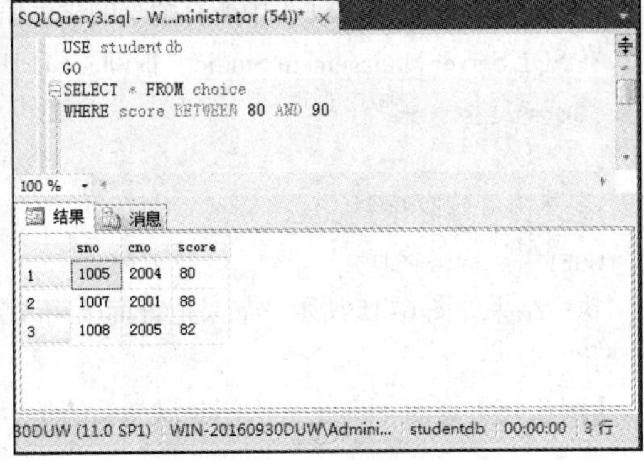

图 6-12 去掉括号改变运算次序

图 6-13 确定范围执行结果

另外还可以在 BETWEEN...AND 前面加一个逻辑否 NOT，表示返回界定范围以外（不包含上下界）的所有值。

【例 6.13】查询 choice 表中成绩不在 80 到 90 分之间且不包含 80、90 的记录。

在 SQL Server Management Studio“查询”窗口中输入下面的语句：

```
USE studentdb
GO
SELECT * FROM choice
WHERE score NOT BETWEEN 80 AND 90
```

执行结果如图 6-14 所示。

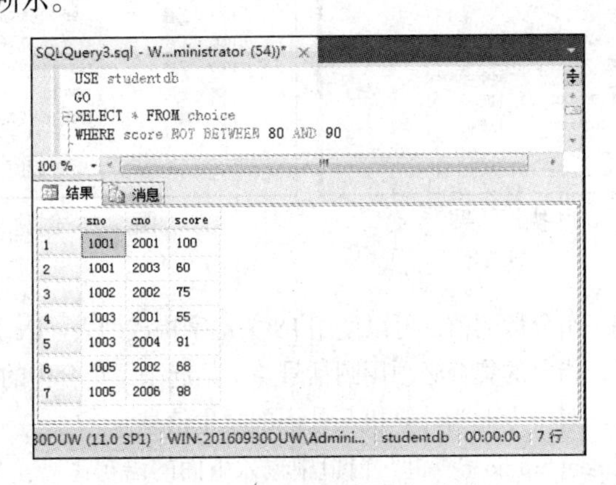

图 6-14 逻辑否语句执行结果

4．模式匹配

在 WHERE 子句中使用 LIKE 关键字可以查询并返回于指定字符串表达式匹配的数据行，还可以使用通配符进行模糊匹配。需要注意的是 LIKE 关键字后面的表达式必须用单引号（''）括起来。SQL Server 2012 提供的通配符有：

（1）%：代表任意长度的字符串。例如：a%b 表示以 a 开头，以 b 结尾的任意长度的字符串。

（2）_：代表任意单个字符。例如：a_b 表示以 a 开头，以 b 结尾的长度为 3 的任意字符串。

（3）[]：用于指定一个范围。例如：[a-g]表示从 a 到 g 范围内的任意单个字符。

（4）[^]：用于指定一个范围。例如：[a^g]表示从 a 到 g 范围以外的任何单个字符。

【例 6.14】 查询 student 表中所有姓李的学生信息。

在 SQL Server Management Studio“查询”窗口中输入下面的语句：

```
USE studentdb
GO
SELECT * FROM student
WHERE sname LIKE '李%'
```

执行结果如图 6-15 所示。如果把查询子句改为 WHERE sname LIKE '李_'，试比较查询结果有什么变化？

【例 6.15】 查询 student 表中不是汉文系的学生信息。

```
USE studentdb
GO
SELECT * FROM student
WHERE sdepartment NOT LIKE '汉文'
```

执行结果如图 6-16 所示。

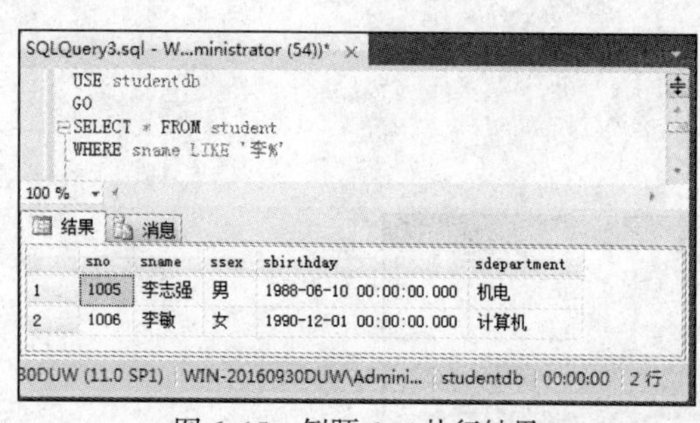

图 6-15 例题 6.14 执行结果

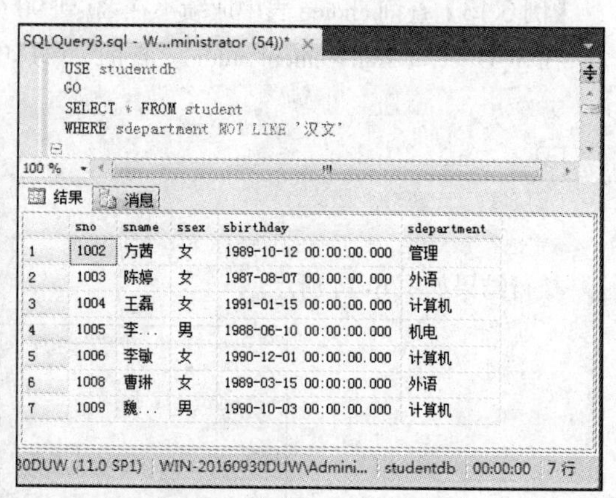

图 6-16 例题 6.15 执行结果

5．确定集合

当检索的集合如果是一组分散的值，可以使用 IN 关键字构成列表。IN 关键字允许用户选择与确定集合中的值相匹配的行，指定的集合必须用圆括号（ ）括起来，集合中的各项用逗号隔开。

【例 6.16】 查询 student 表中专业为计算机和外语的学生信息。

在 SQL Server Management Studio“查询”窗口中输入下面的语句：

```
USE studentdb
GO
```

```
SELECT * FROM student
WHERE sdepartment IN ('计算机','外语')
```

执行结果如图 6-17 所示。

【例 6.17】查询 student 表中姓李和姓张的学生的信息。

在 SQL Server Management Studio“查询”窗口中输入下面的语句：

```
USE studentdb
GO
SELECT * FROM student
WHERE LEFT(sname,1) IN ('李','张')
```

执行结果如图 6-18 所示。

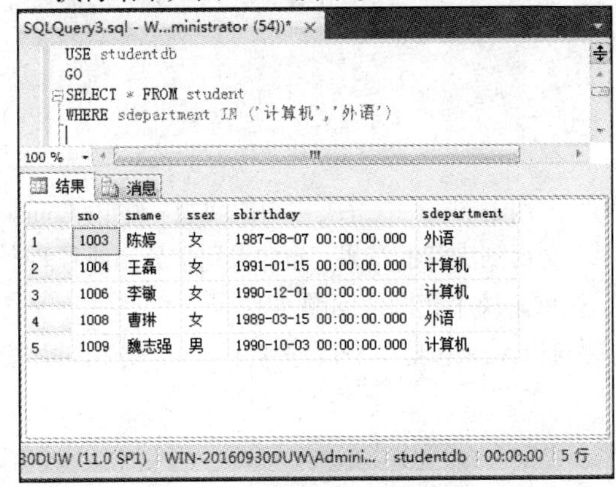

```
USE studentdb
GO
SELECT * FROM student
WHERE sdepartment IN ('计算机','外语')
```

	sno	sname	ssex	sbirthday	sdepartment
1	1003	陈婷	女	1987-08-07 00:00:00.000	外语
2	1004	王磊	女	1991-01-15 00:00:00.000	计算机
3	1006	李敏	女	1990-12-01 00:00:00.000	计算机
4	1008	曹琳	女	1989-03-15 00:00:00.000	外语
5	1009	魏志强	男	1990-10-03 00:00:00.000	计算机

图 6-17 例题 6.16 执行结果

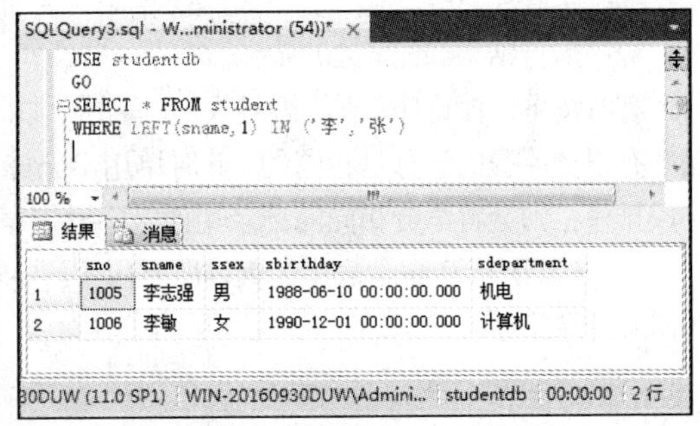

```
USE studentdb
GO
SELECT * FROM student
WHERE LEFT(sname,1) IN ('李','张')
```

	sno	sname	ssex	sbirthday	sdepartment
1	1005	李志强	男	1988-06-10 00:00:00.000	机电
2	1006	李敏	女	1990-12-01 00:00:00.000	计算机

图 6-18 例题 6.17 执行结果

6. 空值判断

在 SQL Server 系统中，空值（NULL）并不代表空格或 0，而是表示数据的值未知或不可用。所有的空值都是相等的，它与任何数据进行比较运算或算术运算的结果都是 NULL。

空值无法用上述几种方法判断，只能用空值判断符 IS[NOT] NULL 来判断表达式的值是否为空。

【例 6.18】查询显示 teacher 表中没有指定职称的教师信息。

在 SQL Server Management Studio“查询”窗口中输入下面的语句：

```
USE studentdb
GO
SELECT * FROM teacher
WHERE tduty is NULL
```

程序的执行结果如图 6-19 所示。

```
USE studentdb
GO
SELECT * FROM teacher
WHERE tduty is NULL
```

	tno	tname	tsex	tduty
1	3004	张斌	男	NULL
2	3006	付强	男	NULL

图 6-19 例题 6.18 执行结果

6.2.3 排序

为了用户方便查看程序的查询结果，有时候需要对结果集进行排序操作。ORDER BY 子句是根据查询结果中的一个字段或多个字段对查询结果集内容进行排序。其语法格式如下：

```
ORDER BY  order_expression [ ASC | DESC ]
```

其中，order_expression 用于指定排序的字段，它可以是字段名、别名或表达式。ASC 和 DESC 指定排序的方向，ASC 指定字段值按升序排列，DESC 指定字段值按降序排列，默认为升序排列。

【例 6.19】将 choice 表中信息按学生成绩降序排列。

在 SQL Server Management Studio“查询”窗口中输入下面的语句：

```
USE studentdb
GO
SELECT * FROM choice
ORDER BY score DESC
```

程序运行结果如图 6-20 所示。

有时按单字段排序，不能满足人们的需求，原因是单字段排序不能解决相同值问题。例如：Course 表中有很多课程的学分是相同的，此时单用学分排序不会得到满意的结果。而如果用学分和课号两个字段排序，则会将学分相同的记录用课号字段排序，这就解决了相同值问题。

【例 6.20】从 Course 表中，查询所有内容。要求将查询结果按照学分降序排序，当学分相同时按照课号升序排序。

```
USE studentdb
SELECT    *
FROM      Course
ORDER BY  cscore DESC,cno
```

运行结果如图 6-21 所示。

SQLQuery3.sql - W...ministrator (54))*

```
USE studentdb
GO
SELECT * FROM choice
ORDER BY score DESC
```

100 %　结果　消息

	sno	cno	score
1	1001	2001	100
2	1005	2006	98
3	1003	2004	91
4	1007	2001	88
5	1008	2005	82
6	1005	2004	80
7	1002	2002	75
8	1005	2002	68
9	1001	2003	60
10	1003	2001	55

0DUW (11.0 SP1) | WIN-20160930DUW\Admini... | studentdb | 00:00:00 | 10 行

图 6-20　例题 6.19 执行结果

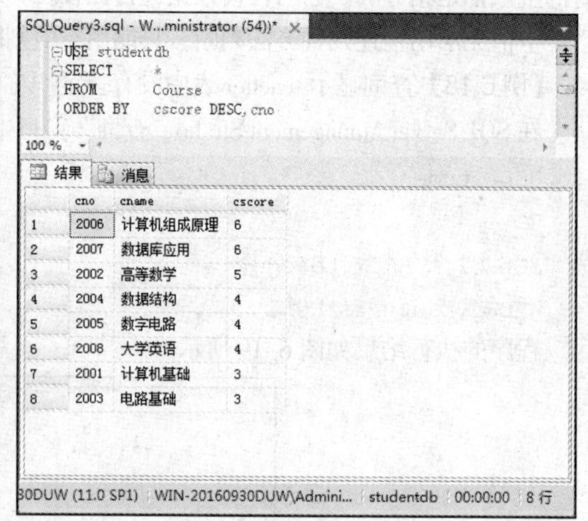

图 6-21 例 6.20 查询结果

上面的语句中，学分后有关键字 DESC，因此结果集先按学分降序排序。当遇到学分相同的记录时，便用课号进行排序，因为课号后没有任何关键字，所以按课号升序排序。例如，“数据结构”“数字电路”和“大学英语”的学分相同，此时按课号对这三门课程进行了升序排序。

在实际应用中，有时也需要按字段位置排序。因为，SELECT 关键字后并非都是字段名，也可能是表达式。如果希望按表达式的值排序，而又没有给表达式取别名，则可以按字段位置排序。

【例 6.21】从 Student 表中，查询学生的学号、姓名和年龄，并按年龄降序排序记录。

```
USE studentdb
SELECT   sno,sname,DATEDIFF (year,
sbirthday, GETDATE( ))
FROM      Student
ORDER BY  3  DESC
```

运行结果如图 6-22 所示。

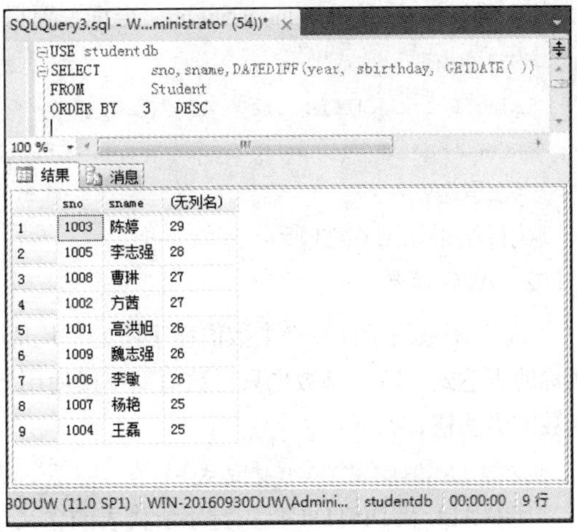
SQLQuery3.sql - W...ministrator (54))*
USE studentdb
SELECT sno, sname, DATEDIFF(year, sbirthday, GETDATE( ))
FROM Student
ORDER BY 3 DESC
100 %
结果
消息
sno sname (无列名)
1 1003 陈婷 29
2 1005 李志强 28
3 1008 曹琳 27
4 1002 方茜 27
5 1001 高洪旭 26
6 1009 魏志强 26
7 1006 李敏 26
8 1007 杨艳 25
9 1004 王磊 25
0DUW (11.0 SP1) WIN-20160930DUW\Admini... studentdb 00:00:00 9 行

图 6-22　例 6.21 查询结果

说明：表达式 DATEDIFF(year, sbirthday, GETDATE( ))的作用是返回“sbirthday”字段值和当前系统时间的年份差值。GETDATE 函数的返回值是当前系统时间。DATEDIFF 函数和 GETDATE 函数均为 SQL Server 的函数。

上面的语句中，因为表达式 DATEDIFF(year, sbirthday, GETDATE( ))在字段名列表中的位置是 3，所以 ORDER BY 子句为 3 DESC，表示了使用表达式 DATEDIFF(year, sbirthday, GETDATE( ))的值降序排序记录。

当字段名比较冗长或者拼写比较复杂时，在 ORDER BY 子句中使用字段位置会节省拼写时间和减少拼写出错的概率。

其实，本例除了使用位置排序以外，在 ORDER BY 子句后可以直接放置表达式来排序。例如下面的语句所示。

```
USE studentdb
SELECT     sno,sname,DATEDIFF(year, sbirthday, GETDATE( ))
FROM       Student
ORDER BY   DATEDIFF(year, sbirthday, GETDATE( ))   DESC
```

运行结果与按位置排序的运行结果相同。

6.3 数 据 统 计

6.3.1 聚合函数

聚合函数又称字段函数，聚合函数的作用是在查询结果集中产生和、平均值、记录数目、最大值和最小值等。

1. SUM 函数

SUM 函数用于统计数值型字符的和，用来求和的表达式通常是字段名称或包含字段名称的表达式，它只是用于数值型字段。SUM 函数的语法格式如下：

```
SUM ( [ALL|DISTINCT]表达式)
```

其中 ALL 和 DISTINCT 关键字用于指定求和范围，ALL 表示 SUM 函数对所有字段求和，DISTINCT 表示 SUM 函数仅对唯一值求和，忽略重复值。如果没有指定这两个关键字，则 ALL 为默认设置。

【例 6.22】计算 choice 表中学生所修课程的总成绩。

在 SQL Server Management Studio“查询”窗口中输入下面的语句：

```
USE studentdb
SELECT sno,SUM(score) AS '总成绩'
FROM choice
GROUP BY sno
```

执行结果如图 6-23 所示。

2. AVG 函数

AVG 函数用于计算一个数值型字段的平均值，用来求平均值的字段通常是字段名称或包含字段名称的表达式，AVG 函数也只对数值型字段使用，该字段中的 NULL 值在计算过程中将被忽略。AVG 函数的语法格式如下：

```
AVG([ALL|DISTINCT]表达式)
```

其中 ALL 和 DISTINCT 关键字所代表的含义与 SUM 函数中类似，这里不再赘述。

【例 6.23】计算 choice 表中学生所修课程的平均成绩。

在 SQL Server Management Studio 查询窗口中输入下面的语句：

```
USE studentdb
SELECT sno,AVG(score) AS '平均成绩'
FROM choice
GROUP BY sno
```

执行结果如图 6-24 所示。

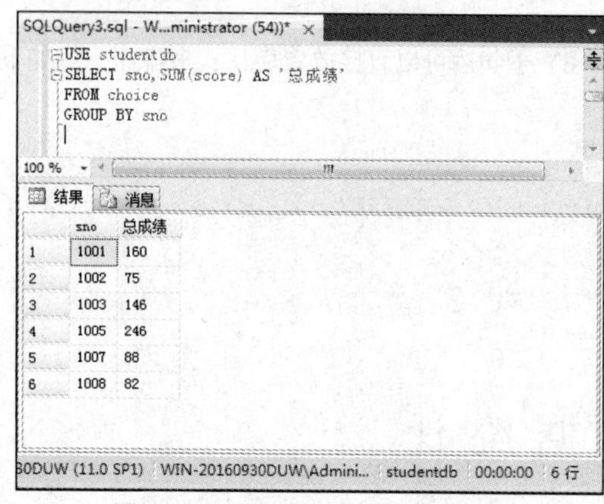

图 6-23 SUM 函数示例的执行结果

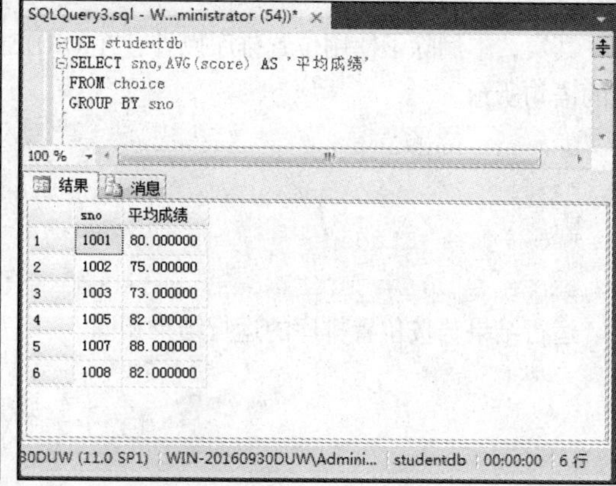

图 6-24 AVG 函数示例的执行结果

3. COUNT 函数

COUNT 函数用于统计字段中选取的项目数或查询输出的记录个数，其语法格式为：

```
COUNT([ALL|DISTINCT]表达式|*)
```

其中，COUNT 和 COUNT（*）函数的区别是：

（1）COUNT 函数忽略计算值中的空值，而 COUNT（*）函数将所有符合条件的值都计算在内。

（2）COUNT 函数可以使用 DISTIMCT 关键字来去掉重复值，COUNT（*）则不可以。

（3）COUNT 函数不能计算定义为 text 和 image 类型的字段的个数，但可以使用 COUNT（*）函数计算。

【例 6.24】查询 choice 表中每个学生选修课程的门数。

在 SQL Server Management Studio 查询窗口中输入下面的语句：

```
USE studentdb
SELECT sno,COUNT(cno) AS '选修课门数'
FROM choice
GROUP BY sno
```

执行结果如图 6-25 所示。

4. MAX 和 MIN 函数

MAX 和 MIN 函数用于返回表达式中的最大值和最小值。其语法格式如下：

```
MAX|MIN([ALL|DISTINCT]表达式)
```

【例 6.25】查询 choice 表中每个学生选修课程中所有成绩的最大值。

在 SQL Server Management Studio 查询窗口中输入下面的语句：

```
USE studentdb
SELECT sno,MAX(score) AS '成绩最大值'
FROM choice
GROUP BY sno
```

程序执行结果如图 6-26 所示。

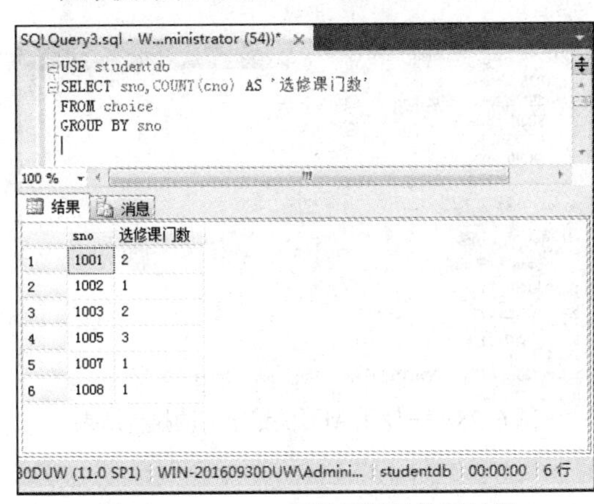

图 6-25 COUNT 函数示例的执行结果

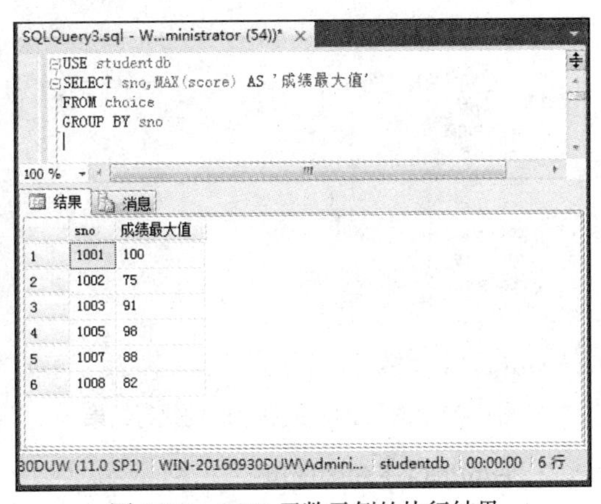

图 6-26 MAX 函数示例的执行结果

6.3.2 GROUP BY 子句的应用

GROUP BY 子句的作用是将记录一句设置的条件分成不同的组。在前面的例题中我们发现，只有使用了 GROUP BY 子句，SELECT 语句中的聚合函数才能发挥作用。

1. 基本 GROUP BY 子句的使用

GROUP BY 子句的语法格式如下：

```
GROUP BY [ALL] 分组表达式[,…N]
```

分组表达式是进行分组时所执行的表达式，当含有多个表达式时，表达式列表决定了查询结果集分组的依据和顺序。需要注意的是，在字段列表中指定的别名是不可以作为分组表达式来使用的。

【例 6.26】显示 choice 表中学号小于 1005 的学生的总成绩。

在 SQL Server Management Studio 查询窗口中输入代码，在 GROUP BY 子句中使用 ALL 关键字时

的代码如下：

```
USE student db
SELECT sno,SUM(score)AS'总成绩'
FROM choice
WHERE SNO<'1005'
GR0UP BY ALL sno
```

不使用 AU 关键字的代码如下：

```
USE studant db
SELECT sno,SUM(score)AS'总成绩'
FROM choice
WHERE SNO<'1005'
GROUP BY sno
```

执行结果如图 6-27 和图 6-28 所示。从结果可以看出，在 GROUP BY 子句中使用 ALL 关键字时，查询结果不管满足不满足 WHERE 子句条件都会显示在执行结果中。如果不适用 ALL 关键字，系统会在结果中过滤掉不满足 WHERE 子句搜索条件的记录。

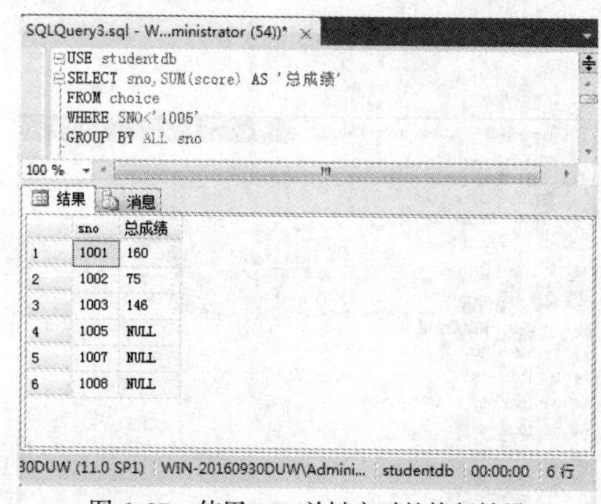

	sno	总成绩
1	1001	160
2	1002	75
3	1003	146
4	1005	NULL
5	1007	NULL
6	1008	NULL

图 6-27　使用 ALL 关键字时的执行结果

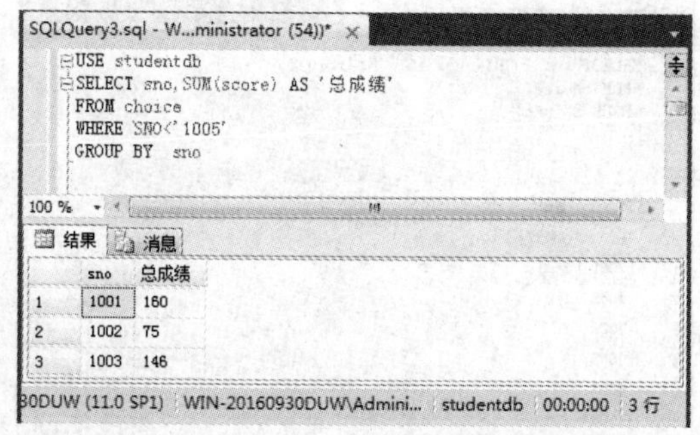

	sno	总成绩
1	1001	160
2	1002	75
3	1003	146

图 6-28　不使用 ALL 关键字时的执行结果

2. HAVING 子句的使用

在使用 GROUP BY 子句时，还可以使用 HAVING 子句为分组统计结果进一步设置筛选条件。HAVING 子句用于制定一组或一个集合的搜索条件，如果含有多个筛选条件可以通过逻辑运算符连接起来。其语法格式为：

```
HAVING 搜索条件
```

【例 6.27】在例题 6.26 的基础上，筛选出总成绩大于 140 的记录。

在 SQL Server Management Studio 查询窗口中输入下面的语句：

```
USE studentdb
SELECT sno,SUM(score) AS '总成绩'
FROM choice
WHERE SNO<'1005'
GROUP BY  sno
HAVING SUM(score)>140
```

执行结果如图 6-29 所示。

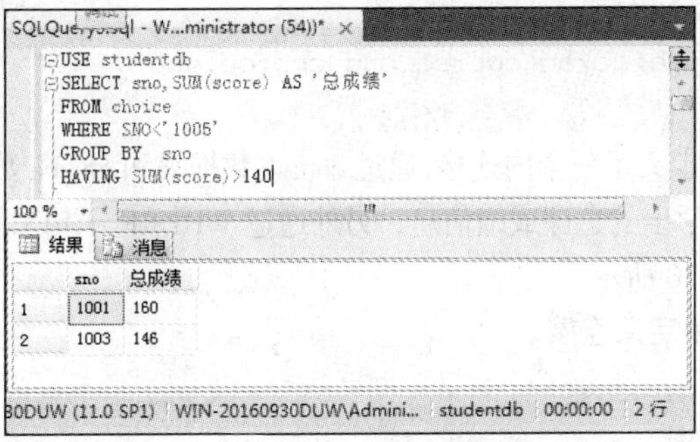
SQLQuery...sql - W...ministrator (54))*
USE studentdb
SELECT sno, SUM(score) AS '总成绩'
FROM choice
WHERE SNO<'1005'
GROUP BY sno
HAVING SUM(score)>140
100 %
结果
消息
sno 总成绩
1 1001 160
2 1003 146
B0DUW (11.0 SP1) WIN-20160930DUW\Admini... studentdb 00:00:00 2 行

图 6-29　HAVING 子句示例的执行结果

6.4 多表查询

相对于前面讲过的单表查询来说，本节介绍的多表查询可以把一个数据库中相互关联的表连接起来，从而获得更多的信息。连接可以实现从两个或多个表中查询数据，连接条件是通过指定每个表中要用于连接的列值及指定比较各列时使用的运算符和表达式来定义。用户可以通过连接用一个表中的数据查询其他表的数据，也可以把多个表中的数据一起显示，增加了查询的灵活性。

SELECT 语句中的连接既可以在 FROM 子句定义，也可以在 WHERE 子句中定义。但为了与 WHERE 子句中的检索条件区分，建议在 FROM 子句中定义。

1. 在 FROM 子句中定义连接

其语法格式如下：

```
FROM{<table_source>}[,…n]
```

其中：

```
<table_source>:: =
表名[[AS]表别名][WITH(<表提示>[,…n])]|视图名[[AS]别名]
|<连接表 1><[INNER|{{LEFT|RIGHT|FULL}[OUTER]}][<连接提示>]>JOIN<连接表 2>[ON<连接条件>]
|<连接表 1>CROSS JOIN<连接表 2>
```

以上参数含义如下：

（1）<table_source>：指定用于 SELECT 语句的表、视图和连接表等，多个表用逗号分隔。

（2）WITH(<表提示>[,…n])：指定一个或多个表提示。

（3）[INNER|{{LEFT|RIGHT|FULL}[OUTER]}]：指定连接操作的类型。默认为 INNER，表示连接类型为内连接。如果使用后面三种类型时，表示连接类型为外连接，关键字 OUTER 可以省略。

（4）<连接提示>：指定连接提示。如果指定了本项，则必须明确指定 INNER，LEFT，RIGHT 或 FULL。

（5）ON<连接条件>：指定连接所基于的条件。一般使用列和比较运算符构成的表达式。

（6）CROSS JOIN：指定两个表交叉连接。

【例 6.28】 查询所有学生的选课成绩及格的成绩情况，显示学号、课程名和课程成绩。

程序如下：

```
USE studentdb
SELECT sno,cname,score
FROM course join choice on course.cno=choice.cno
WHERE score>60
```

本例在 FROM 子句中定义了一个内连接，通过 course 数据表和 choice 数据表中的 cno 字段把这两个表连接起来，得到所有学生的选课成绩信息，另外通过 WHERE 子句来筛选成绩大于 60 的情况。执行查询后的结果如图 6-30 所示。

2. 在 WHERE 子句中定义连接

其语法格式如下：

```
FROM 表1，表2 WHERE <old_outer_join>
```

其中：

（1）<old_outer_join>：=表 1.列名<连接符>表 2.列名

（2）连接符有：=（内连接）、=*（右外连接）、*=（左外连接）等

【例 6.29】使用 WHERE 子句定义连接完成例 6.28 的查询。

```
USE studentdb
SELECT sno,cname,score
FROM course,choice
WHERE course.cno=choice.cno and score>60
```

其查询结果如图 6-31 所示。可以看到和例 6.28 的执行结果是完全一样的，所以不管在 FROM 子句中定义连接还是在 WHERE 子句中定义连接，其效果是一样的。

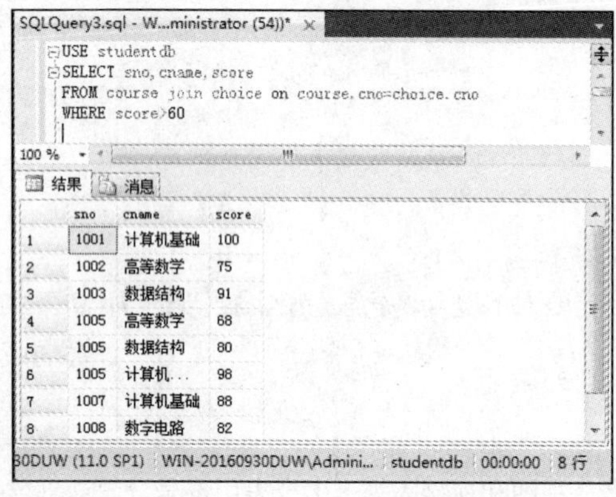

图 6-30 FROM 子句定义连接示例的查询结果

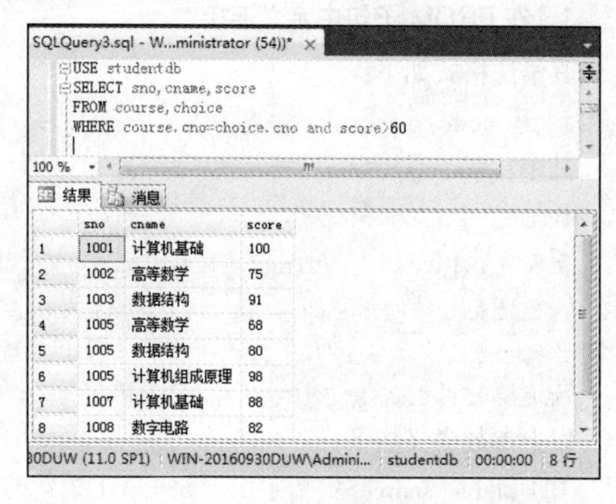

图 6-31 WHERE 子句定义连接示例的查询结果

6.4.1 交叉连接

交叉连接如果不带 WHERE 子句，就是返回被连接的两个表所有数据行的笛卡尔积，返回到结果集中的数据行数等于第一个表的数据行数乘以第二个表的数据行数。

【例 6.30】分析以下程序的查询结果。

```
USE studentdb
SELECT sno,cname,score
FROM course cross join choice
WHERE score>60
```

查询结果如图 6-32 所示，可以看出查询结果为 course 表和 choice 表中所有数据行的交叉连接减去不满足 WHERE 条件的行数。本例的交叉查询结果没有实际意义，但在某些情况下，可以利用交叉连接查询了解两个表中相关列数据的所有组合情况，从而获得相应信息。

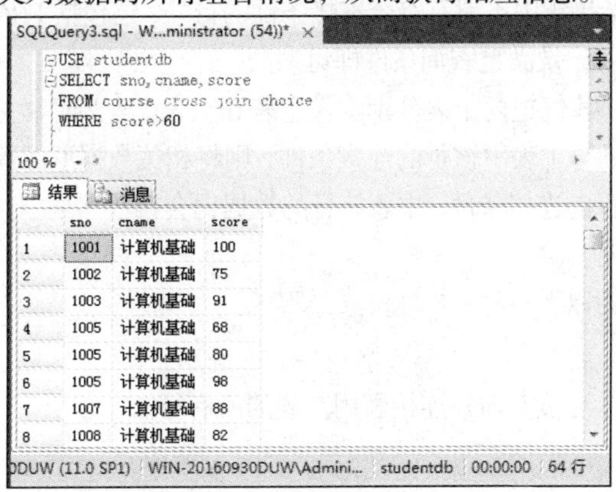

图 6-32　交叉连接示例的查询结果

6.4.2　内连接

内连接是用比较运算符比较表中的列值，返回符号连接条件的数据行，使两个表连接成一个数据集。在数据集中没有不满足连接条件的数据行。

1．等值连接

在连接条件中使用等于运算符（=）比较连接列的值，如例 6.28 和例 6.29 均为等值连接。

【例 6.31】从 student、course 和 choice 三个表中获取学生选修各门课程的成绩，显示学生姓名、选修课程和该课的成绩。

程序如下：

```
USE studentdb
SELECT sname,cname,score
FROM student,course,choice
WHERE student.sno=choice.sno and course.cno=choice.cno
```

本例是一个三表的等值连接，student 表和 choice 表通过 sno 字段实现连接，course 表和 choice 表通过 cno 字段实现连接，通过这三个表的连接实现题目要求的查询结果。其查询结果如图 6-33 所示。

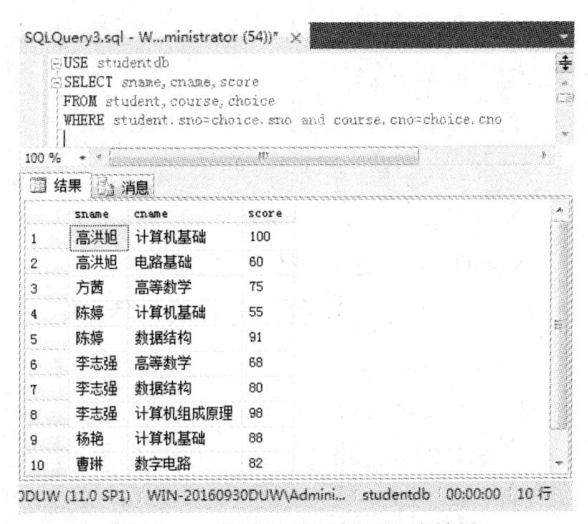

图 6-33　等值连接示例的查询结果

我们进行表的连接查询时需要注意的是进行连接的列必须具有相同的或可自动进行转换的数据类型。如果连接的列的列名相同，则要在语句中加上表名作为限制，否则系统会报错。

2．不等值连接

如果在连接条件中用除等于运算符以外的其他比较运算符来比较连列的列值，这种连接称为不等值连接。

6.4.3 外连接

内连接的结果集中只返回既满足连接条件又符合查询条件的行，将所有不符合连接条件的行筛选出去。但是外连接返回的结果集中不但有符合连接条件的行外，还包括 FROM 子句中至少一个表（或视图）的所有行，只要这些记录满足查询条件即可。

在外连接的两个表中，我们把两个表分别称作主表和从表。连接时，主表的每一行数据去匹配从表，如果从表的数据行满足与主表中该行的连接条件，则将相关数据返回数据集中；如果从表的所有数据行都不满足与主表某行的连接条件，主表该行的数据仍会在数据集中，但在数据集中该行涉及的从表列的数据用 NULL 填充。

我们通常把外连接分为以下三种：

1. 左外连接

主表在连接符的左边，通过左向外连接引用左表的所有行。

语法格式：

```
FROM 主表 LEFT OUTER JOIN 从表 ON……
WHERE 主表.列表达式*=从表.列表达式
```

2. 右外连接

主表在连接符的右边，通过右向外连接引用右表的所有行。

语法格式：

```
FROM 从表 RIGHT OUTER JOIN 主表 ON……
WHERE 从表.列表达式*=主表.列表达式
```

3. 全外连接

返回两个表的所有行，此时两表均看作主表。

语法格式：

```
FROM 表1 FULL OUTER JOIN 表2 ON……
```

外连接不但返回连接匹配的行，而且还列出左表、右表和两个表中的所有行（这些行不满足连接条件，只要满足 WHERE 中的查询条件即可）。

下面通过几个实例来看一下三种外连接的差别。

【例 6.32】分析下面左外连接查询结果。

```
USE studentdb
SELECT c.sno,c.score,s.sname,s.sdepartment
FROM choice as c LEFT OUTER JOIN student as s
ON c.sno=s.sno
```

本例的查询结果根据左外连接的连接方法可以得出，其查询结果如图 6-34 所示。

【例 6.33】分析下面右外连接的查询结果。

```
USE studentdb
SELECT c.sno,c.score,s.sname,s.sdepartment
FROM choice as c RIGHT OUTER JOIN student as s
ON c.sno=s.sno
```

本例的查询结果根据右外联接的连接方法可以得出，其查询结果如图 6–35 所示。

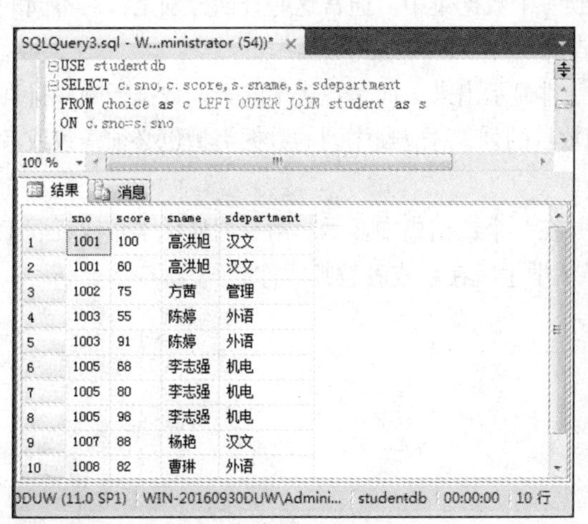

图 6–34　左外连接查询结果

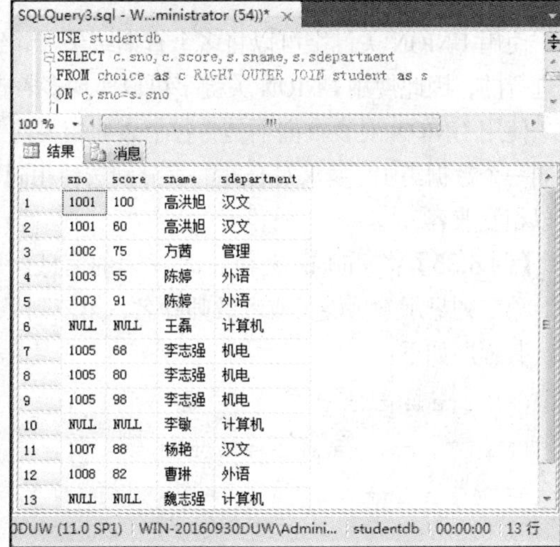

图 6–35　右外连接查询结果

6.4.4　自连接

自连接就是一个表同其自身进行内连接，用这样的方式来完成某些特殊的查询。自连接是将一个表看做是两张完全相同的表进行连接查询。

【例 6.34】查询“李敏”所在院系所有学生的信息。

```
USE studentdb
SELECT st1.*
FROM student as st1,student as st2
WHERE st1.sdepartment=st2.sdepartment and st2.sname='李敏'
```

其查询结果如图 6–36 所示。

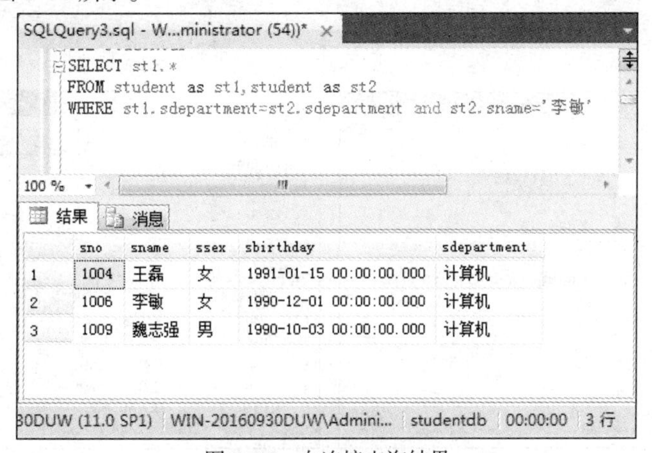

图 6–36　自连接查询结果

需要注意的是，在使用自连接时因为是将一个表看成不同的两个表进行连接，所以需要对表设定别名。

6.4.5 合并结果集

使用 UNION 关键字可以将多个查询结果合并到一个数据集中。通常这些查询分别是针对不同的表进行的，因此使用 UNION 关键字可以实现多表查询。

使用 UNION 对表查询不是将各个表的相关列并排显示出来，而是各表中的查询数据行顺序排列在同一个数据集中。要求对合并的表分别选择相同数目的列，对应顺序列的数据类型也必须一致或者可以相互兼容。

【例 6.35】 将 student 表和 teacher 表的信息合并在一个数据集中显示。第一列显示学号或者职工号，第二列显示学生姓名或者教师姓名，第三列显示学生所在系或者教师职称。

其程序如下：

```
USE studentdb
SELECT sno,sname,sdepartment
FROM student
UNION
SELECT tno,tname,tduty
FROM teacher
```

执行结果如图 6-37 所示，由图 6-37 可以看出，在使用 UNION 运算符时，合并后的结果集中的列名取第一个查询结果集的列名。所以，通常要在第一个查询语句中创建列的别名，如图 6-38 所示。

使用别名程序如下：

```
USE studentdb
SELECT sno as 学号或者职工号,sname as 姓名,sdepartment as 系部或者职称
FROM student
UNION
SELECT tno,tname,tduty
FROM teacher
```

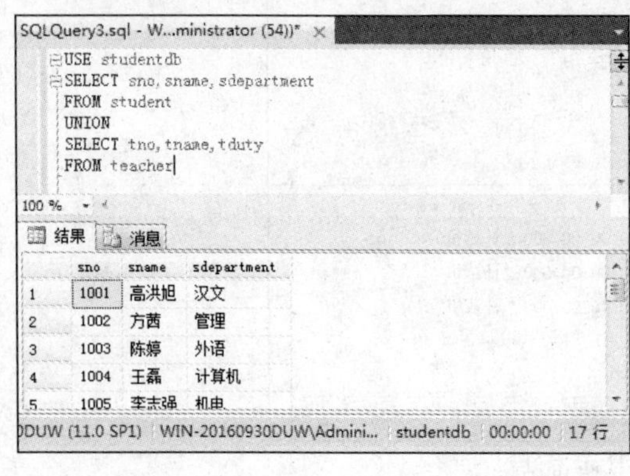

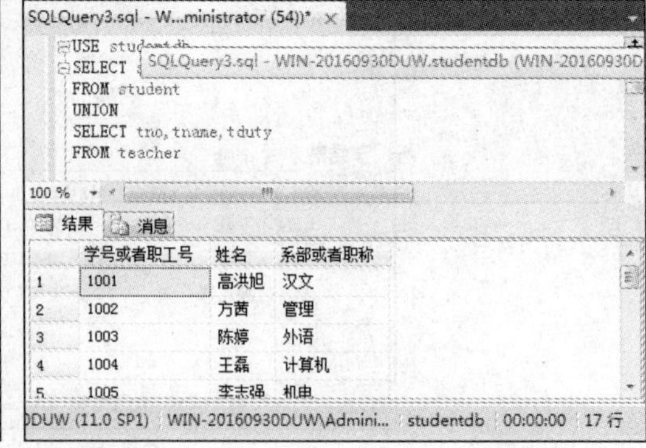

图 6-37 使用 UNION 合并查询结果集

图 6-38 在合并结果集中使用别名

6.5 嵌套查询

在一个查询语句中包含另外一个或者多个查询语句称为嵌套查询。其中，外层的查询语句为主查询语句，内层的查询语句为子查询语句。嵌套查询的执行过程是：首先执行子查询语句，将得到的查询结果集传递到外层查询中，作为外层查询语句的查询项或查询条件使用。

子查询通常出现在外层主查询的 WHERE 子句中，也可以出现在外层主查询的 SELECT 子句或者 HAVING 子句中。下面分别举例说明。

【例 6.36】查询 student 表中所有同学选修的课程数。

```
USE studentdb
SELECT sname,(SELECT COUNT(*) FROM choice WHERE choice.sno=student.sno) as 选修课程数
FROM student
```

其查询结果如图 6-39 所示。

【例 6.37】查询 choice 表中分数低于平均分的学生的学号。

```
USE studentdb
SELECT DISTINCT sno as 分数低于平均分者
FROM choice
WHERE score<(SELECT AVG(score) FROM choice)
```

其查询结果如图 6-40 所示。

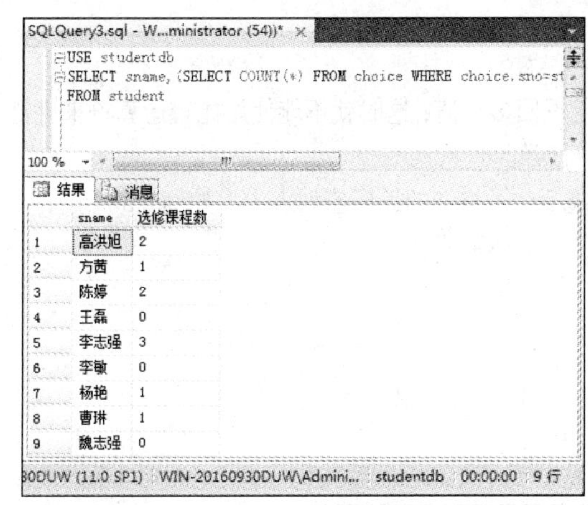

图 6-39 在 SELECT 子句中使用子查询

图 6-40 在 WHERE 子句中使用子查询

需要强调的是，不能直接将聚合函数用在 WHERE 子句中，如像下面这样的程序系统将报错。

```
USE studentdb
SELECT DISTINCT sno as 分数低于平均分者
FROM choice
WHERE score<AVG(score)
```

【例 6.38】显示管理系每个学生的平均分数。

```
USE studentdb
SELECT sno as 学号,AVG(score) as 平均分
FROM choice
```

```
GROUP BY sno
HAVING sno IN(SELECT sno FROM student WHERE sdepartment='管理')
```

其查询结果如图 6-41 所示。

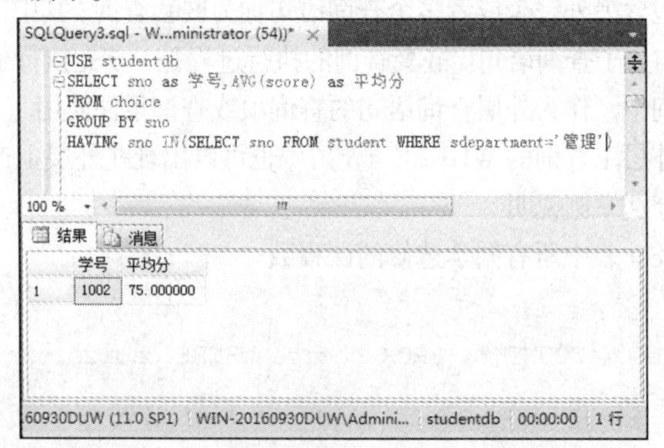

图 6-41　在 HAVING 子句中嵌入子查询

需要强调的是，如果某个表只出现在子查询中而没有在外层查询中出现，那么该表中的列不能出现在外层查询的 SELECT 子句的查询列表中。如本例不能在外层查询中显示 student 表中的学生姓名。

6.5.1　带比较运算符的子查询

如果子查询的 SELECT 子句中只有一项，并且根据检索限定条件只有一个值相匹配。那么，子查询将只返回一个单值。这种情况我们可以直接使用比较运算符进行匹配，如例 6.37 所示。

6.5.2　带有 IN 关键字的子查询

如果子查询的 SELECT 子句中只有一项，但可能返回多个值，这时就不能使用比较运算符来进行匹配筛选，我们可以使用 IN 或 NOT IN 关键字来进行匹配。

IN 或 NOT IN 关键字用于确定查询条件是否在或不在子查询的返回值列表中，如例 6.38 所示。

【例 6.39】查询在 choice 表中不存在的学生姓名和所在系信息。

```
USE studentdb
SELECT sname,sdepartment
FROM student
WHERE sno NOT IN(SELECT sno FROM choice)
```

其查询结果如图 6-42 所示。

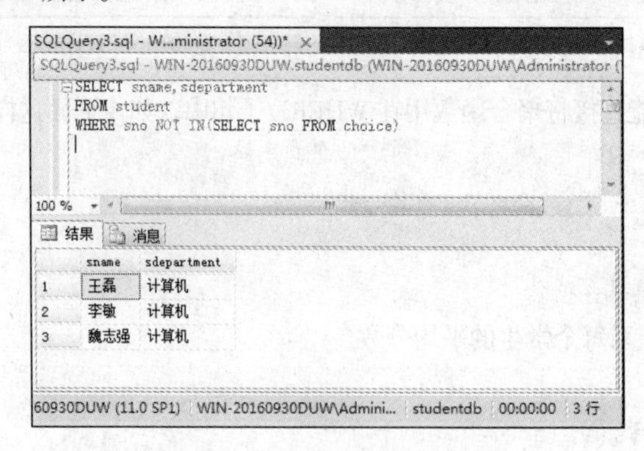

图 6-42　用 NOT IN 匹配子查询列表

如果将 NOT IN 换成比较运算符“<>”，则系统会报错。

6.5.3 带有 ANY 或 ALL 关键字的子查询

另外，我们还可以使用 ANY 关键字引入子查询列表。“=ANY”可以代替 IN 关键字来使用，除了“=”还可以使用其他比较运算符与 ANY 组合。比较运算符和 ANY 的组合功能更加强大，使用更加灵活。

用 ANY 引入子查询时，外层查询按特定的比较运算符，用指定数据与子查询值列表中的每个值进行比较，只要有一个比较为真，返回值就为真。

【例 6.40】创建与 choice 表结构相同的表 choice1 表，并输入如图 6–43 所示数据。分析以下程序的结果。

```
USE studentdb
SELECT sno,cno,score
FROM choice1
WHERE score>ANY(SELECT score FROM choice WHERE score>60)
```

查询结果如图 6–44 所示。可以看出，在 choice1 表中的 61 分并没有显示到查询结果中，请读者分析一下。

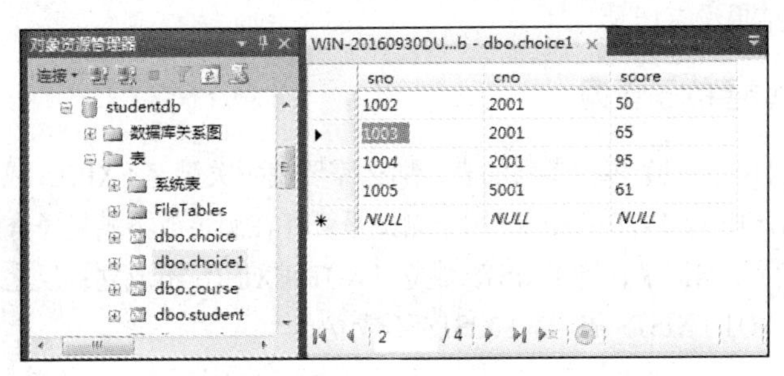

图 6–43　choice1 表的数据

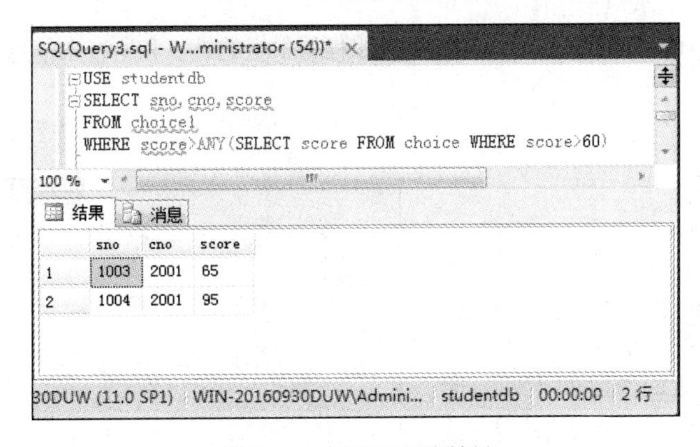

图 6–44　例 6.40 查询结果

说明：关键字 ANY 也可以用 SOME 替代，与 ANY 含义相同。

除了 ANY 我们还可以用 ALL 引入子查询值列表。ALL 引入子查询列表时，外层查询按特定的比较运算符，用指定数据与子查询列表中所有值进行比较，只有所有的比较结果都为真值是，返回结果才为真。

我们用一个简单的例子比较 ALL 与 ANY 的区别。

>ANY(1,2,3):表示大于列表中任何一个值，即大于 1 即可。

>ALL(1,2,3):表示大于列表中所有值，即需要大于 3。

如果将例 6.40 中的 ANY 改成 ALL，那么其查询结果如图 6-45 所示。

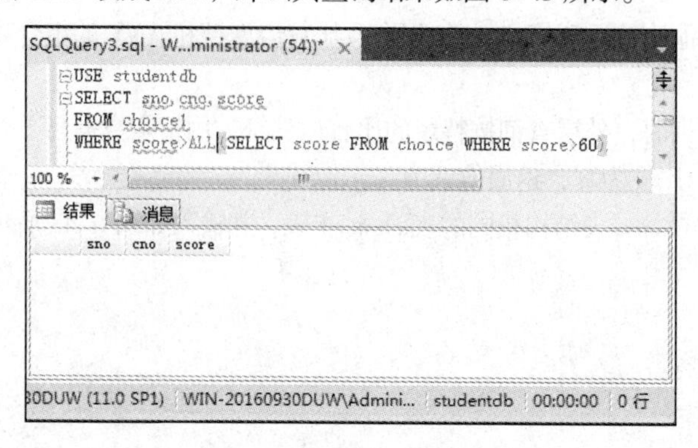

图 6-45　用 ALL 引入子查询列表结果

由图 6-45 查询结果并参考 choice 表数据可知，只有当分数大于 choice 表中最高分 100 才能满足要求，所有本例查询结果没有记录。

6.5.4　带 EXISTS 关键字的子查询

如果子查询的结果集是一个多行多列的表，那么需要使用关键字 EXISTS 或 NOT EXISTS 引入该子查询的结果集。EXISTS 或 NOT EXISTS 用于测试是否存在满足或不满足子查询条件的数据行，如果子查询至少返回一行数据记录，则 EXISTS 成立，NOT EXISTS 不成立；反之，如果子查询没有一行数据记录返回，则 NOT EXISTS 成立，EXISTS 不成立。

其语法格式为：

```
WHERE [NOT] EXISTS(子查询)
```

【例 6.41】查询 student 表中选修“2002”号课程的学生的姓名和所在系信息。

程序如下：

```
USE studentdb
SELECT sname,sdepartment
FROM student
WHERE EXISTS
(SELECT * FROM choice WHERE sno=student.sno AND cno='2002')
```

本例由于子查询返回多行多列数据，所以外层主查询使用 EXISTS 来测试是否有数据存在。如果存在，则将 student 表中学号对应的学生的名字和系部显示出来，其查询结果如图 6-46 所示。

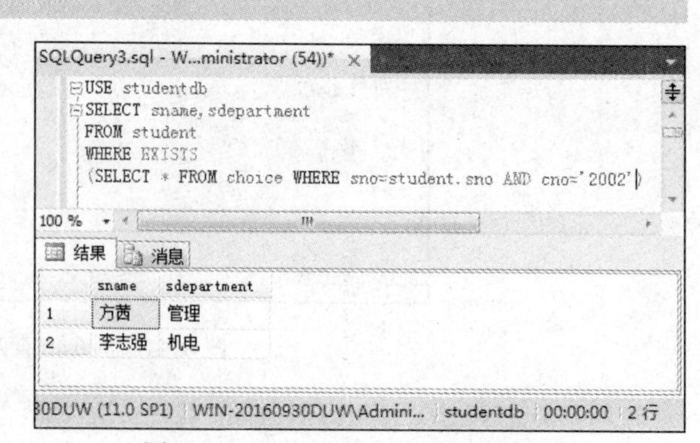

图 6-46　用 EXISTS 引入子查询结果集

6.5.5 UPDATE、DELETE和INSERT语句中的子查询

实际我们还可以利用UPDATE、DELETE和INSERT语句使用查询改变数据表中的数据。下面通过几个例题来介绍具体方法。

【例6.42】向choice1表中插入choice表中所有课程号为“2003”的记录。

其程序如下：

```
USE studentdb
INSERT INTO choice1
SELECT *
FROM choice
WHERE cno='2003'
```

其执行结果如图6-47所示，通过查询choice1表可知已经插入两条新的记录。

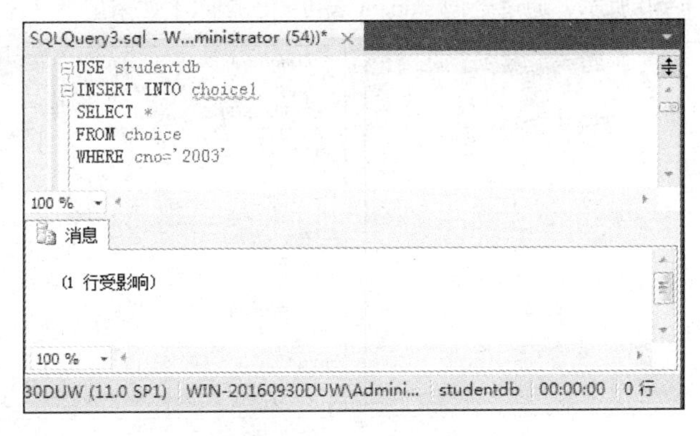

图6-47 INSERT语句中嵌套查询语句

【例6.43】将choice1表中管理系和外语系学生的成绩加0.5分。

其程序如下：

```
USE studentdb
UPDATE choice1
SET score=score+0.5
WHERE sno in(SELECT sno FROM student WHERE sdepartment in('管理','外语'))
```

其执行结果如图6-48所示，通过查询choice1表可知已修改了两条记录。

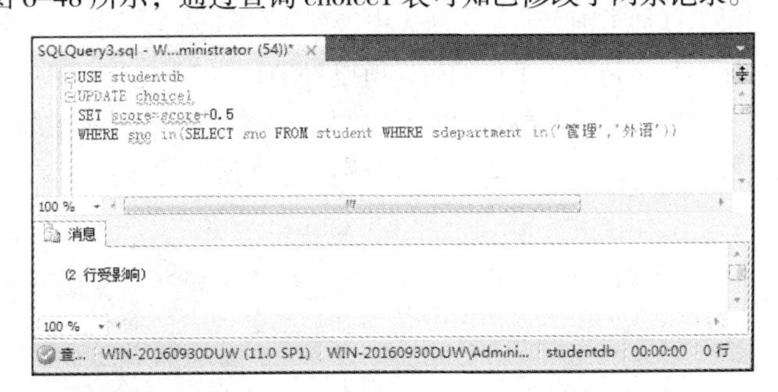

图6-48 UPDATE语句的WHERE中嵌套查询语句

【例6.44】将course表中cscore字段为空值的记录，用表中cscore的平均值填充。

其程序如下：

```
USE studentdb
UPDATE course
SET cscore=(SELECT AVG(cscore) FROM course)
WHERE cscore IS NULL
```

其执行结果如图 6-49 所示，通过查询 course 表可知已修改了一条记录。

【例 6.45】从 student 表中删除在 choice 表中没有对应学号的记录。

其程序如下：

```
USE studentdb
DELETE FROM student
WHERE sno NOT IN(SELECT sno FROM choice)
```

其执行结果如图 6-50 所示，通过查询 student 表可知已删除了 3 条记录。

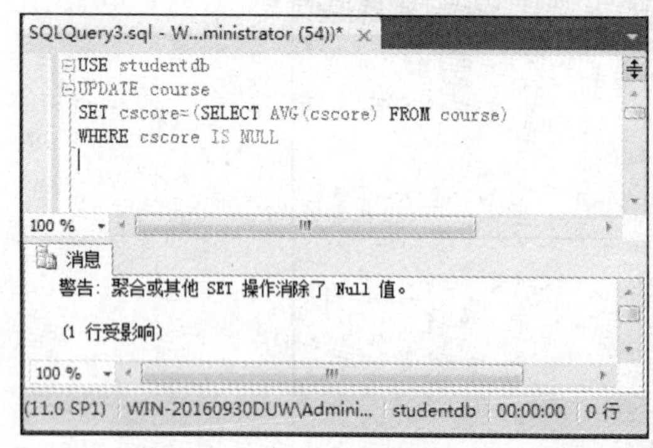

图 6-49　UPDATE 语句的 SET 中嵌套查询语句

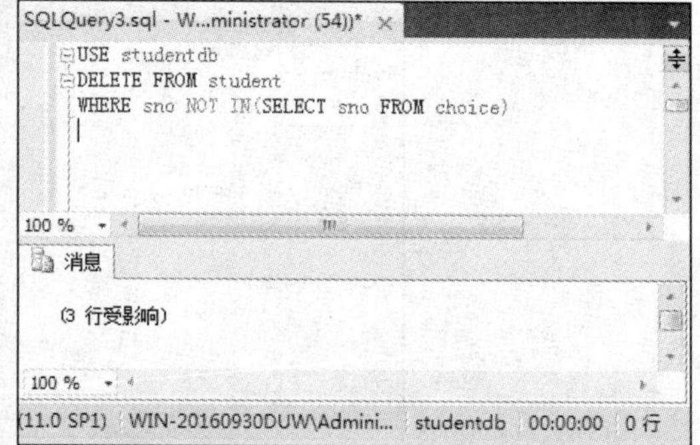

图 6-50　DELETE 语句的 WHERE 中嵌套查询语句

6.6　使用 INTO 子句创建表

SELECT 语句中的 INTO 子句可以创建一个新表，然后将查询返回的结果集插入到新表中。

其语法格式如下：

```
INTO new_table name
```

INTO 子句创建的新表中，表的结构由查询语句中的查询项决定。在新表中列的名称取决于查询语句中的查询列表。如果某列加了别名，那么新表中该列的名称就是该别名，否则与原列名相同。需要注意的是，因为 COMPUTE 语句产生单独的行，所以 INTO 子句不能与 COMPUTE 子句一起使用。

【例 6.46】查询 score 大于平均分学生的姓名、性别、选修课程编号和成绩。并将查询结果集组成一个名为 table1 的新数据表，表中各字段的名称分别为上面所述的名称。

```
USE studentdb
SELECT s.sname as 姓名,s.ssex as 性别,c.cno as 选修课程号,c.score as 成绩
INTO table1
FROM student as s,choice as c
WHERE s.sno=c.sno and c.score>(SELECT AVG(score) FROM choice)
```

其执行结果如图 6-51 所示，通过查询 table1 表来验证它确实存在。

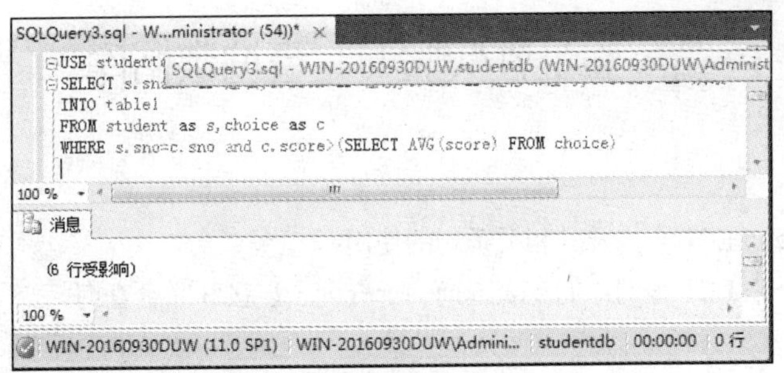

图 6–51 查询结果集创建成新表

单元总结

本单元的主要内容是SELECT语句的应用，SELECT语句是SQL Server中最基本最重要的语句之一，其基本功能是从数据库中检索出满足条件的记录。通过本单元的学习，希望大家能够掌握SQL语句并且能在实际数据库程序设计中灵活使用。

习 题

一、选择题

1. 下面（　　）语句是数据操纵语句。

   A. CREATE　B. SELECT　C. UPDATE　D. GRANT

2. 在SELECT语句中，下列（　　）子句用于将查询结果存储在一个新表中。

   A. SELECT　B. INTO　C. FROM　D. WHERE

3. 在SELECT语句中，下列（　　）子句用于对分组统计进一步设置条件。

   A. ORDER BY　B. WHERE
   C. GROUP BY　D. HAVING

4. 在SQL Server中不能在（　　）中嵌入子查询。

   A. SELECT子句　B. GROUP BY子句
   C. WHERE子句　D. HAVING子句

二、填空题

1. SQL语言支持关系数据库的三级模式结构分别是________、________和________。

2. 查询可分为________和________两类。

3. 如果希望查询时在返回的结果集中部出现重复行，可以在SELECT子句中使用关键字________；如果希望在分组后将不满足WHERE子句条件的组也列出来，可以在GROUP BY子句中使用关键字________。

三、判断题

1. SELECT语句不但可以完成简单的单表查询，也可以完成复杂的多表查询。（　　）

2. 在SQL Server系统中，空值并不代表空格或0，而是表示数据的值为空或不可用。（　　）

3. GROUP BY子句的作用是将记录一句设置的条件分成不同的组。（　　）

验证性实验 6　查询数据库

一、实验目的

1. 掌握基本的 SELECT 查询及其相关子句的使用。
2. 掌握复杂的 SELECT 查询，如多表查询、子查询、连接和联合查询。

二、实验内容

1. 涉及多表的简单查询。
2. 涉及多表的复杂查询。

三、实验步骤

1. 在 SQL Server Management Studio 管理器中新建查询，并选择要操作的数据库，如“XSCJ”数据库。

2. 分别输入以下查询命令，并记录查询结果。

在 KC 表中查询学分低于 3 的课程信息，并按课程号升序排列。

```
SELECT * FROM  KC
WHERE  KC.学分<3
ORDER  BY 课程号
```

在 XS_KC 表中按学号分组汇总学生的平均分，并按平均分的降序排列。

```
SELECT 学号,平均分=AVG(成绩) FROM  XS_KC
GROUP BY  学号
ORDER BY  平均分 DESC
```

在 XS_KC 表中查询选修了 3 门以上课程的学生学号。

```
SELECT 学号 FROM XS_KC
GROUP BY  学号
HAVING COUNT(*)>3
```

按学号对不及格的成绩记录进行明细汇总。

```
SELECT 学号,课程号,成绩 FROM  XS_KC
WHERE  成绩<60
ORDER BY 学号
COMPUTE  COUNT(成绩)
BY  学号
```

分别用子查询和连接查询，求 107 号课程不及格的学生信息。

用子查询：

```
SELECT  学号,姓名,联系电话  FROM XSQK
WHERE 学号 IN
( SELECT 学号
  FROM XS_KC
  WHERE  课程号='107'AND  成绩<60)
```

用连接查询：

```
SELECT 学号,姓名,联系电话  FROM XSQK
JOIN XS_KC  ON XSQK.学号=XS_KC.学号
WHERE 课程号='107'AND  成绩<60
```

用连接查询在 XSQK 表中查询住在同一寝室的学生，即其联系电话相同

```
SELECT A.学号,A.姓名,A.联系电话  FROM  XSQK A JOIN XSQK  B
ON  A.联系电话=B.联系电话  WHERE   A.学号!=B.学号
```

3. 请自己完成以下查询并记录查询结果。

（1）查询与韩科同一个系的同学姓名。

（2）统计每门课程的选课人数和最高分。

（3）统计每个学生的选课门数和考试总成绩，并按选课门数的降序排列。

（4）查询计算机系男生选修了“数据库原理及应用”课程的学生的姓名、性别、成绩。

（5）查询哪些学生的年龄相同，要求列出年龄相同的学生的姓名和年龄。

（6）查询哪些课程没有人选，要求列出课程号和课程名。

（7）查询计算机系学生所选的课程名。

第7单元

视　图 ‹‹‹

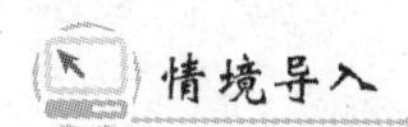

前面已经介绍了如何进行数据查询，通常有些查询需要经常进行，这样就会出现这样一种情况，同一个查询操作多次重复出现。为了使用方便，我们通常把许多常常使用的查询结果保存成视图。现要求把学校管理信息系统中经常使用的查询结果创建成视图。

视图是一种数据库对象，其中保存的是对一个或多个数据表（或其他视图）的查询定义。下面我们通过以下内容来认识什么是视图以及如何创建和管理视图。

知识目标和能力目标

知识目标

(1) 了解 SQL Server 2012 视图的特点。

(2) 掌握视图的创建、修改和删除操作。

(3) 掌握通过视图修改基本表中数据的方法。

能力目标

1. 专业能力

(1) 掌握如何设计视图。

(2) 理解数据表与视图之间的关系。

2. 方法能力

(1) 掌握创建视图的方法。

(2) 掌握通过视图修改表中数据的方法。

视图是一种比较常用的数据库对象。有了视图，用户可以从多种角度观察数据库中的数据关系。本单元主要介绍了视图的特点和如何创建视图，让用户对视图做一个基本的了解，然后再结合实例详细介绍关于视图的其他操作。

7.1　视图的特点

视图是关系数据库系统提供给用户从多角度观察数据库中数据的重要机制，是一种比较常用的数据库对象，视图是保存在数据库中的一组查询，它为用户提供了一种查看和存放数据的途径。

视图是用户查看数据库中数据的一种方式，视图是一个虚拟的表，其中的数据是一个或多个表的子集。需要注意的是，一个视图看起来像一个表，甚至基本操作也类似表，但它并不是表，它是一组SQL语句所返回的执行结果，本身并不存储任何的数据。

视图有以下几个特点：

（1）检索特定的数据，并达到保护数据安全性的目的。一个数据表通常存放了关于某个对象的所有数据。在进行数据检索时，一般可以看到数据表中的全部数据，实际上，对于不同的用户来说，他所要求看到的数据并不一定是全部，而是某一部分。在这种情况下，用户可以利用一些限制条件，从表中检索出想要的数据；另外，还可以通过控制不同用户的权限，实现保护数据安全的目的。

（2）简化数据查询和处理操作。一般情况下，用户所查询或处理的数据都会是互相联系的多个表的操作，这些操作也都很烦琐，甚至会多次重复执行。此时，用户可以将这些内容设计到一个视图当中，来简化重复操作，这也就类似于程序设计中的自定义函数。

（3）对数据的安全保护。有了视图机制，可以在设计数据库系统时，对不同的用户定义不同的视图，使对于某些用户保密的数据不会出现在其相应的视图中，从而起到保护数据的目的。

7.2 视图的创建

7.2.1 创建视图的条件和注意事项

在 SQL Server 2012 中，使用 Transact-SQL 语句中的 CREATE VIEW 命令或利用 SQL Server Management Studio 都可以创建视图。如果用户需要创建视图，数据库的所有者必须给用户授予相应的权限，如创建视图权限、操作视图所引用的数据表的权限等。

在创建视图前还应该注意以下几点：

（1）视图名字必须满足标识符的命名规则，且对于每个用户必须唯一。

（2）只能在当前的数据库系统上创建视图。但如果使用分布式查询来定义视图，则新视图所引用的数据表或视图都可以存在于其他数据库中。

（3）可以在其他视图和应用视图的过程之上建立新视图。

（4）不能将默认或规则定义域视图相关联。

（5）定义视图的查询不可以包含 ORDER BY、COMPUTE 或 COMPUTE BY 子句。

（6）不能将 AFTER 触发器与视图相关联，只有 INSTEAD OF 触发器可以与之相关联。

（7）不能创建临时视图，也不能在临时表上创建视图。

（8）不能在视图上定义全文索引。

7.2.2 在对象资源管理器中创建视图

利用 SQL Server Management Studio 向导创建视图的步骤如下：

（1）启动 SQL Server Management Studio，选择服务器，单击加号（+），展开数据库→database（某一个数据库名称）→视图，右击视图，系统会弹出如图 7-1 所示的快捷菜单。

（2）选择“新建视图”命令，弹出如图 7-2 所示的对话框。在此对话框中选择相关联的表。

（3）选择需要视图的表名，单击“添加”按钮，弹出如图 7-3 所示的对话框，在此对话框中显示出了新增加表的所有字段。

（4）添加完成后单击“关闭”按钮，弹出如图 7-4 所示的完成表添加窗口，此时，用户可以选择要在视图中显示的一个或多个字段名。

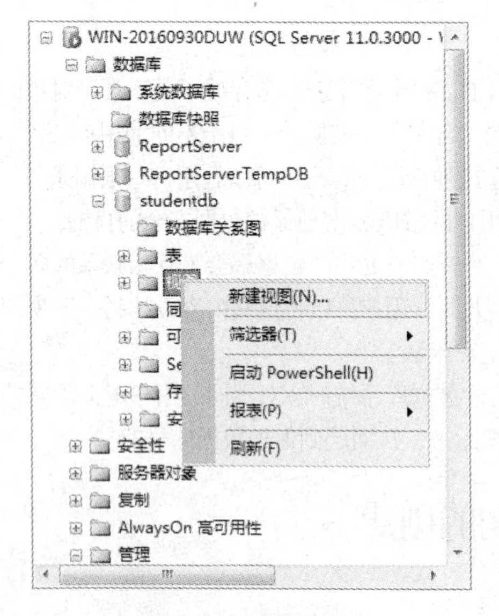

图 7-1　新建视图菜单

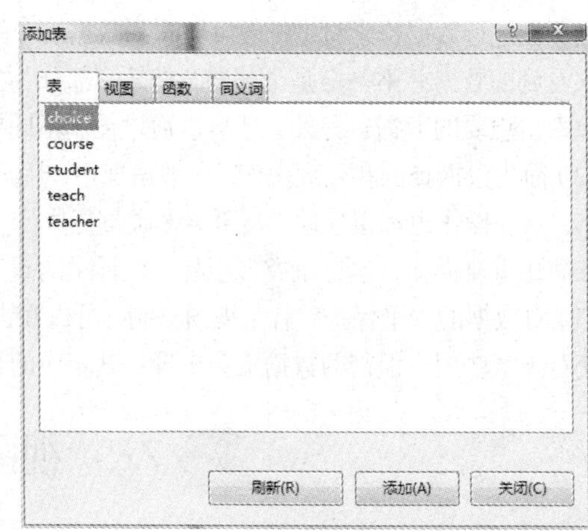

图 7-2　选择表窗口

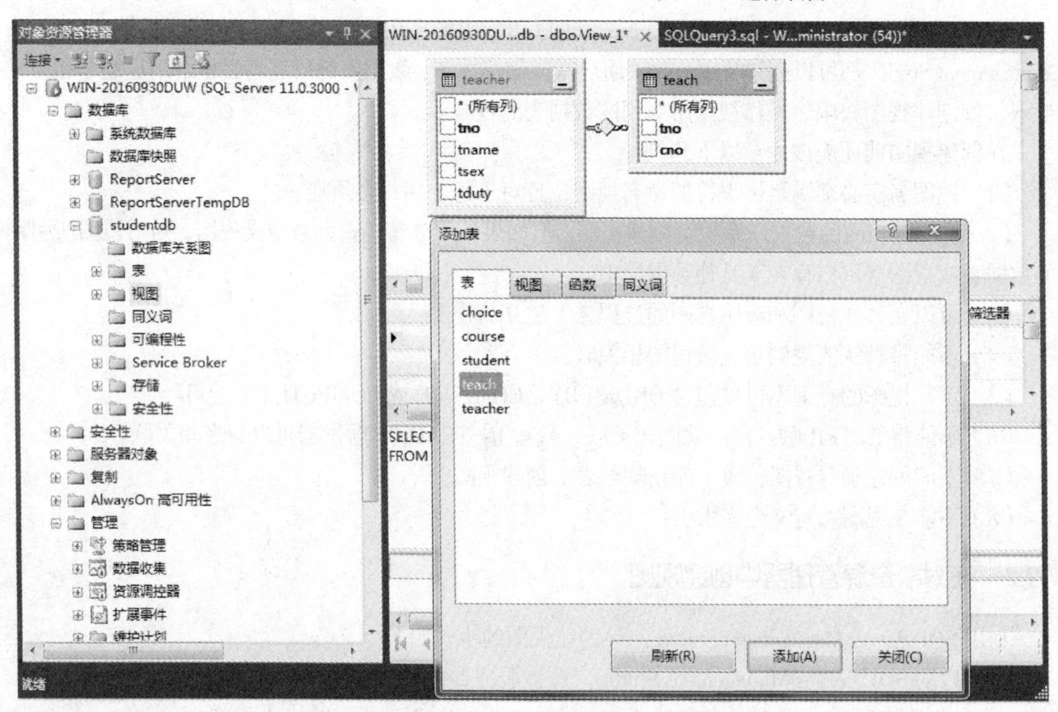

图 7-3　添加表后窗口

（5）右击表头，弹出如图 7-5 所示的快捷菜单，选择“保存视图”命令，在弹出的对话框中输入视图名称，单击“确定”按钮完成保存，如图 7-6 所示。

从以上的过程可以看出，在 SQL Server 2012 中利用 SQL Server Management Studio 向导建立视图时，所有的操作都是可视化的视图方式，过程简单方便。

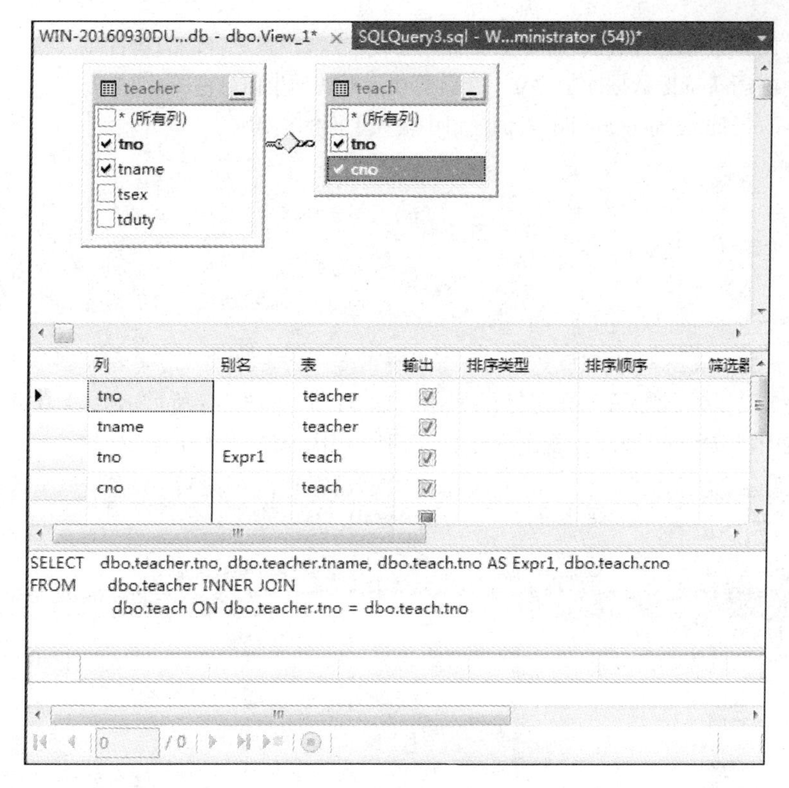

图 7–4 选择字段窗口

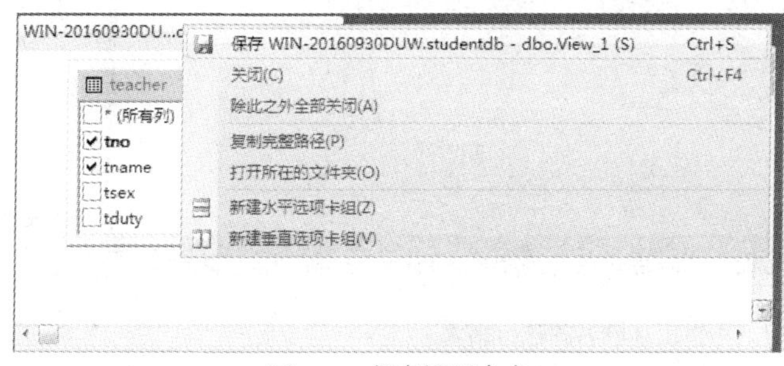

图 7–5 保存视图命令

图 7–6 输入视图名称窗口

7.2.3 使用 CREATE VIEW 语句创建视图

除了利用 SQL Server Management Studio 以外，还可以在查询窗口中使用 Transact–SQL 语句中的 CREATE VIEW 命令来建立视图。语法格式如下：

```
CREATE VIEW 视图名[（字段名）[,…N]]
AS
SELECT 查询语句
```

其中，“视图名”为用户所创建的视图的名称，必须指定。“字段名”为创建视图的列名，可以省略。当省略该参数时，新建视图的结构将与 SELECT 语句所返回的记录集结构相同。在下列三种情况下，必须明确指定视图的字段名：

（1）SELECT 子句中的某个列不是单纯的字段，而是由函数或算术表达式计算得到的。

（2）多表连接时选出了两个或两个以上同名字段作为视图的字段。

（3）为了增加程序的可读性，需要在视图中为某个字段设置更合适的新名称。

【例 7.1】在 studentdb 数据库中建立一个计算机专业的学生信息视图。

在 SQL Server Management Studio 查询窗口中输入下面的语句：

```
USE studentdb
GO
CREATE VIEW 计算机系学生信息表
AS
SELECT * FROM student
WHERE sdepartment='计算机';
```

命令执行成功以后，刷新数据表，打开刚刚建立的视图，如图 7–7 所示，从结果中我们可以看到，在没有指定视图字段名的情况下，视图中显示的字段与引用表中的字段是一样的。

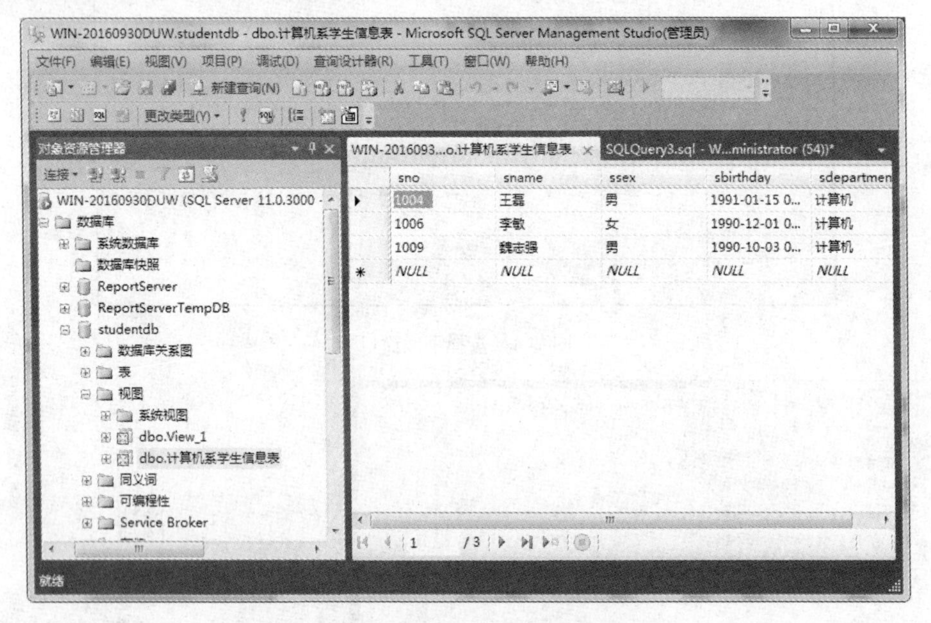

图 7–7　不指定字段名的执行结果

【例 7.2】在 studentdb 数据库中建立一个计算机系的学生信息视图，并指定字段别名。

在 SQL Server Management Studio 查询窗口中输入下面的语句：

```
USE studentdb
GO
CREATE VIEW 所有学生成绩信息表(学号,姓名,性别,专业,课程名称,成绩)
AS
SELECT student.sno,sname,ssex,sdepartment,cname,score
FROM student,choice,course
WHERE student.sno=choice.sno AND choice.cno=course.cno;
```

在本例中，不仅仅定义了视图的名称，还指定了视图中字段的别名，从而显示了与引用表中不同的字段名字，显示的内容一目了然。本例是在 3 个表的基础上建立的视图，对该视图所作的任何修改都会同时影响到三个基表。执行结果如图 7–8 所示。

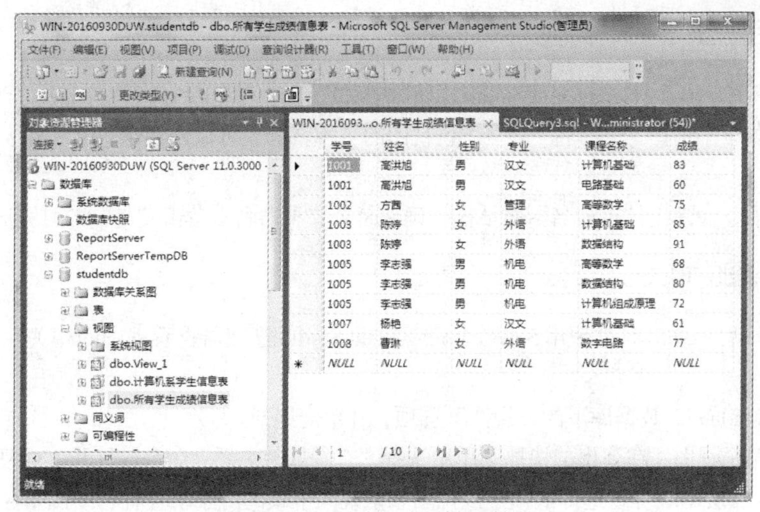

图 7-8 指定字段名的执行结果

7.3 视图的管理和维护

7.3.1 查看视图的定义信息

新的视图创建好以后，系统表中会保存该视图的信息。SQL Server 2012 允许用户通过查看系统表获得视图的名称、视图的所有者、创建视图的时间以及视图定义等有关信息。

可以通过 SQL Server Management Studio 管理器来查看系统表中保存的视图信息。其操作步骤如下：

（1）选择 studentdb 数据库下的“视图”选项，并单击展开。

（2）如果要查看视图的基本信息，如视图的名称、所有者、创建日期等，可以右击某个视图，在弹出的快捷菜单中选择“属性”命令，打开视图“视图属性”对话框，如图 7-9 所示。从中查看视图的创建日期、所有者及权限等信息。

图 7-9 “视图属性”窗口

7.3.2 重命名视图

还可以在SQL Server Management Studio管理器中对现有的视图重新命名。右击要修改名称的视图，在弹出的快捷菜单中选择“重命名”命令，该视图的名称就变成可输入状态，可以直接输入新的视图名称。

修改完成后，会弹出“重命名”对话框，确认是否要重命名，单击“是”即可完成重命名操作。

7.3.3 查看视图的相关性

视图创建好后，可以通过 SQL Server Management Studio 管理器查看视图的相关性。其操作步骤如下：

（1）选择 studentdb 数据库下的“视图”选项，并单击展开。

（2）右击某个视图，在弹出的快捷菜单中选择“查看依赖关系”命令，打开“对象依赖关系”对话框，如图 7-10 所示。可以选择依赖于该视图和该视图依赖的对象来查看和该视图存在依赖关系的数据库对象。

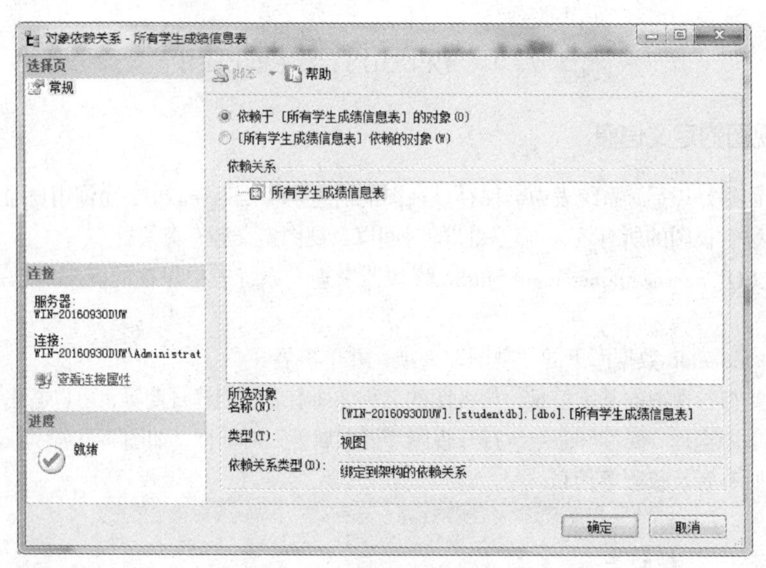

图 7-10 “对象依赖关系”窗口

7.3.4 修改视图

对于一个已经建立好的视图，SQL Server 2012 提供了两种修改方式：一种是利用 Transact-SQL 语句中的 ALTER VIEW 命令；另一种是 SQL Server Management Studio 对象资源管理器向导。

1. 使用 ALTER VIEW 命令修改视图

ALTER VIEW 的完整语法格式如下：

```
ALTER VIEW 视图名[（字段名）[,…N]]
AS
SELECT 查询语句
```

ALTER VIEW 语法结构与 CREATE VIEW 完全相同，唯一区别是修改视图的视图名必须是已经存在的。

【例 7.3】修改例 7.1 中创建的计算机系学生信息表，去掉 sbirthday 字段，并为其余保留的字段加上别名。

在 SQL Server Management Studio 查询窗口中输入下面的语句：

```
USE studentdb
GO
ALTER VIEW 计算机系学生信息表(学号,姓名,性别,专业)
AS
SELECT sno,sname,ssex,sdepartment
FROM student
WHERE sdepartment='计算机';
```

修改后的视图如图 7–11 所示。

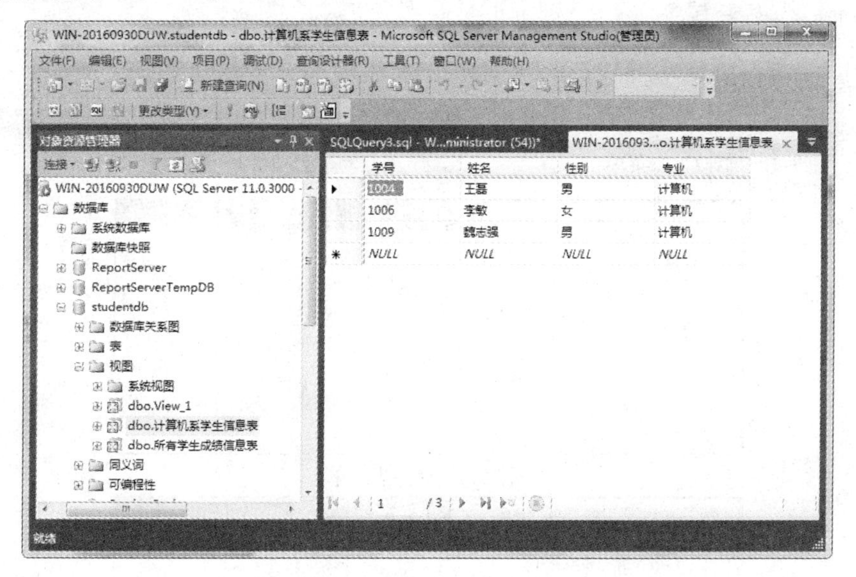

图 7–11 使用 ALTER VIEW 修改试图执行结果

2. 使用 SQL Server Management Studio 对象资源管理器向导修改视图

步骤如下：

（1）启动 SQL Server Management Studio，选择服务器，单击加号（+），展开数据库→database（某一个数据库名称）→视图，右击需要修改的视图，系统会弹出如图 7–12 所示的快捷菜单。

（2）选择“设计”命令，弹出如图 7–13 所示的视图信息界面，对于引用表中的每个字段，可以通过选中或取消选择“输出”复选框来控制是否将结果显示在记录集中。

（3）如果需要在视图中删除某个引用表或视图，可在应用表或视图的标题框上右击，选择“删除”命令即可删除，如图 7–14 所示。

（4）如果需要在视图中添加视图或新的引用表，可以在窗口空白处右击，选择“添加表”命令，如图 7–15 所示在之后弹出的“添加表”对话框中选择需要的表或视图即可。

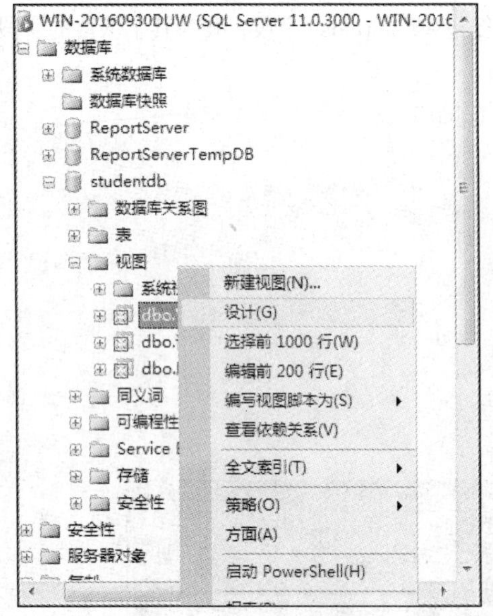

图 7-12　修改视图菜单

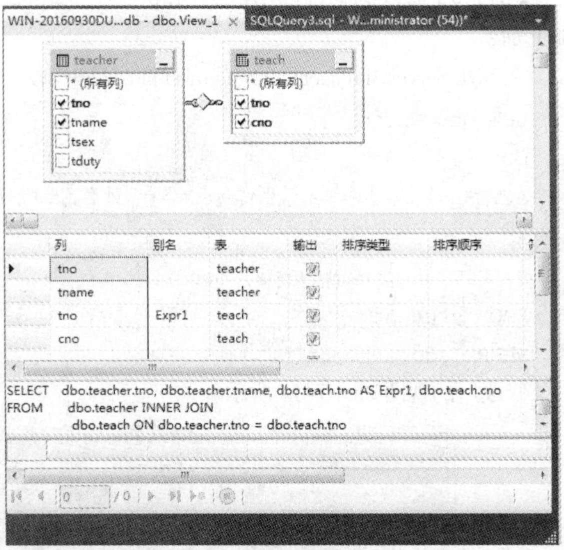

图 7-13　修改视图窗口

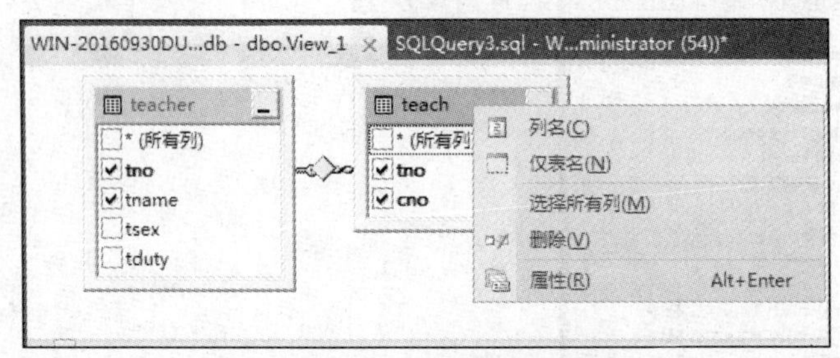

图 7-14　删除表菜单

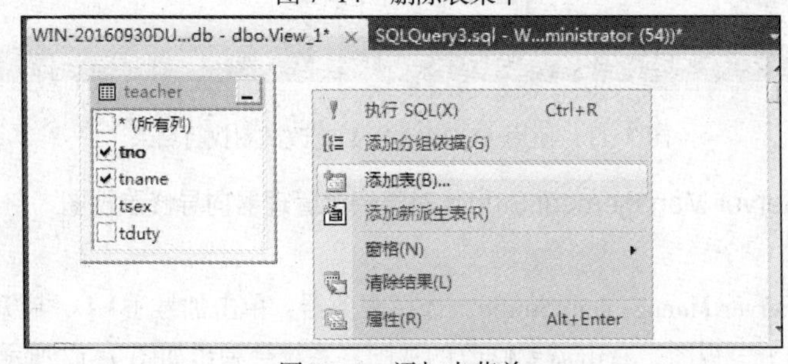

图 7-15　添加表菜单

7.3.5　删除视图

基本数据表被删除以后，由它所导出的视图并没有删除。当视图删除后，该视图的定义将从数据字典中删除，但是由该视图所导出的其他视图也还仍然存在。只是用户在引用已删除的试图或数据表时会提示出错。

1. 使用 SQL Server Management Studio 对象资源管理器向导删除视图

步骤如下：

（1）启动 SQL Server Management Studio，选择服务器，单击加号（+），展开数据库→database（某一个数据库名称）→视图，右击需要删除的视图，系统会弹出如图 7-16 所示的快捷菜单。

（2）选择“删除”命令，弹出如图 7-17 所示的“删除对象”窗口。单击“确定”按钮即可完成删除操作。

2. 使用 DROP VIEW 语句删除视图

DROP VIEW 语句用于从当前数据库中删除一个或者多个视图，其语法格式为：

```
DROP VIEW {视图名} [,…N]
```

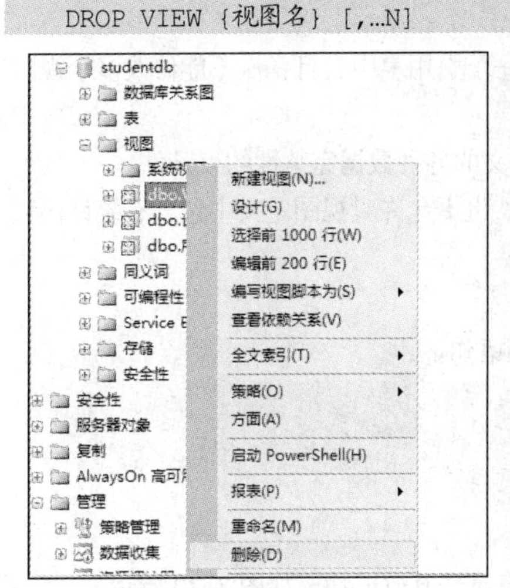

图 7-16 删除视图快捷菜单

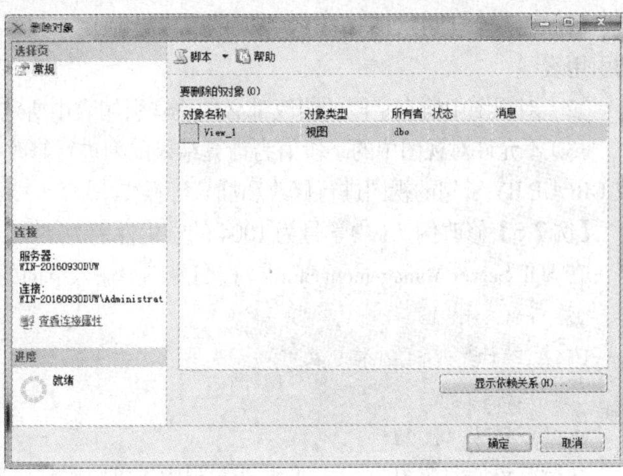

图 7-17 “删除对象”窗口

【例 7.4】删除例 7.2 所建立的所有学生成绩信息表视图。

在 SQL Server Management Studio 查询窗口中输入下面的语句：

```
USE studentdb
DROP VIEW 所有学生成绩信息表
```

执行结果如图 7-18 所示。执行完毕，刷新数据库以后可以发现，视图中所有学生成绩信息表视图已经被删除。

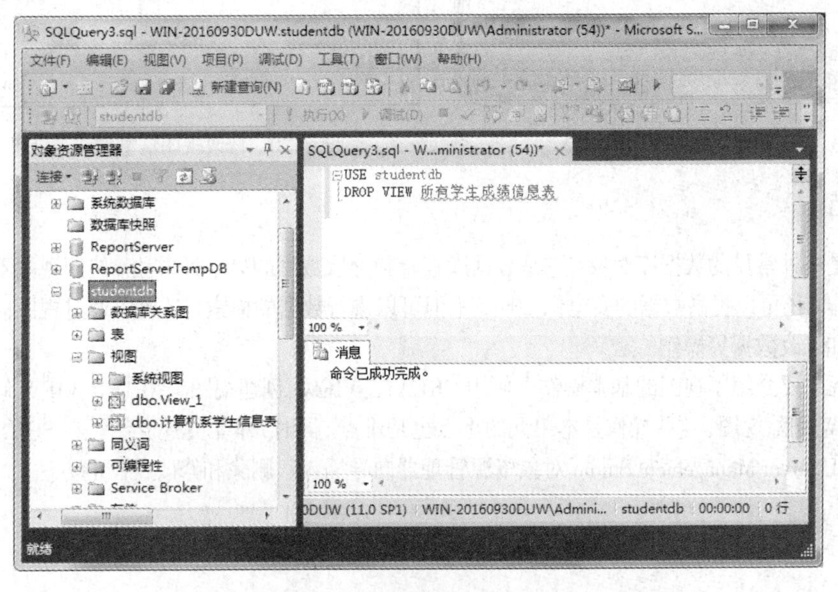

图 7-18 删除视图执行结果

7.4 通过视图修改基本表中的数据

在 SQL Server 中通过视图不但可以检索数据表中的数据信息，还可以向表中添加或修改数据，但是所插入的数据必须符合数据表中所定义的各种约束和规则。

通过视图修改数据时，需要注意以下几点：

（1）在一个 UPDATE 语句中修改的字段必须隶属于同一个引用表中，且一次不能修改多个视图的引用表。

（2）对视图中所有字段的修改都必须遵守引用表中所定义的各种数据完整性约束条件。

（3）不允许对视图中的字段值为计算结果的列进行修改，也不允许对视图定义中包含有统计函数或 GROUP BY 子句的视图进行修改和插入等操作。

【例 7.5】修改例 7.1 中学号为 1004 的学生性别为“女”。

在 SQL Server Management Studio 查询窗口中输入下面的语句：

```
USE studentdb
UPDATE 计算机系学生信息表
SET 性别='女'
WHERE 学号='1004'
```

执行结果如图 7-19 所示。此时查看视图，可以看到信息已经修改成功，如图 7-20 所示。

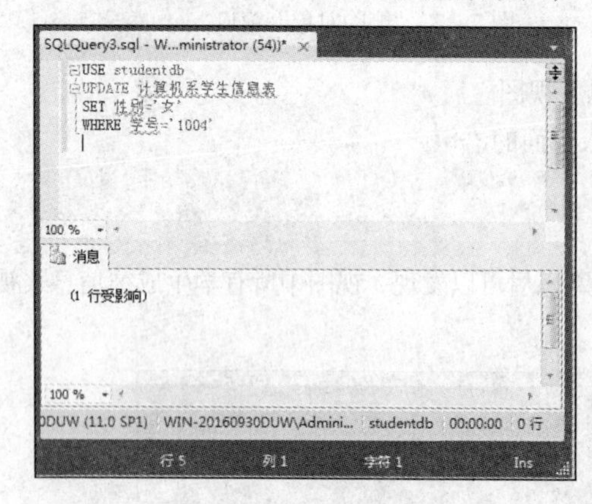

图 7-19 修改视图的信息

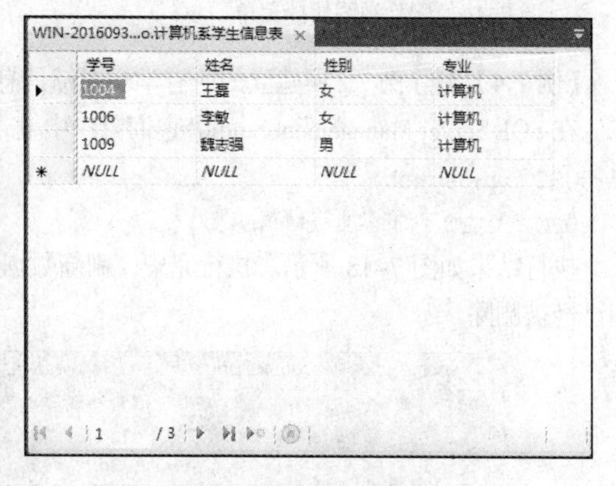

图 7-20 修改视图信息的执行结果

单元总结

视图是一种常见的数据库对象，它是数据库查看和存取数据的另一种方法。使用视图不但可以简化数据操作，还可以提高数据的安全保护性；不但可以进行数据的检索，还可以通过视图向引用表添加、删除和修改数据等操作。

本单元主要介绍了视图的基本操作：使用 CREATE VIEW 创建视图、ALTER VIEW 修改视图、DROP VIEW 删除视图，这些操作是本单元的重点也是难点。同时，本单元还介绍了在 SQL Server 2012 中利用 SQL Server Management Studio 对象资源管理器向导插入、删除和修改视图的方法。

习 题

一、选择题

1. 下面（　　）语句是用来创建视图的。

   A. ALTER VIEW　　　　B. CREATE VIEW

   C. ALTER TABLE　　　　D. CREATE TABLE

2. 下面语句（　　）是正确的。

   A. 视图是一种常用的数据库对象，使用视图部可以简化数据操纵

   B. 使用视图可以提高数据库的安全性

   C. 视图结构与 SELECT 子句返回的结果集合结构相同，但当视图中的列是由算术表达式、函数或常量等产生的计算列时，必须在创建视图时指出列名

   D. 视图和表一样是由数据构成的

3. 以下关于视图不正确的是（　　）。

   A. 可以使视图的定义不可见

   B. 可以在视图上创建视图

   C. 可以在视图上创建索引

   D. 将视图的基表从数据库删除后，视图也一并删除

二、填空题

1. 视图是用________构造的。
2. 视图的查询不可以包含________、________和________关键字。
3. 在 SQL SERVER 2012 中，创建视图的方法有________和________。

三、判断题

1. 可以在数据库中的临时表上创建视图。（　　）
2. 在 SELECT 语句中，“视图名”为用户所创建的视图的名字，必须指定，“字段名”为创建视图的列名，可以省略。（　　）
3. 基本数据表被删除以后，由它所导出的视图并没有删除。（　　）
4. 在 SQL Server 中可以通过视图检索数据表中的数据信息并向表中添加或修改数据。（　　）

验证性实验 7　创建和使用视图

一、实验目的

1. 掌握视图的创建、修改和删除。
2. 掌握使用视图访问数据。

二、实验内容

1. 创建一个简单的视图，查询 101 号课程不及格的学生信息。
2. 修改视图，查询 107 号课程成绩介于 70～90 的学生信息。

3. 使用视图访问数据。

4. 删除所创建的视图。

三、实验步骤

1. 打开 SQL Server Management Studio 管理器，创建一个视图，要求查询 101 号课程不及格的学生信息。

2. 修改刚才创建的视图，要求查询 107 号课程成绩介于 70～90 的学生信息。

3. 请自己创建以下视图：

（1）创建一个简单视图，查询“计算机系”学生的信息。

（2）创建一个简单视图，统计每门课程的选课人数和最高分。

（3）创建一个复杂视图，查询与“刘志英”住在同一寝室的学生信息，即其联系电话相同。

（4）创建一个复杂视图，查询选修了课程的学生的姓名、课程名及成绩。

第8单元

Transact-SQL 程序设计 «

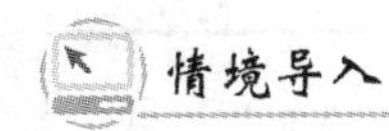

情境导入

在 SQL Server 中使用 Transact–SQL 语言进行程序设计时，通常是使用批处理来提交一个或多个 T–SQL 语句，一个或多个批处理又可以构成一个脚本，以文件形式保存在磁盘上从而得到可再次使用的代码模块。而在设计程序时，往往需要利用各种流程控制语句，包括条件控制语句、无条件控制语句和循环语句等来控制计算机的执行进程。

使用 Transact–SQL 语言进行程序设计是 SQL Server 的主要应用形式之一。不论是普通的客户机/服务器应用程序，还是 Web 应用程序，都必须对涉及数据库中数据进行的处理描述成 Transact–SQL 语句，并通过向服务器端发送 Transact–SQL 语句才能实现与 SQL Server 的通信。下面我们通过以下内容来了解 Transact–SQL 程序设计的相关知识。

知识目标和能力目标

知识目标

(1) 了解 SQL Server 2012 变量和运算符的基本知识。

(2) 掌握流程控制语句的使用方法。

(3) 掌握系统函数和用户自定义的使用。

(4) 了解游标的相关概念。

能力目标

1. 专业能力

(1) 掌握如何使用流程控制语句。

(2) 掌握用户自定义函数的使用。

2. 方法能力

(1) 掌握流程控制语句的使用方法。

(2) 掌握用户自定义函数的创建方法。

(3) 掌握游标的使用方法。

8.1 变量和运算符

8.1.1 变量

变量是程序设计中必不可少的组成部分，在 SQL Server 2012 系统中用变量来存储程序运行过程中的临时值，也可以通过变量在程序语句之间传递数据。变量由系统或用户定义并赋值。

在 SQL Server 2012 中，变量有全局变量和局部变量两种，其中全局变量的名称是由两个@字符开头，由系统定义和维护；局部变量名称以一个@字符开始，由用户自己定义和赋值。

1. 全局变量

全局变量是 SQL Server 系统内部使用的变量。一般来说，全局变量存储一些关于 SQL Server 的配置设定值和统计数据。全局变量是由 SQL Server 系统定义好的，用户不能定义，也不能赋值。它们对于用户来说是只读变量，用户只能引用，不能修改。以下是 SQL Server 系统常用的全局变量，具体见表 8-1。

表 8-1 常用全局变量

全局变量名	功 能
@@CONNECTiONS	返回从 SQL Server 启动以来连接或试图连接的次数
@@ERROR	返回最后执行的一条 T-SQL 语句的错误代码
@@DBTS	返回当前 timestamp 数据类型的值，该值在数据库中是唯一的
@@IDLE	返回最后插入的标识符
@@LOCK_TIMEOUT	返回 SQL Server 启动后闲置的时间
@@MAX_CONNECTIONS	返回 SQL Server 上允许同时连接用户的最大个数
@@MAX_PRECISION	返回 decimal 和 numeric 数据类型所使用的精度级别
@@OPTIONS	返回当前 set 选项的信息
@@REMSERVER	返回远程 SQL Server 数据库服务器在登录记录中出现的名称
@@ROWCOUNT	返回受上一条语句影响的行数
@@SERVERNAME	返回运行 SQL Server 的本地服务器名称
@@TRANCOUNT	返回当前连接的活动事物数

【例 8.1】利用@@SERVERNAME 查看本地服务器名称，并显示截止到当前时间试图登录 SQL Server 的次数。

在 SQL Server Management Studio 查询窗口中输入下面的语句：

```
select @@servername as '服务器名',
@@connections as '登录次数'
```

执行结果如图 8-1 所示。

【例 8.2】利用@@ROWCOUNT 统计 studentdb 数据库中 student 表的记录个数，并查看所有记录。

在 SQL Server Management Studio 查询窗口中输入下面的语句：

```
USE studentdb
GO
SELECT * FROM student
select @@ROWCOUNT as 记录个数
go
```

执行结果如图 8-2 所示。

2. 局部变量

局部变量是在程序运行过程中保存数据的变量，它的作用域范围仅仅是程序执行内部。局部变量通常用于下面三种情况：

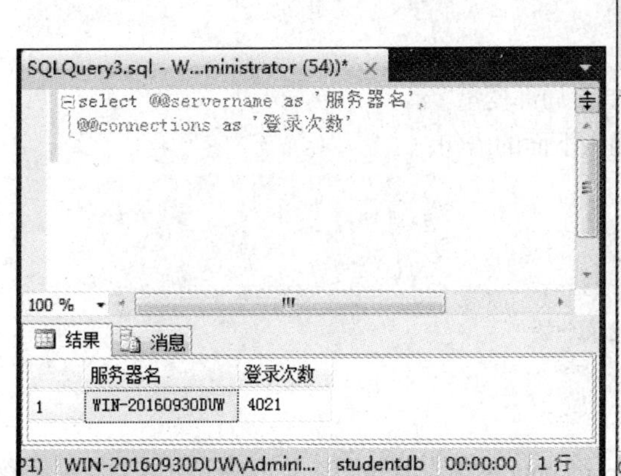

图 8-1　例 8.1 执行结果

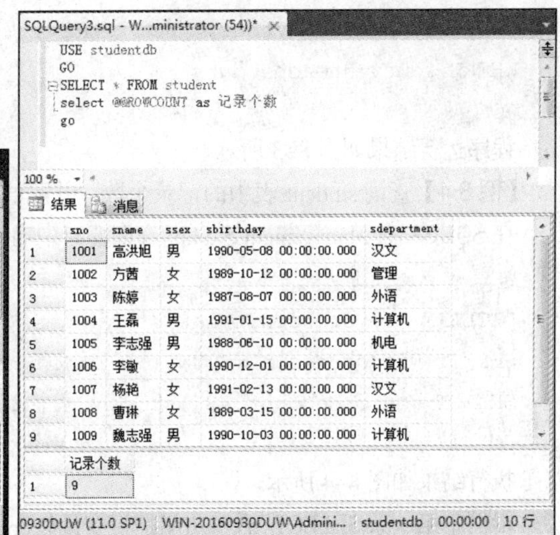

图 8-2　例 8.2 执行结果

① 作为计数器，统计或控制循环次数。

② 保存数据值以供控制流语句测试。

③ 保存由存储过程或代码返回的临时数据。

（1）局部变量的声明

使用 DECLARE 语句声明局部变量的格式为：

```
DECLARE {@变量名 数据类型}[,…N]
```

说明：

① 变量名必须以@开头，并符合 SQL Server 标识符的命名规则。

② 数据类型是除了 cursor、text、ntext、image 以外由 SQL Server 系统提供的或用户自定义的任何数据类型。

③ 同一个 DECLARE 语句可同时定义多个变量，各变量之间用“，”隔开。

（2）局部变量的赋值

局部变量在定义以后，系统均默认赋值为 NULL。如果用户需要给变量赋值，可通过 SET 和 SELECT 语句完成，具体格式如下：

```
SET 格式: SET @变量名=表达式
SELECT 格式: SELECT {@变量名=表达式}[,…N]
```

注意：

① @变量名必须为已经声明过的变量。

② SET 格式每次只能为一个变量赋值，SELECT 格式一条语句可为多个变量赋值。

【例 8.3】在 SELECT 语句中使用局部变量，查找 studentdb 数据库中 teacher 表里教师职称为“教授”的教师姓名，性别和职称。

在 SQL Server Management Studio 查询窗口中输入下面的语句：

```
USE studentdb
DECLARE @teacherduty char(10)
SET @teacherduty='教授'
```

```
SELECT tname,tsex,tduty FROM teacher
WHERE tduty=@teacherduty
GO
```

程序运行结果如图 8-3 所示。

【例 8.4】查询 student 表中的记录个数，并赋值给局部变量。

在 SQL Server Management Studio 查询窗口中输入下面的语句：

```
USE studentdb
DECLARE @recordecount int
SELECT @recordecount=COUNT(*) FROM student
SELECT @recordecount AS 'student 表中记录个数'
GO
```

执行结果如图 8-4 所示。

本例中第一条 SELECT 语句功能是将变量@recordcount 赋值，但并不能显示在下边结果栏中，第二条 SELECT 语句才是显示的功能，从显示结果上我们可以看出 student 表中共有 9 条记录。

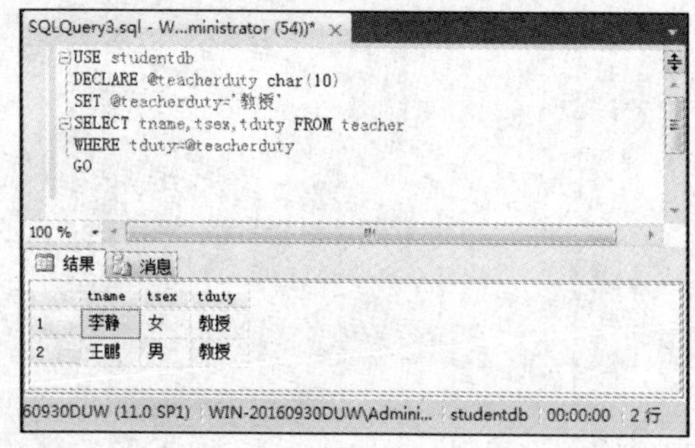

图 8-3 例 8.3 执行结果

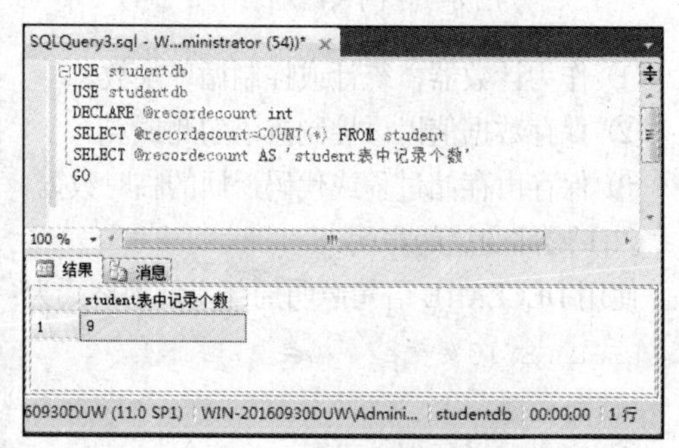

图 8-4 例 8.4 执行结果

8.1.2 运算符

SQL Server 2012 系统提供的运算符主要有：算术运算符、赋值运算符、比较运算符、逻辑运算符和字符串连接运算符等。其中：

（1）算术运算符包括+（加）、-（减）、*（乘）、/（除）、%（取模）运算等。

（2）赋值运算符为=（等号）。

（3）比较运算符包括=（等于）、<>或！=（不等于）、>（大于）、<（小于）、>=或！<（大于等于）、<=或！>（小于等于）。

（4）逻辑运算符包括 NOT（非）、AND（与）、OR（或）。

（5）字符串连接运算符为+（字符串连接）。

当一个表达式中包含多种运算符时，运算符的优先级别决定了表达式的结果，在 SQL Server 2012 中，各运算符的优先级别如表 8-2 所示。

表 8-2 运算符优先级

名　称	运　算　符	优　先　级
括号	( )	1
乘、除、模运算符	*, /, %	2
加、减运算符	+, -	3

续表

名　称	运　算　符	优　先　级
比较运算符	=, <>, !=, >, <, >=, !<, <=, !>	4
逻辑非运算符	NOT	5
逻辑与运算符	AND	6
逻辑或运算符	OR	7
赋值运算符	=	8

下面我们通过例题来说明各种运算符的用法。

【例 8.5】使用算术运算符和字符串连接运算符将学号为 1001 的学生成绩提高 15%然后显示出来。

在 SQL Server Management Studio 查询窗口中输入下面的语句：

```
USE studentdb
DECLARE @studentname  char(10)
SELECT @studentname=sname FROM student
WHERE sno='1001'
SELECT @studentname+'同学的分数'
AS 字符串连接,
score*1.15 AS '成绩提高%'
FROM choice WHERE sno='1001'
GO
```

执行结果如图 8-5 所示。

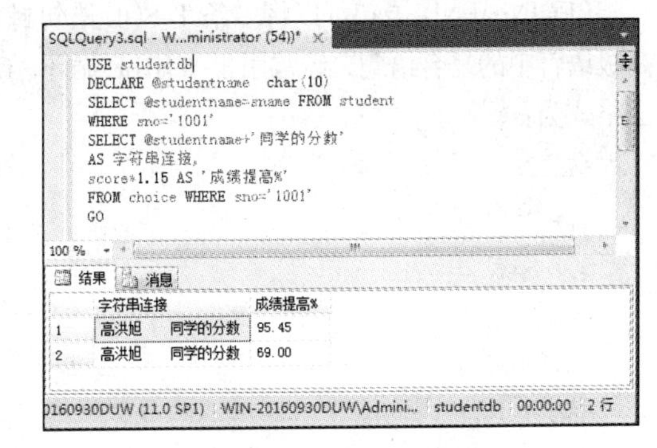

图 8-5　例 8.5 执行结果

【例 8.6】利用比较运算符查询显示 choice 表中所有成绩小于 65 的记录信息。

在 SQL Server Management Studio 查询窗口中输入下面的语句：

```
USE studentdb
SELECT * FROM choice
WHERE score<65
GO
```

执行结果如图 8-6 所示。

【例 8.7】利用逻辑运算符和比较运算符，查询显示 choice 表中课程号为 2004 的学生成绩大于等于 80 或小于 60 的所有记录。

在 SQL Server Management Studio 查询窗口中输入下面的语句：

```
USE studentdb
SELECT * FROM choice
WHERE (score>=80 OR score<65) AND cno='2004'
GO
```

执行结果如图 8-7 所示。

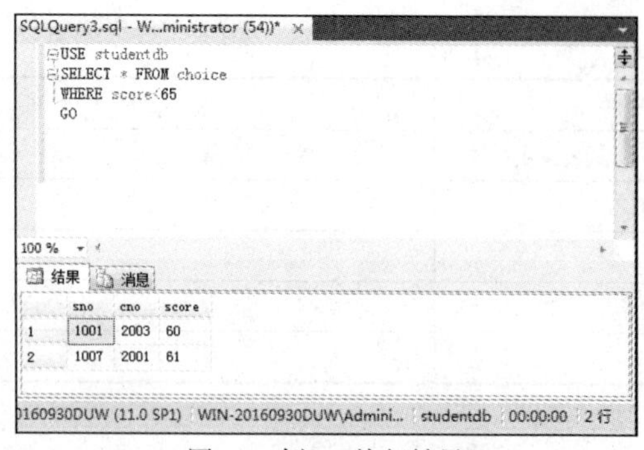

图 8-6 例 8.6 执行结果

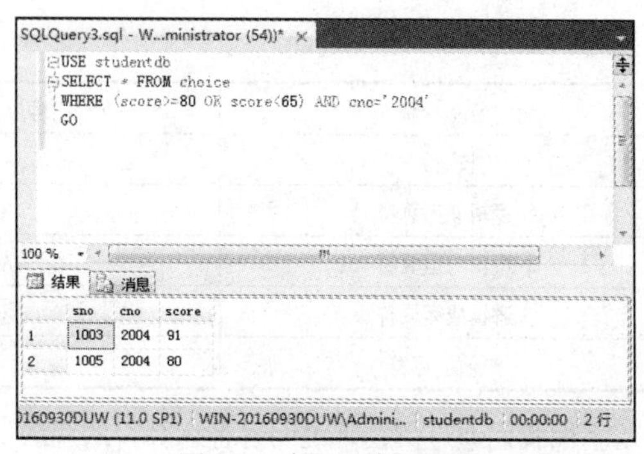

图 8-7 例 8.7 执行结果

在本例中，由于逻辑运算符的优先级依次为 NOT、AND、OR，所以当去掉条件语句中的括号时，运行结果将会与题意不相符。因此，在表达式正确使用括号是决定程序能否得到预期结果的重要保证。

8.2 流程控制语句

程序设计过程中，通常需要利用各种流程控制语句来改变程序的执行流程，以满足程序设计的需要。在 T-SQL 语言中通过使用流程控制语句不但可以控制程序的执行顺序，还可以使各个语句之间相互关联、相互依存。

8.2.1 BEGIN…END 语句块

BEGIN…END 语句可以将多条 T-SQL 语句封装在一起，作为一个语句块来处理，就相当于其他高级语言中的复合语句，经常用于 WHILE 循环、CASE 语句和 IF…ELSE 格式中的语句块控制。其语法格式为：

```
BEGIN
SQL 语句 1
SQL 语句 2
…
SQL 语句 n
END
```

BEGIN…END 语句在程序设计过程中经常与其他控制语句结合使用，BEGIN 和 END 分别代表语句块的开始和结束，它们类似于括号，必须成对出现。

8.2.2 IF…ELSE 语句

在程序设计中，常需要根据不同的条件而执行不同的 T-SQL 语句块，这时我们可以用 IF…ELSE 语句来控制实现。

1. 不带 ELSE 的条件语句

（1）语法格式为

```
IF 条件表达式 语句块
```

（2）功能：当条件表达式的结果为真（TRUE）时执行语句块，当条件表达式的值为假（FALSE）时，直接跳过语句块，而执行语句块下边的语句。

2. 带 ELSE 的条件语句

（1）语法格式：

```
IF 条件表达式
语句块 1
ELSE
语句块 2
```

（2）功能：当条件表达式为真（TRUE）时执行 IF 后边的语句块 1，然后跳过语句块 2，执行下边的语句。当条件表达式的值为假（FALSE）时，直接跳过语句块 1，执行 ELSE 后边语句块 2 和其后边的语句。

【例 8.8】查询是否存在课程成绩大于 95 分的学生，如果存在输出学生信息和成绩，如果不存在则输出“不存在成绩大于 95 分的学生！”。

在 SQL Server Management Studio 查询窗口中输入下面的语句：

```
USE studentdb
GO
DECLARE @string char(30)
IF EXISTS(SELECT *
          FROM choice
          WHERE score>95)
 BEGIN
      SELECT DISTINCT student.sno,sname,score
      FROM student,choice
      WHERE student.sno=choice.sno
      AND   score>95
   END
ELSE
   SET @string='不存在成绩大于 95 分的学生！'
PRINT @string
```

由于表中不存在成绩大于 95 分的学生，所以显示结果如图 8-8 所示，在本例中如果将条件改为大于 90 分的学生，程序执行结果如图 8-9 所示。

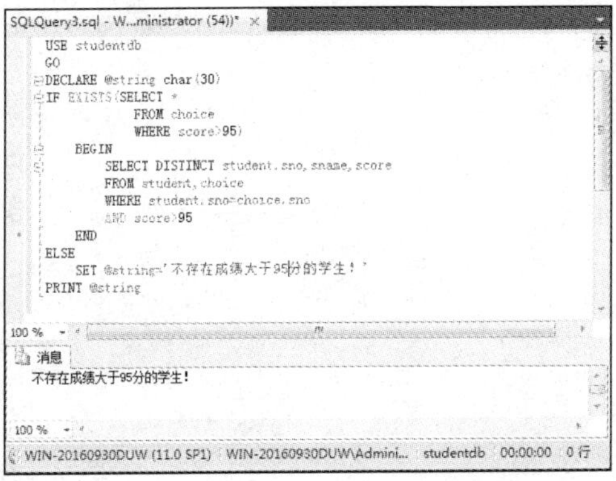

图 8-8　例 8.8 执行结果

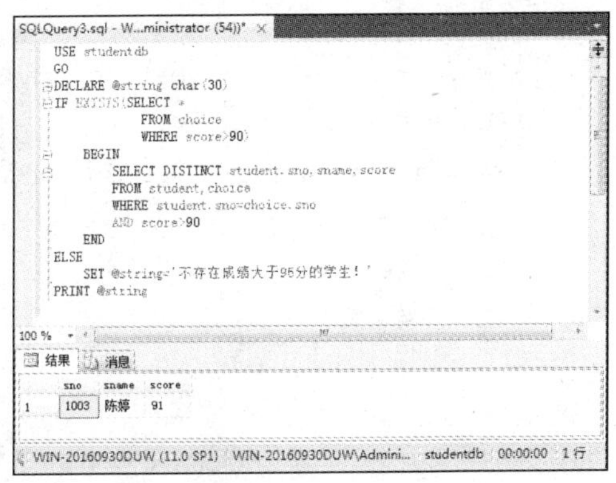

图 8-9　修改条件后的执行结果

8.2.3 CASE 表达式

CASE 表达式是一种多分支的选择结构，它相当于多个 IF…ELSE 的嵌套，但相对于嵌套的 IF…ELSE 结构更加简单、清晰。

1．简单的 CASE 表达式

（1）语法结构：

```
CASE 输入表达式
WHEN 比较表达式 THEN 结果表达式
…
[ELSE 最终结果表达式]
END
```

（2）功能：将输入表达式的值与每一个比较表达式的值进行比较，如果两个表达式的值相等，则返回对应的结果表达式的值，然后跳出 CASE 语句，否则返回 ELSE 子句中的最终结果表达式。

2．搜索型 CASE 表达式

（1）语法结构：

```
CASE
WHEN 逻辑表达式 THEN 结果表达式
…
[ELSE 最终结果表达式]
END
```

（2）功能：按指定顺序为每个 WHEN 子句的逻辑表达式求值，返回第一个取值为真（TRUE）的逻辑表达式所对应的结果表达式的值，如果所有表达式的值都为假（FALSE），若已经指定了 ELSE 子句，则返回最终结果表达式的值，如果没有指定 ELSE 子句，则返回 NULL。

搜索型 CASE 表达式和简单型 CASE 表达式的区别是：搜索型 CASE 表达式的 WHEN 后面是一个逻辑表达式，而简单 CASE 表达式的 WHEN 后面一般是一个具体的值。

【例 8.9】根据 student 表总学生信息查询年龄范围信息。

在 SQL Server Management Studio 查询窗口中输入下面的语句：

```
USE studentdb
SELECT sno,sage=
CASE
   WHEN year(getdate())-year(sbirthday)<=20
   THEN '年龄偏小'
   WHEN year(getdate())-year(sbirthday)>20 AND
      year(getdate())-year(sbirthday)<=24
   THEN '年龄合适'
   ELSE '年龄偏大'
END
FROM student
GO
```

执行结果如图 8-10 所示。

本例中将 CASE 语句放在 SELECT 子句中，用 GETDATE()函数获取当前的系统日期，用 YEAR()函数获取了日期中的年份，然后根据当前的系统年份和生日中的年份得到学生的实际年龄。但显示的是学生的年龄信息，并不能显示学生的实际年龄。

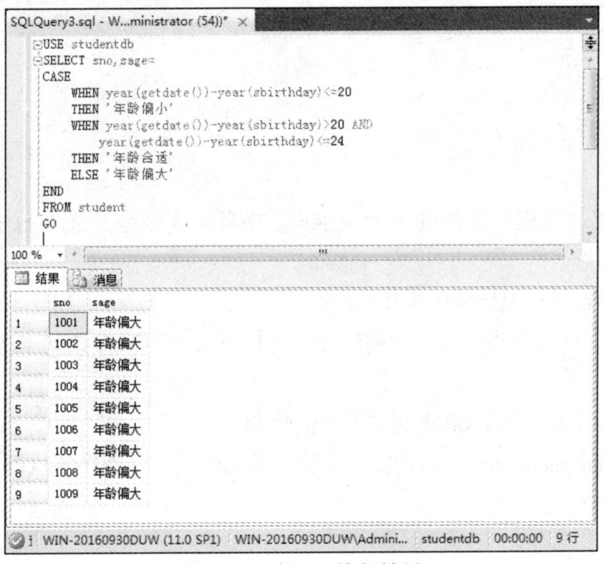

图 8-10 例 8.9 执行结果

8.2.4 WAITFOR 语句

WAITFOR 语句用来挂起执行连接，通过指定一个时刻或延缓一段时间来执行一条 T-SQL 语句、一个语句块。其语法格式为：

```
WAITFOR
{
    DELAY     '时间'
    TIME      '时间'
}
```

其中，DELAY 子句指定等待的时间间隔，最大为 24 h；TIME 子句指定一具体时间点，但是 TIME 子句中不能指定日期。其中的时间参数为 datetime 数据类型，格式为 hh:mm:ss。

【例 8.10】设置程序在 15 s 后执行查询语句。

在 SQL Server Management Studio 查询窗口中输入下面的语句：

```
USE studentdb
BEGIN
    WAITFOR DELAY '00:00:15'
    SELECT * FROM student
END
```

本例程序在执行过程中，查询语句同样会执行，只不过在执行后 15 s 才能得到显示结果。

8.2.5 WHILE 语句

如果程序需要重复执行一条或多条语句，在 SQL Server 2012 中可以使用 WHILE 语句构成循环。

WHILE 语句会重复执行由一条或多条语句构成的循环体，直到不满足条件为止。在 WHILE 语句中，还可以使用关键字 BREAK 和 CONTINUE 控制循环体执行过程。

语法格式：

```
WHILE 条件表达式
循环体 1
[BREAK/CONTINUE]
循环体 2
```

其中：

（1）条件表达式是决定循环条件的逻辑表达式。循环体应该是一条 T-SQL 语句或用 BEGIN 和 END 语句定义的语句块。

（2）关键字 BREAK 是指退出整个循环。

（3）关键字 CONTINUE 是指结束本次循环（不再执行 CONTINUE 语句下边的其他语句），继续执行下一次循环。

【例 8.11】 利用循环求 1 到 1000 之间的所有偶数和。

在 SQL Server Management Studio 查询窗口中输入下面的语句，程序的执行结果如图 8-11 所示。

```
DECLARE @i int,@sum int
SET @i=0
SET @sum=0
WHILE @i>=0
 BEGIN
   SET @i=@i+2
    IF @i>1000
        BEGIN
        SELECT @sum AS '1-1000 之间的偶数和'
        BREAK
        END
    ELSE
    SET @sum=@sum+@i
END
```

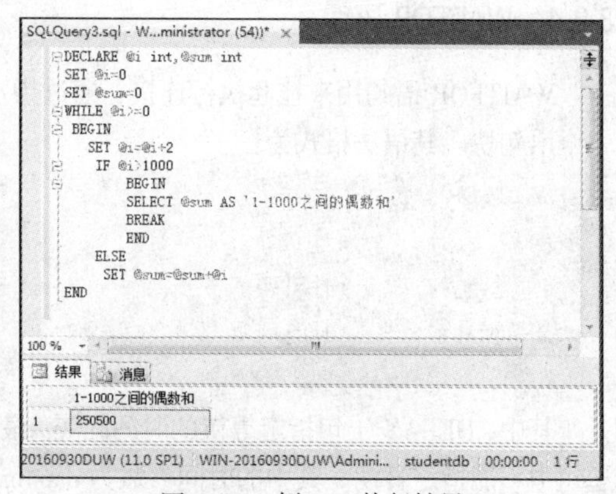

图 8-11　例 8.11 执行结果

8.2.6　其他语句

除了上面介绍的流程控制语句外，SQL Server 2012 中，RETURN 语句也是常用的一类。RETURN 语句是程序从查询语句、存储过程或批处理中无条件返回，当程序遇到 RETURN 语句时，其后面的所有语句都不再执行。RETURN 语句的语法格式为：

```
RETURN [证书表达式]
```

一般情况下，使用 RETURN 语句为调用它的存储过程或应用程序返回一个整数值。在 SQL Server 2012 中，返回值为 0 时，表明存储过程或应用程序执行成功，如果返回值为-1 到-99 之间时，表示由于各种不同原因导致程序执行失败。

8.3 内部函数

内部函数的作用是用来帮助用户获得系统的有关信息、执行有关计算、实现数据转换、统计功能等操作。SQL Server 为用户提供的内部函数分为系统函数、日期函数、字符串函数、数学函数和集合函数等。下面我们将对这几种函数逐一作介绍。

1. 系统函数

系统函数用于返回 SQL Server 系统、用户、数据库和数据库对象等相关信息。系统函数可用于 SELECT 语句、WHERE 语句等任何可以使用表达式的地方。

SQL Server 2012 常用的一些系统函数如表 8-3 所示。

表 8-3　系统函数及其功能

函　数	功　能
COALESCE	返回其参数中的第一非空表达式
COL_LENGTH	返回指定字段的长度值
COL_NAME	返回表中指定字段的名称
CURRENT_TIMESTAMP	返回当前系统日期和时间
DATALENGTH	返回任何数据表达式的实际长度（占用的字符个数）
DB_ID	返回 ID
DB_NAME	返回数据库名称
GETANSINULL	返回本次会话中数据库的默认空值设置
HOST_ID()	返回客户机标识号
HOST_NAME()	返回客户机计算机名
INDEX_COL	返回索引的字段名
SUER_NAME	返回用户登录名
SUER_ID	返回用户登录 ID
USER_NAME	返回用户名
USER_ID	返回用户 ID

【例 8.12】利用系统函数返回 student 表中出生日期字段的长度

在 SQL Server Management Studio 查询窗口中输入下面的语句：

```
USE studentdb
GO
SELECT COL_LENGTH('student','sbirthday')
 AS'出生日期长度'
FROM student
GO
```

执行结果如图 8-12 所示。

2. 日期函数

日期函数的功能是显示有关时间和日期的相关信息，该类函数可以操作 datetime 和 smalldatetime 数据类型的值，可以对这些值进行算术运算。

SQL Server 2012 常用的一些日期函数如表 8-4 所示。

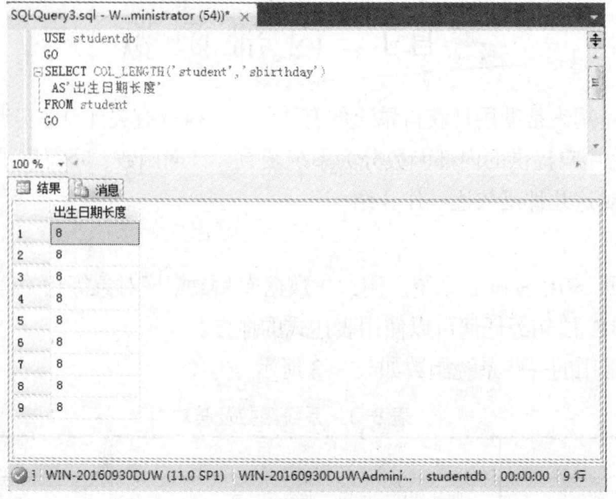

图 8-12　例 8.12 执行结果

表 8-4　常用的日期函数

函　数	功　能
DATEADD(datepart,number,date)	返回将 date 日期加上 datepart 和 number 参数所指定的时间间隔
DATEDIFF(datepart,date1,date2)	返回 date1，date2 间的时间间隔，其单位由 datepart 参数指定
DATENAME(datepart,date)	返回日期中指定部分对应的名称
DATEPART(datepart,date)	返回日期中指定部分对应的整数值
DAY(date)	返回日期中的日数，数据类型为 int
GETDATE()	以 SQL Server 内部格式返回当前的时间和日期
GETUTCDATE	返回当前 UTC 时间的 datetime 类型数据
MONTH(date)	返回日期中的月份，类型为 int
YEAR(date)	返回日期中的年份，类型为 int

【例 8.13】利用系统日期函数显示当前系统时间和日期。

在 SQL Server Management Studio 查询窗口中输入下面的语句：

```
SELECT GETDATE() AS 当前系统时间,
MONTH(GETDATE()) AS 月,
DAY(GETDATE()) AS 日,
YEAR(GETDATE()) AS 年;
```

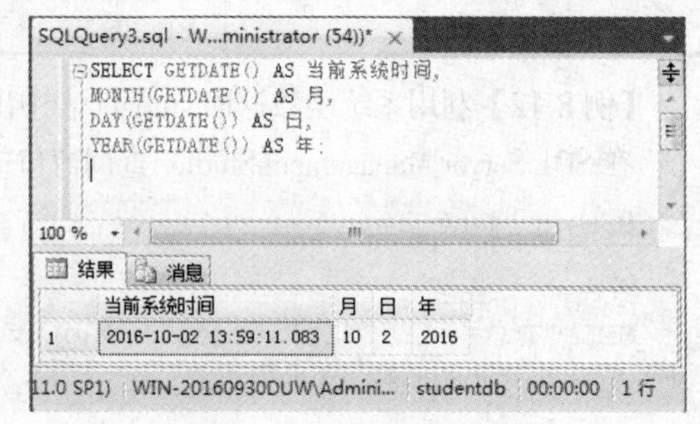

图 8-13　例 8.13 执行结果

执行结果如图 8-13 所示。

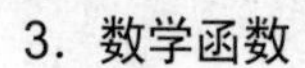

3. 数学函数

数学函数用于对数值表达式进行数学运算并返回相应的运算结果，这些运算包括：三角函数运算、指数运算、对数运算等。

SQL Server 2012 常用的一些数学函数如表 8-5 所示。

表 8-5 常用数学函数

函数	参数	说明
ABS	(numeric_表达式)	返回绝对值
ACOS	(float_表达式)	返回以弧度表示的角度值，该角度值的余弦为给定的 float 表达式；本函数亦称反余弦
ASIN	(float_表达式)	返回以弧度表示的角度值，该角度值的正弦为给定的 float 表达式；亦称反正弦
ATAN	(float_表达式)	返回以弧度表示的角度值，该角度值的正切为给定的 float 表达式；亦称反正切
ATN2	(float_表达式, float_表达式)	返回以弧度表示的角度值，该角位于正 x 轴和原点至点（y，x）的射线之间，其中 x 和 y 是两个指定的浮点表达式值。
COS	(float_表达式)	返回给定表达式中给定角度（以弧度为单位）的三角余弦值
SIN	(float_表达式)	返回给定角度（以弧度为单位）的三角正弦值（近似值）
COT	(float_表达式)	返回给定 float 表达式中指定角度（以弧度为单位）的三角余切值
TAN	(float_表达式)	返回 float 表达式的正切值
CEILING	(numeric_表达式)	返回大于或等于所给数字表达式的最小整数
DEGREES	(numeric_表达式)	当给出以弧度为单位的角度时，返回相应的以度数为单位的角度
EXP	(float_表达式)	返回所给的 float 表达式的指数值
FLOOR	(numeric_表达式)	返回小于或等于所给数字表达式的最大整数
LOG	(float_表达式)	返回给定 float 表达式的自然对数
LOG10	(float_表达式)	返回给定 float 表达式的以 10 为底的对数
PI	()	返回 PI 的常量值
POWER	(numeric_表达式, y)	返回给定数字表达式的 y 次方
RADIANS	(numeric_表达式)	对于在数字表达式中输入的度数值返回弧度值
RAND	([seed])	返回 0 到 1 之间的随机 float 值
ROUND	(numeric_表达式, length)	返回数字表达式并四舍五入为指定的长度或精度
SIGN	(numeric_表达式)	返回给定表达式的正（+1）、零（0）或负（-1）号
SQRT	(float_表达式)	返回给定表达式的平方根

【例 8.14】利用 ROUND 函数返回 choice 表中学生的平均成绩。

在 SQL Server Management Studio 查询窗口中输入下面的语句：

```
USE studentdb
GO
SELECT sno,ROUND(AVG(score),2) AS '平均成绩'
FROM choice
GROUP BY sno
```

程序执行结果如图 8-14 所示。

4. 字符串函数

使用字符串函数用于对字符串进行转换、查找、截取等处理操作。

SQL Server 2012 常用的一些数学函数如表 8-6 所示。

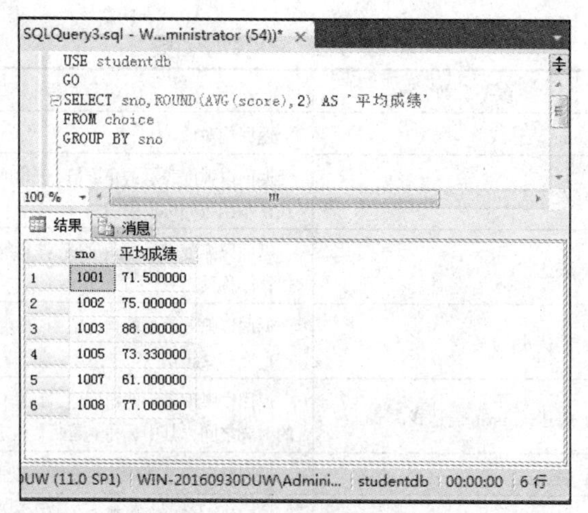

图 8-14 ROUND 函数执行结果

表 8-6 常用字符串处理函数

函　数	参　数	说　明
ASCII	(char_表达式)	返回字符表达式结果的最左边字符的 ASCII 码
CHAR	(integer_表达式)	返回 ASCII 码为指定整数的字符
CHARINDEX	(char_表达式 1,char_表达式 2[,start])	返回字符表达式 1 在字符表达式 2 中的起始位置。start 参数指定从字符表达式 2 的哪个位置开始向后寻找
DIFFERENCE	(char_表达式,char_表达式)	比较两个字符串的相似性，返回从 0 到 4 的值，值为 4 时是最好的匹配。
LEN	(char_表达式)	返回给定字符串的字符个数
LEFT	(char_表达式,integer_表达式)	返回字符串左面的指定个数的字符
LOWER	(char_表达式)	将字符串表达式中的所有大写字母全部转换成小写字母
LTRIM	(char_表达式)	删除字符串左边所有的空格
REPLICATE	(char_表达式,integer_表达式)	以指定的次数重复字符表达式
REVERSE	(char_表达式)	返回字符表达式的逆序
RIGHT	(char_表达式,integer_表达式)	返回字符串右面的指定个数的字符
RTRIM	(char_表达式)	删除字符串右边所有的空格
SOUNDEX	(char_表达式)	返回由 4 个字符组成的代码（SOUNDEX）以评估 2 个字符串的相似性
SPACE	(integer_表达式)	返回一个由重复空格组成的字符串。空格数等于<integer_表达式>，若整数表达式为负数，则返回一个空字符串
SIR	(float_expression [,length [,decimal]])	由数字数据转换来的字符数据。length 是总长度，包括小数点、符号、数字或空格，默认值为 10。decimal 是小数点右边的位数
STUFE	(char_表达式,start,length,char_表达式)	删除指定长度的字符并在指定的起始点插入另一组字符
SUBSTRING	(表达式,start,length)	返回表达式中 start 位置开始的 length 长度的子串，该子串可能是字符串，也可能是二进制字符串
UPPER	(char_表达式)	将字符串表达式中的所有小写字母全部转换成大写字母

【例 8.15】利用 LEN 函数计算指定字符串长度和 LEFT 函数截取字符串。

在 SQL Server Management Studio 查询窗口中输入下面的语句：

```
SELECT LEN('abcdefg') AS '长度'
SELECT LEFT('abcdefg',3) AS '子串'
```

程序执行结果如图 8-15 所示。

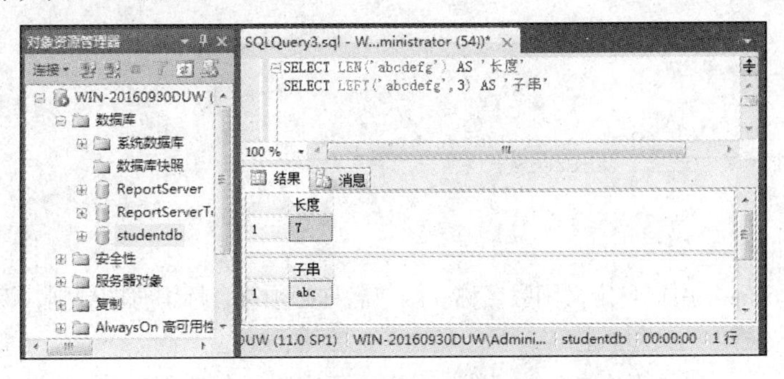

图 8-15　LEN 函数和 LEFT 函数执行结果

5. 集合函数

SQL Server 2012 常用的集合函数如表 8-7 所示。

表 8-7　集 合 函 数

函　　数	功　　能
COUNT	返回一个集合中的项目数
MIN	计算表达式中的最小值
MAX	计算表达式中的最大值
SUM	计算表达式各项和
AVG	计算表达式中各项平均值

在前面例题中我们已经使用过了某些集合函数，这里就不再举例了。

8.4　用户自定义函数

SQL Server 2012 允许用户自定义函数。在用户自定义函数中可以包含 0 个或多个参数，函数的返回值可以是数值或字符型数据，也可以是一个表。

SQL Server 2012 支持的用户自定义函数分为三种：标量用户自定义函数、直接表值用户自定义函数、多语句表值用户自定义函数。

8.4.1　创建标量用户自定义函数

标量用户自定义函数返回一个简单的数值，比如：int、char、decimal 等，该函数的函数体以 BEGIN 语句开始，END 语句结束。

其语法格式如下：

```
CREATE FUNCTION [ schema_name. ] function_name
( [ { @parameter_name [ AS ][ type_schema_name. ] parameter_data_type
    [ = default ] }
    [ ,...n ]
  ]
```

```
)
RETURNS return_data_type
    [ WITH <function_option> [ ,...n ] ]
    [ AS ]
    BEGIN
        function_body
        RETURN scalar_expression
    END
```

各参数说明如下：

（1）function_name：用户自定义函数名称。函数名称必须符合标识符的规则，该名称在数据库中必须唯一。

（2）@parameter_name：用户自定义函数的参数。可声明一个或多个参数。一个函数最多可以有1024 个参数。执行函数时，如果未定义参数的默认值，则用户必须提供每个已声明参数的值。参数是对应于函数的局部参数；其他函数中可使用相同的参数名称。参数只能代替常量，而不能用于代替表名、列名或其他数据库对象的名称。

（3）parameter_data_type：参数的数据类型。

（4）[=default]：参数的默认值。如果定义了 default 值，则无须指定此参数的值即可执行函数。

（5）return_data_type：标量用户自定义函数的返回值。text、netxt、image 和 timestamp 除外。

（6）function_body：由一系列 T-SQL 语句组成的函数体。

（7）scalar_expression：指定标量函数返回的数量值。

下面通过一个例题来学习上述语法的使用方法。

【例 8.16】创建一个自定义函数，返回特定学号学生选修课程的平均成绩。

在 SQL Server Management Studio 查询窗口中输入下面的语句：

```
USE studentdb
GO
CREATE FUNCTION cj_stu(@sno nchar(8))
RETURNS decimal
AS
BEGIN
DECLARE @score decimal
SET @score=(SELECT AVG(score) FROM choice WHERE sno=@sno GROUP BY sno)
RETURN @score
END
```

执行查询，提示“命令已成功完成”后使用下面语句对刚才创建的函数进行调用。

```
USE studentdb
GO
SELECT dbo.cj_stu('1001') as '平均成绩'
```

其执行结果如图 8-16 所示。

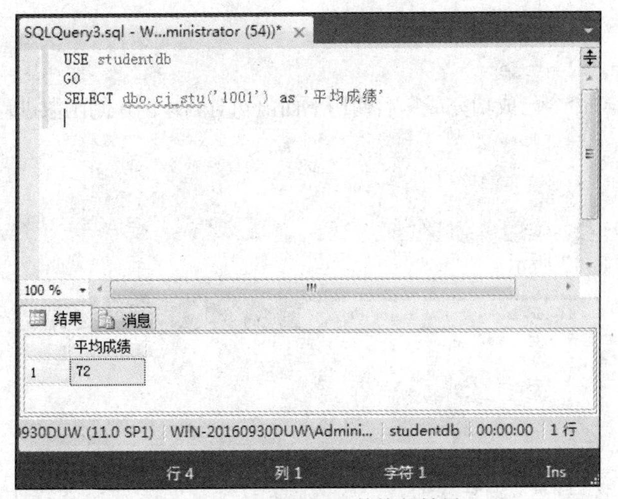

图 8-16 调用标量函数执行结果

8.4.2 创建直接表值用户自定义函数

表值函数返回一个表，对于直接表值用户自定义函数来说，返回的结果只是一系列表值，没有明确的函数体，返回的表是单个 SELECT 语句的结果集。

其语法格式如下：

```
CREATE FUNCTION [ schema_name. ] function_name
( [ { @parameter_name [ AS ] [ type_schema_name. ] parameter_data_type
    [ = default ] }
    [ ,...n ]
  ]
)
RETURNS TABLE
    [ WITH <function_option> [ ,...n ] ]
    [ AS ]
   RETURN [ ( ] select_stmt [ ) ]
```

各参数含义如下：

（1）TABLE：指定返回值为一个表。

（2）select_stmt：单个 SELECT 语句确定返回的表的数据。

下面通过一个例题来学习上述语法的使用方法。

【例 8.17】 创建一个函数返回同一个院系学生的学号、姓名、性别信息。

在 SQL Server Management Studio 查询窗口中输入下面的语句：

```
USE studentdb
GO
CREATE FUNCTION dep_stu(@sdept nchar(10))
RETURNS TABLE
As
RETURN(SELECT sno,sname,ssex
```

```
FROM student
WHERE sdepartment=@sdept)
```

执行查询，提示“命令已成功完成”后使用下面语句对刚才创建的函数进行调用。

```
USE studentdb
GO
SELECT * FROM dbo.dep_stu('外语')
```

其执行结果如图 8-17 所示。

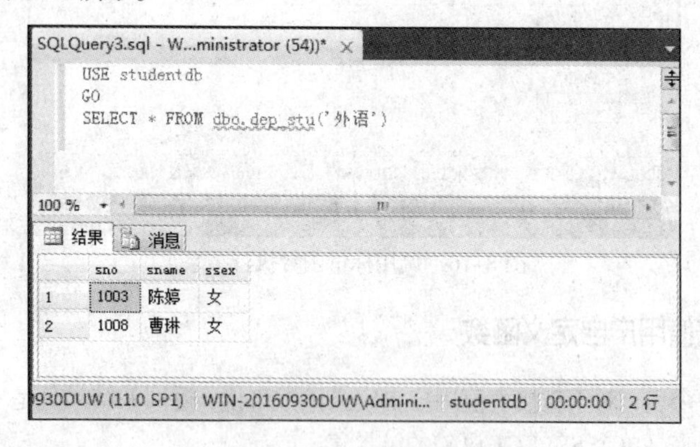

图 8-17 调用表值函数执行结果

8.4.3 创建多语句表值用户自定义函数

多语句表值用户自定义函数是以 BEGIN 语句开始，END 语句结束的函数体，这些语句可生成行并将行插入将返回的表中。

其语法格式如下：

```
CREATE FUNCTION [ schema_name. ] function_name
( [ { @parameter_name [ AS ] [ type_schema_name. ] parameter_data_type
    [ = default ] }
    [ ,...n ]
  ]
)
RETURNS @return_variable TABLE < table_type_definition >
    [ WITH <function_option> [ ,...n ] ]
    [ AS ]
    BEGIN
                function_body
        RETURN
    END
```

参数说明如下：

@return_variable：一个 TABLE 类型的变量用于存储和累积返回表中的数据行。其余参数与标量用户自定义函数相同。

下面通过一个例题来学习上述语法的使用方法。

【例 8.18】创建一个函数返回选修课成绩高于一定分数的学生信息。

在 SQL Server Management Studio 查询窗口中输入下面的语句：

```
USE studentdb
GO
CREATE FUNCTION high_score(@highscore decimal)
RETURNS @high_score TABLE(sno char(10),sname char(20),score decimal)
AS
BEGIN
 INSERT @high_score
    SELECT student.sno,sname,score
    FROM student,choice
    WHERE student.sno=choice.sno and score>@highscore
 RETURN
END
GO
```

执行成功后使用下面语句对刚才创建的函数进行调用。

```
USE studentdb
GO
SELECT * FROM dbo.high_score(60)
```

其执行结果如图 8-18 所示。

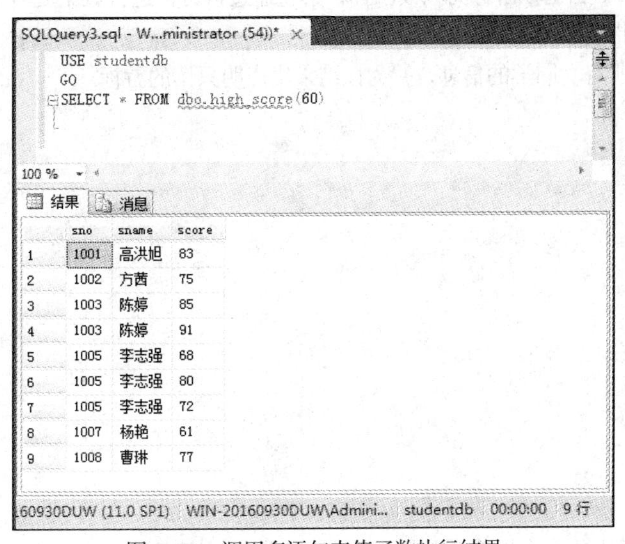

	sno	sname	score
1	1001	高洪旭	83
2	1002	方茜	75
3	1003	陈婷	85
4	1003	陈婷	91
5	1005	李志强	68
6	1005	李志强	80
7	1005	李志强	72
8	1007	杨艳	61
9	1008	曹琳	77

图 8-18　调用多语句表值函数执行结果

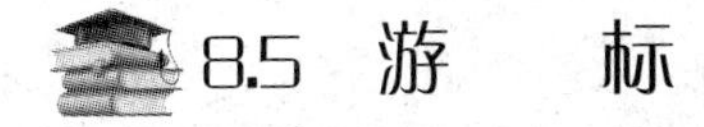

8.5 游　　标

8.5.1　游标概述

在前面的章节中，所接触的都是把返回的结果集作为一个整体来处理，而无法对其中一行进行单独处理。但在实际的开发过程中，经常需要把结果集中的不同数据行做不同的处理，而要实现这个过程就需要使用游标这样一种方法。

游标（Cursor）是指向查询结果集的一个指针，它是一个通过定义语句与一条 SELECT 语句相关联的一组 SQL 语句。游标可以使用户逐行访问结果集。

使用游标要遵循“声明游标-打开游标-获取数据-关闭游标-释放游标”的处理顺序。

8.5.2 声明游标

游标使用之前需要声明游标，声明游标可以通过 DECLARE CURSOR 语句来实现，其语法格式如下：

```
DECLARE 游标名称 [INSENSITIVE][SCROLL] CURSOR
[LOCAL|GLOBAL]
FOR SELECT 语句
[FOR{READ ONLY|UPDATE[OF 字段名[,…n]]}]
```

各参数说明如下：

（1）INSENSITIVE：创建由该游标使用的数据的临时表。对游标的所有请求都从 tempdb 中的该临时表中得到。在对该游标进行提取操作时返回的数据中不反映对基表所做的修改，而且该游标不允许修改。

（2）LOCAL|GLOBAL：指定该游标的作用域是局部的还是全局的。

（3）SCROLL：说明所声明的游标可以前滚、后滚。后面如果使用读取数据语句（FETCH）时，可使用所有的提取选项。如果省略 SCROLL，则只能使用 NEXT 提取选项。

（4）READ ONLY：指定该游标为只读游标，禁止通过该游标进行数据更新。

（5）UPDATE：指定游标中可以修改的列。

【例 8.19】查询所有女同学的信息，并为该结果集声明只读的游标。

其程序如下：

```
USE studentdb
GO
DECLARE stu_cursor CURSOR
FOR SELECT *
FROM student
WHERE ssex= '女'
ORDER BY sno
FOR READ ONLY
```

8.5.3 打开游标

声明游标后，要从游标中提取数据，还要打开游标。使用 OPEN 语句打开游标，其语法格式如下：

```
OPEN 游标名称
```

其中，游标名称是要已经声明的游标，当用 OPEN 语句打开了游标并在数据库中执行了查询后，不能立刻使用在查询结果集中的数据，必须用 FETCH 语句来取得数据。一条 FETCH 语句一次可以将一条记录放入程序员指定的变量中。

8.5.4 获取数据

游标打开后，可以使用 FETCH 语句从中读取数据。其语法格式如下：

```
FETCH[NEXT|PRIOR|FIRST|LAST|ABSOLUTE{n}|RELATIVE{n}]FROM 游标名
```

各参数含义如下：

（1）游标名：已经打开的游标名。

（2）[NEXT|PRIOR|FIRST|LAST|ABSOLUTE{n}|RELATIVE{n}]：读取数据的位置，其意义见表 8-8。

表 8-8 游标指针参数意义

关 键 字	移 动 位 置
FIRST	数据集中的第一条记录
LAST	数据集中的最后一条记录
PRIOR	前一条记录
NEXT	后一条记录
RELATIVE	按照相对位置决定移动位置
ABSOLUTE	按照绝对位置决定移动位置

【例 8.20】打开例 8.19 创建的游标，并使用该游标读取结果集中的数据。

```
USE studentdb
GO
OPEN stu_cursor
FETCH NEXT FROM stu_cursor
WHILE @@FETCH_STATUS=0
BEGIN
FETCH NEXT FROM stu_cursor
END
```

其执行结果如图 8-19 所示。

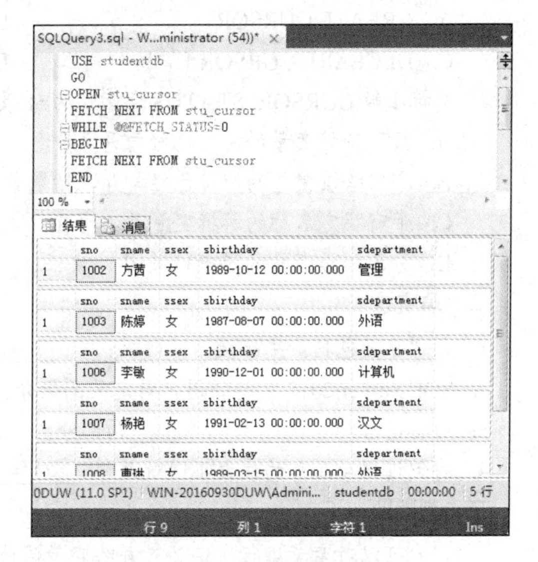

图 8-19 打开游标读取数据

8.5.5 关闭游标

在游标打开之后，SQL Server 服务器会为这个游标开辟一定的内存空间，而且在使用该游标的过程中，有时服务器也会根据具体情况封锁一些数据。因此，若某个游标确定不会再使用，就应该关闭该游标，释放该游标所占用的相关资源。

关闭游标的语法格式如下：

```
CLOSE 游标名称
```

关闭的游标，如果需要也可以再次打开使用。在一个批处理中也可以多次打开和关闭同一个游标。

8.5.6 释放游标

虽然游标关闭了，但游标结构本身也占有一定的计算机资源，所以，当确定某个游标不再使用，应该及时释放该游标。

释放游标的语法格式如下：

```
DELLOCATE 游标名称
```

完成释放游标的操作后，如果需要再重新使用该游标，就只能重新执行声明该游标的语句了。

单元总结

本单元介绍了 Transact-SQL 语言的基本概念及其使用方法。Transact-SQL 语言需要大量的实践才能熟练使用。另外还介绍了游标数据库对象，通过游标可以大大提高 Transact-SQL 程序设计的灵活性，实现数据库应用系统复杂的功能。

习　题

一、选择题

1. T-SQL 语句格式约定中（　　）内包含的参数为必选的。

   A. []　　B、{}　　C. 都是　　D. 都不是

2. （　　）语句的作用是将程序的流程控制无条件地转移到指定的标号处。

   A. IF…ELSE 语句 B. RETURN 语句　　C. WHILE 语句　　D. GOTO 语句

3. 声明游标的语句是（　　）。

   A. CREATE CURSOR　　B. OPEN CURSOR

   C. DECLARE CURSOR　　D. DELLOCATE CURSOR

4. 游标函数 CURSOR_STATUS 返回值为-1 表示（　　）。

   A. 分配给该变量的游标已经打开

   B. 分配给该变量的游标已经打开，结果集为空

   C. 带有指定名称的游标变量并不存在

   D. 分配给该变量的游标被关闭

二、填空题

1. 内部函数包括系统函数、________、________、________和________。
2. SQL Server 2012 支持的用户自定义函数分________、________和________三种类型。
3. 游标包含________和________两部分。
4. 存储过程与函数的最大不同就是________________。

三、判断题

1. 用户可以对变量进行自定义，并给变量赋值。（　　）
2. 可以用 SELECT 语句进行变量的定义。（　　）
3. WHILE 语句会重复执行由一条或多条语句构成的循环体，直到不满足条件为止。（　　）

验证性实验 8　在“学生成绩”库中进行 Transact-SQL 程序设计

一、实验目的

1. 熟悉 T-SQL 语言的基本语法。

2. 熟悉 T-SQL 语言的运算符和表达式。

3. 熟悉 T-SQL 语言的基本语句。

4. 熟悉系统函数的调用。

5. 熟悉 T-SQL 语言的用户自定义标量函数。

二、实验内容

1. 通过查询窗口，运行 T-SQL 语言代码，包括 T-SQL 语言支持的各种类型数据、各种运算符、各种表达式、各种系统内置函数。

2. 定义用户标量函数，实现函数定义和调用。

三、实验步骤

1. 在查询窗口中输入 T-SQL 语言支持的各种类型数据，注意变量和常量的格式。T-SQL 语言支持的数据类型包括数值型、字符型、时间日期型等。

2. 通过各种运算符，将各种类型数据的常量、变量组成各种表达式，注意观察各种运算符的优先级。T-SQL 语言支持的运算符包括赋值运算符、算术运算符、比较运算符、逻辑运算符等。

3. 计算各种表达式，并得出结果。观察各种表达式输出结果数据的数据类型以及格式。

4. 用表达式调用常用系统函数，观察函数返回值的数据类型以及格式。T-SQL 语言提供的系统内置函数包括数学函数、字符串函数、日期时间函数等。

5. 使用 T-SQL 语言提供的流程控制语句。T-SQL 语言提供的流程控制语句包括 IF…ELSE 语句、CASE 语句、WHILE 语句等。

6. 创建一个用户自定义函数。

第9单元

存储过程

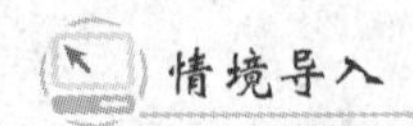

情境导入

学校管理信息系统已经创建了数据表、视图等数据库对象，可以完成相应的数据查询工作。但大量的查询工作重复使用相同的代码，那么如何解决刚才提到的问题，使我们的重复工作减少，同时提高系统的运行效率呢。

在之前的程序设计语言课程中，我们经常会接触到一个概念“子程序”。那我们在 SQL Server 中能否也有这样一个类似于子程序的功能或者对象呢？ SQL Server 提供了存储过程这样一个数据库对象，它可以将一些固定的操作集合起来放在 SQL Server 数据库服务器中，应用程序只需调用它的名称，就可以实现特定任务。下面我们通过以下内容来认识什么是存储过程及如何创建、管理存储过程。

知识目标和能力目标

知识目标

(1) 了解存储过程的概念。

(2) 能独立完成存储过程的创建。

(3) 能够独立调试存储过程的代码程序。

(4) 能够根据系统要求检查存储过程运行是否恰当。

能力目标

1．专业能力

(1) 能独立完成存储过程的创建。

(2) 能独立调试存储过程的代码程序。

(3) 能根据系统要求检查存储过程运行是否恰当。

(4) 用户存储过程的创建是否成功。

2．方法能力

(1) 了解系统案例所需存储过程的情况。

(2) 对存储过程的基本管理操作。

9.1 存储过程的概念

存储过程就是存储在 SQL Server 服务器中的一系列对数据库进行复杂操作的 Transact-SQL 语句。在 SQL Server 中可以使用 Transact-SQL 语句将某些需要多次调用以实现某个特定任务的代码段编写成一个子程序，将其保存在数据库中，并由SQL Server服务器通过子程序名调用。存储过程是SQL Server 2012的一种数据库对象。

9.1.1 存储过程的优点

（1）存储过程在服务器端运行，执行速度快。如果一个用户应用程序要访问SQL Server服务器上的数据，首先需要将有关查询语句从客户端发送到服务器，然后由服务器编译Transact-SQL语句并进行查询优化产生查询计划，最后执行该查询，执行完毕将结果返回客户端。而存储过程是直接保存在服务器中，客户端只需发送一条调用该存储过程的命令，避免了大量命令代码的传送，这样不仅减轻了网络流量，也提高了运行速度。

（2）实现模块化编程。将一个复杂程序通过多个彼此独立的存储过程组合而成，可以方便调试和维护。一个存储过程可以调用另一个存储过程，一个存储过程可以被多个用户共享和重用。

（3）使用存储过程可以提高数据库的安全性。用户可以调用存储过程，实现对表中数据的有限操作，但不允许其直接修改数据表，这样就可以保证表中数据的安全性。

（4）存储过程执行一次以后，它的执行规划就驻留在服务器的高速缓存中，在以后的操作中，只需要从高速缓存中调用已经编译好的二进制代码执行，提高了系统性能。

（5）自动完成需要预先执行的任务。存储过程可以在系统启动时自动执行，而不需要在系统启动后再进行手工操作，极大方便了数据库管理用户的使用。通过存储过程可以自动完成一些需要预先执行的任务。

9.1.2 存储过程的类型

在SQL Server中存储过程分为两类，即系统存储过程和用户自定义的存储过程。

1．系统存储过程

系统存储过程是由系统自动创建，主要存储在master数据库中，一般以sp_为前缀。系统存储过程完成的功能主要是从系统表中获取信息，通过系统存储过程，SQL Server中的许多管理工作可以顺利完成。许多系统信息也可以通过执行系统存储过程而获得。

除了以sp_为前缀的系统存储过程，还有以xp_为前缀的存储过程，这种存储过程称为扩展存储过程。它们是以动态链接库（DLL）形式存在的外部程序。SQL Server允许开发人员使用其他编程语言（如C/C++）创建扩展存储过程，通过安装，它们可以直接在SQL Server的地址空间中运行。

2．用户自定义存储过程

用户自定义存储过程是指在用户数据库中创建的存储过程。这种存储过程由用户创建和维护，用来完成特定的数据库操作任务。

用户自定义存储过程一般不使用sp_作为其名称前缀，因为如果用户存储过程和系统存储过程同名，将执行系统存储过程。

9.1.3 存储过程的创建与执行

1．存储过程的创建

在SQL Server中，创建存储过程可以使用以下两种方法：

（1）使用企业管理器。

（2）使用CREATE PROCEDURE命令。

存储过程的最大空间为128 MB。用户定义的存储过程只能在当前数据库中创建。存储过程创建后其过程名存储在 sysobjects 系统表中，存储过程的文本存储在 syscomments 系统表中。可以在创建时对存储过程进行加密，使存储过程文本在该系统表中不能正常显示。

当创建存储过程时，需要明确存储过程的三个组成部分：

（1）所有的输入参数及传给调用者的输出参数；

（2）完成数据库操作的 Transact-SQL 语句，包括调用其他存储过程的语句；

（3）返回给调用者的状态值，以指明调用是成功还是失败。

在用户存储过程的定义中不能使用下列对象创建语句：CREATE VIEW、CREATE DEFAULT、CREATE RULE、CREATE PROCEDURE、CREATE TRIGGER。即在存储过程的创建中不能嵌套创建以上这些对象。

2．存储过程的执行

可以使用 Transact-SQL 语句中的 EXECUTE（可以简写为 EXEC）命令执行创建的存储过程。如果它是一个批处理中的第一条语句，则关键字 EXECUTE（或 EXEC）也可以省略。

【例 9.1】执行系统存储过程 sp_help 查看教学管理数据库 studentdb 中 student 表的信息。

其语句如下所示：

```
USE studentdb
EXEC Sp_help student
```

运行结果如图 9-1 所示。

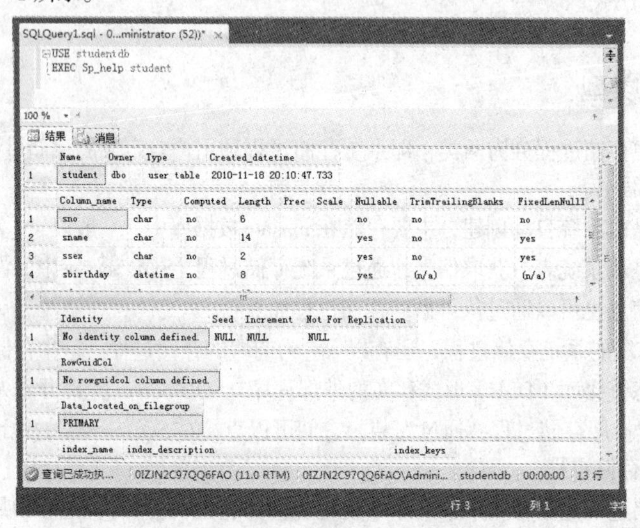

图 9-1　执行系统存储过程 sp_help 查看 student 表

说明：sp_help 用于获得有关数据库对象、用户定义数据类型或 SQL Server 中所提供的数据类型的信息。图 9-1 中，使用 sp_help 得到了 student 表的相关信息。关于 SQL Server 其他系统存储过程的详细内容请参考用户手册（SQL Server 安装的用户使用说明文件）。

如果需要在执行存储过程时接收它的返回值，应该先定义一个局部变量，然后用以下方法执行该存储过程：

```
EXEC[UTE]局部变量=存储过程名
```

【例 9.2】执行系统存储过程 sp_helptext，查看教学管理数据库 studentdb 中创建的触发器 choice_ins 的信息，并显示 sp_helptext 的返回值。

其语句如下所示：

```
USE studentdb
DECLARE @return int
EXEC @return=sp_helptext choice_ins
SELECT @return AS '返回代码'
```

运行结果如图 9-2 所示。

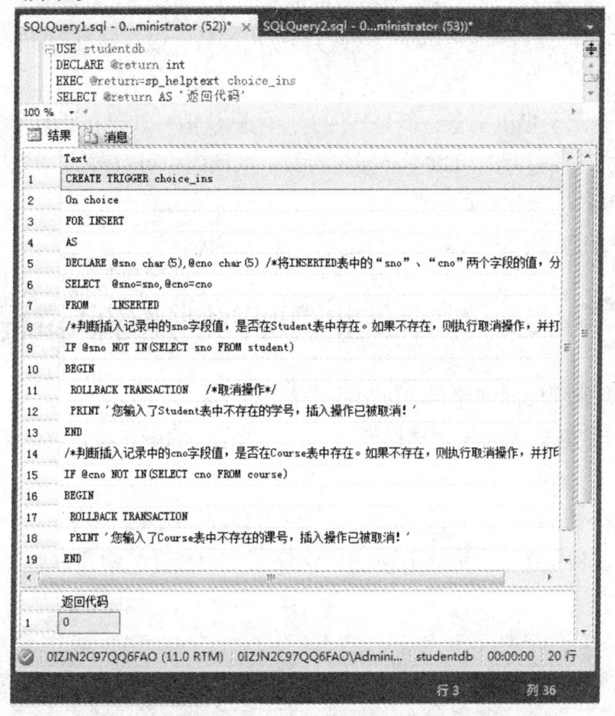

图 9-2 执行系统存储过程 sp_helptext 并接收返回代码

如果存储过程带有参数（形参），则通过 EXECUTE 命令执行时需要向它传递输入参数，或要用局部变量来接收它的输出参数。

语法格式：

```
[[EXEC[UTE]]
{
    [ @return_status = ]
    { procedure_name [ ;number ] | @procedure_name_var
    }
    [ [ @parameter = ] { value | @variable [ OUTPUT ] | [ DEFAULT ]
}
[ ,...n ]
[ WITH RECOMPILE ]
```

参数含义：

（1）@return_status：保存存储过程的返回状态的可选整型变量。

（2）procedure_name：要调用的存储过程的名称。

（3）number：指定将相同名称的过程进行组合，使得它们可以用 DROP PROCEDURE 语句删除。

（4）@procedure_name_var：局部定义变量名，代表存储过程名称。

（5）@parameter：在 CREATE PROCEDURE 语句中定义的过程参数。

（6）value：过程中参数的值。如果参数值是一个对象名称，字符串要用数据库名称或所有者名称进行限制，整个名称也要用单引号括起来。如果参数值是一个关键字，则该关键字必须用双引号括起来。如果形参名称未指定，参数值必须以 CREATE PROCEDURE 语句中定义的顺序给出。

（7）@variable：用来保存参数或者返回参数的变量。

（8）OUTPUT：指定存储过程必须返回参数，即输出参数。该存储过程的匹配参数也必须由关键字 OUTPUT 创建。

（9）DEFAULT：表示不提供实参，而是使用对应的默认值。如果在 CREATE PROCEDURE 语句中定义了默认值，在执行该过程时可以不必指定参数。默认值也可以改为 NULL。通常，过程定义会指定当参数值为 NULL 时应该执行的操作。

（10）WITH RECOMPILE：表示本次执行之前要重新编译。

9.2　使用企业管理器创建存储过程

使用 SQL Server 企业管理器创建存储过程的步骤如下：

（1）在 SQL Server 企业管理器树状结构窗口中，选择相应的服务器和数据库。本例选择 studentdb 数据库。

（2）在数据库结点中，选择“可编程性”并展开可编程性结点。

（3）选择“存储过程”结点，右击在弹出的快捷菜单中选择“新建存储过程”命令，如图 9-3 所示。

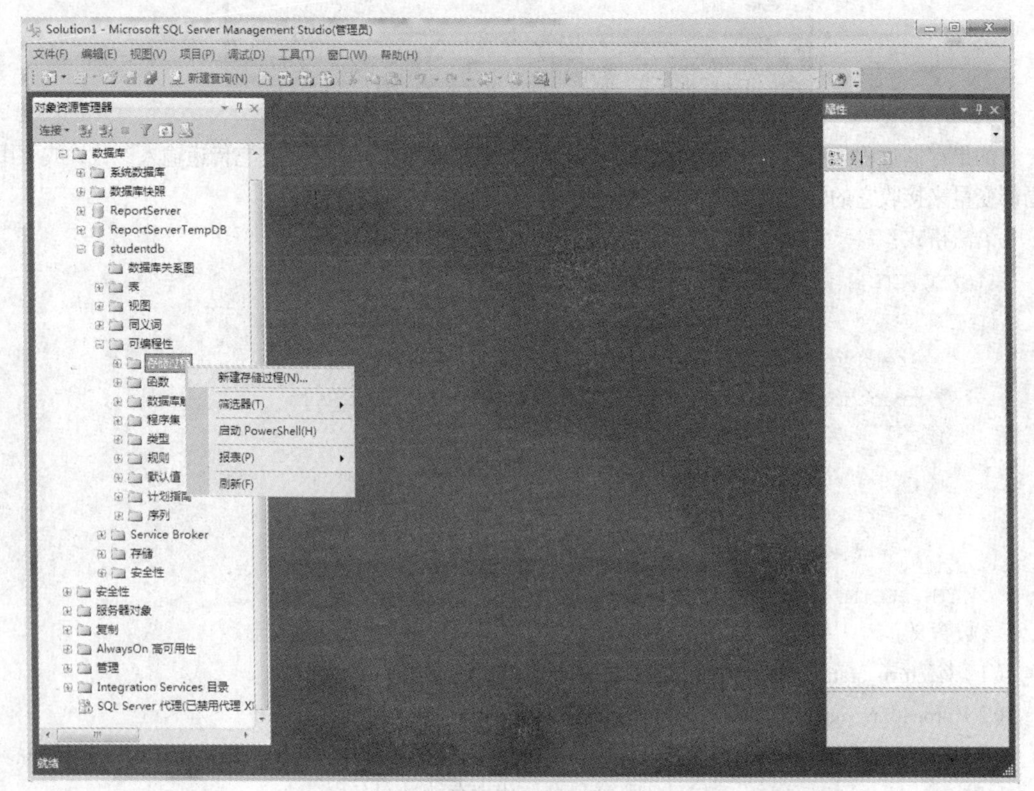

图 9-3　“新建存储过程”命令

（4）在窗口中输入创建存储过程的Transact-SQL语句即可，如图9-4所示。

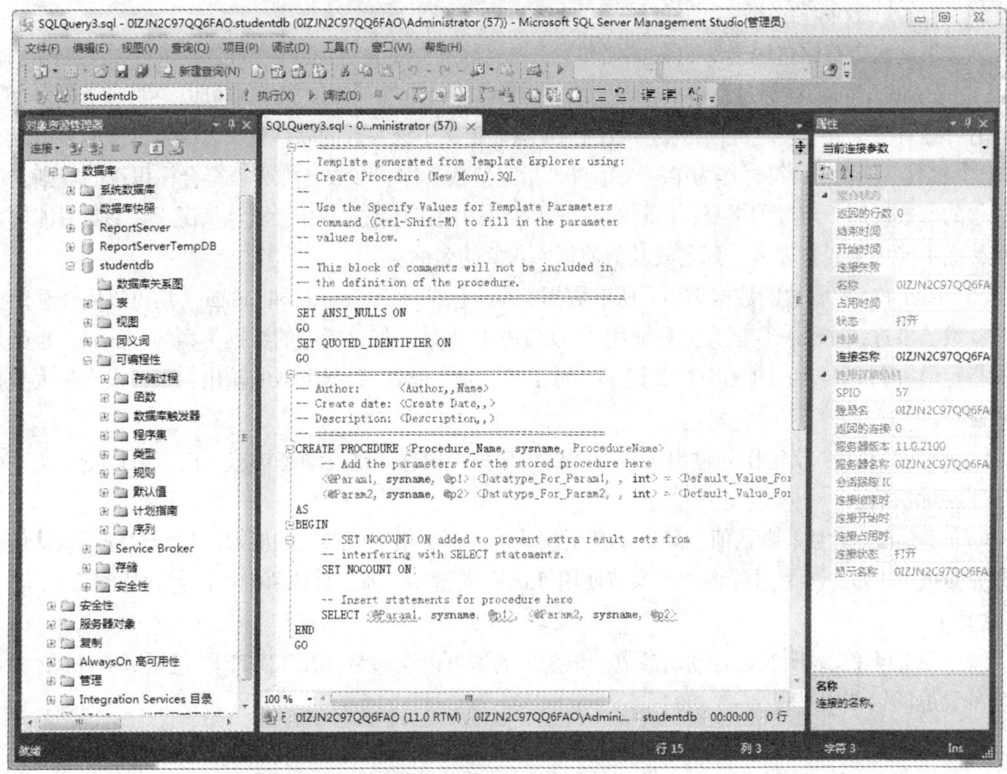

图9-4 输入创建存储过程的Transact-SQL语句

9.3 使用CREATE PROCEDURE命令创建存储过程

使用CREATE PROCEDURE命令创建存储过程的语法格式如下：

```
CREATE PROC [ EDURE ] procedure_name [ ; number ]
   [ { @parameter data_type }
      [ VARYING ] [ = default ] [ OUTPUT ]] [ ,...n1 ]
[ WITH{ RECOMPILE | ENCRYPTION | RECOMPILE , ENCRYPTION } ]
[ FOR REPLICATION ]
AS
sql_statement [ ...n2 ]
```

虽然创建语法看起来比较复杂，但是，其中只有两个参数是必选的，那就是创建存储过程所需的procedure_name（存储过程的名称）和 sql_statement（存储过程内容），其他参数都是可选参数。各个参数含义如下：

（1）procedure_name：存储过程名称，必须符合数据库系统标识符命名规定，而且在数据库中必须是唯一的。

（2）sql_statement：过程体中包含的Transact-SQL的语句。

（3）;number：是可选的整数，用来对同名的过程分组，以便用一条 DROP PROCEDURE 语句即可将同组的过程全部删除。例如，假设两个存储过程被命名为proc;1和proc;2，此时，如果使用如下语句：

```
DROP PROCEDURE proc
```

则会将这两个存储过程全部删除。

（4）@parameter：存储过程中的参数。在 CREATE PROCEDURE 语句中可以声明一个或多个参数。用户必须在执行过程时提供每个参数的值（除非定义了该参数的默认值）。存储过程最多可以有 2100 个参数。使用 @ 符号作为第一个字符来指定参数名称。参数名称必须符合标识符的规则。每个过程的参数仅用于该过程本身；相同的参数名称可以用在其他过程中。默认情况下，参数只能代替常量，而不能用于代替表名、列名或其他数据库对象的名称。

（5）data_type：参数的数据类型。所有数据类型（包括 text、ntext 和 image）均可以用作存储过程的参数。不过，cursor 数据类型只能用于 OUTPUT 参数。如果指定的数据类型为 cursor，也必须同时指定 VARYING 和 OUTPUT 关键字。对于可以是 cursor 数据类型的输出参数，没有最大数目的限制。

（6）VARYING：指定作为输出参数支持的结果集（由存储过程动态构造，内容可以变化）。仅适用于游标参数。

（7）default：参数的默认值。如果定义了默认值，不必指定该参数的值即可执行过程。默认值必须是常量或 NULL。如果过程将对该参数使用 LIKE 关键字，那么默认值中可以包含通配符（%、_、[] 和 [^]）。

（8）OUTPUT：表明参数是输出参数。该选项的值可以返回给 EXEC[UTE]。使用 OUTPUT 参数可将信息返回给调用过程

（9）n1：表示最多可以指定 2 100 个参数的占位符。

（10）WITH RECOMLILE：表示该存储过程将在运行时重新编译。

（11）WITH ENCRYPTION：表示 SQL Server 加密 syscomments 表中包含 CREATE PROCEDURE 语句文本的条目。使用 ENCRYPTION 可防止将过程作为复制的一部分发布。

（12）FOR REPLICATION：指定不能在订阅服务器上执行为复制创建的存储过程。使用 FOR REPLICATION 选项创建的存储过程可用作存储过程筛选，且只能在复制过程中执行。本选项不能和 WITH RECOMPILE 选项一起使用。

（13）AS：指定过程要执行的操作。

（14）n2：表示此过程可以包含多条 Transact-SQL 语句的占位符。

9.4 在“教学管理”数据库中完成存储过程的设计

9.4.1 创建不带参数的存储过程

下面我们先从较简单的创建不带参数的存储过程开始，结合实例来熟悉用户存储过程的创建。

【例 9.3】在教学管理数据库 studentdb 中创建一个名为 procgetstudent 的存储过程，用于查询 student 表中的所有记录。然后，使用 EXECUTE 语句调用该存储过程。

其语句如下所示：

```
Use studentdb
Go
CREATE PROC procGetStudent
AS
```

```
SELECT  *
FROM  student
```

创建成功后，通过下面语句执行该存储过程：

```
EXECUTE procGetStudent
```

运行结果如图 9-5 所示。

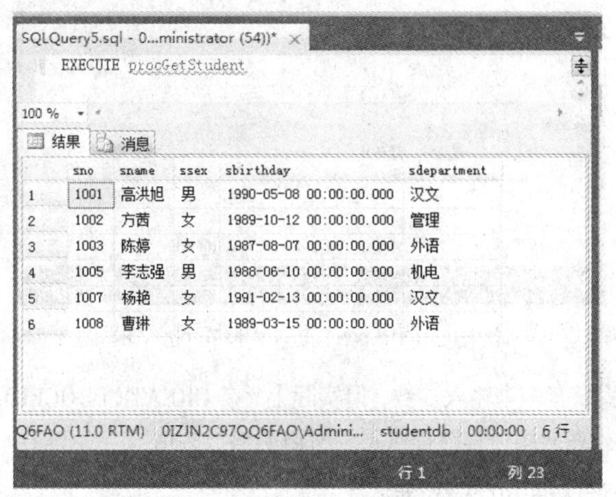

图 9-5　调用 procGetStudent 的结果

本例中创建的存储过程非常简单，没有任何输入和输出数据。但是，大多数存储过程并非如此，它们都需要某种形式的输入和输出数据，而这些数据的传输是通过参数完成的。

9.4.2　带输入参数的存储过程

在数据库中使用的存储过程，大多数都带有参数。这些参数的作用是在存储过程和调用程序（或调用语句）之间传递数据。从调用程序向存储过程传递数据时会被过程内的输入参数接收，而想将存储过程内的数据传递给调用程序时，则会通过输出参数传递。本节将介绍，如何创建带输入参数的存储过程和其使用方法。

【例 9.4】在教学管理数据库 studentdb 中创建一个名为 procGetAvgMaxMin 的存储过程，用于查询特定课程的考试成绩平均分、最高分和最低分。然后，使用 EXECUTE 语句调用该存储过程查询“高等数学”的各项分数。

其语句如下所示：

```
Use studentdb
Go
CREATE PROC procGetAvgMaxMin
       @course_name  char(20)
AS
SELECT  AVG(score) AS 平均分, MAX(score) AS 最高分, MIN(score) AS 最低分
FROM   choice,course
WHERE  choice.cno=course.cno and course.cname=@course_name
```

其中，变量@course_name 为输入参数，用于从调用程序接收数据。

创建成功后，使用如下调用语句查询“高等数学”的各项分数。

```
EXEC procGetAvgMaxMin '高等数学'
```

其中，procGetAvgMaxMin 后的“高等数学”会被传送给存储过程的输入参数@course_name，从而查询出“高等数学”课程的平均分、最高分和最低分。运行结果如图 9-6 所示。

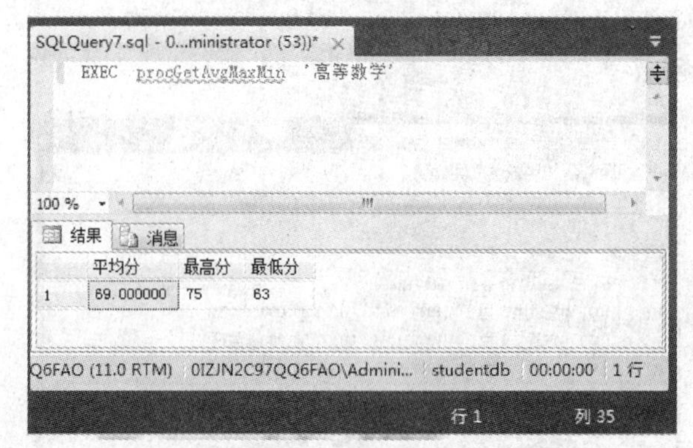

图 9-6　调用 procGetAvgMaxMin 的结果

例题 9.4 的存储过程只有一个输入参数，但实际上，在 CREATE PROCEDURE 语句中可以声明一个或多个参数。用户必须在调用过程时提供每个所声明参数的值。

9.4.3　输入参数设置默认值的存储过程

在存储过程内可以声明一个或多个输入参数，而且在调用它时，必须提供每个所声明参数的值。有些存储过程具有很多输入参数，但多数情况调用时都传递相同的值，而只有很少情况下才传递不同的值。这种情况下怎样才能避免每次都输入大量的相同值？方法就是使用默认值。

给输入参数设置默认值的方法很简单，例如，创建存储过程时，给输入参数@course_name，设置默认值为“高等数学”的方法如下所示。

```
CREATE PROC procGetAvgMaxMin
       @course_name  char(20)='高等数学'
AS
……
……
```

有了默认值后，当用户使用 EXEC 语句调用过程时，如果没有提供该参数值，则会自动将“高等数学”作为输入参数的值。

输入参数的默认值也可以是 NULL 值。在这种情况下，如果用户不提供参数值，SQL Server 按照它的其他语句执行该存储过程，不会显示任何错误提示。当然，过程定义中也可以编写，用户不提供参数时应该执行的语句。

【例 9.5】阅读分析下面的存储过程。

```
Use studentdb
Go
CREATE PROC proc1
       @course_name  char(20)=NULL
AS
IF @course_name IS NULL
   PRINT '请您提供课程名称'
```

```
ELSE
SELECT  AVG(score) AS 平均分,MAX(score) AS 最高分,MIN(score) AS 最低分
FROM   choice,course
WHERE  choice.cno=course.cno and course.cname=@course_name
```

分析：本存储过程中，给输入参数@course_name设置了默认值NULL，并且在过程定义中使用了IF…ELSE语句，处理了用户提供和不提供参数值时的两种情况。

当用户不提供参数值时，@course_name取其默认值NULL，此时，“@course_name IS NULL”的值为TRUE，就会执行IF下的打印语句“PRINT '请您提供课程名称'”。

当用户提供参数值时，条件表达式“@course_name IS NULL”的值为FALSE，就会执行ELSE下的SELECT语句。

下面是具体的调用语句和调用结果。

（1）不提供参数值的调用语句。

```
EXEC proc1
```

运行结果如图9–7所示。

（2）提供参数值的调用语句。

```
EXEC proc1 '计算机基础'
```

运行结果如图9–8所示。

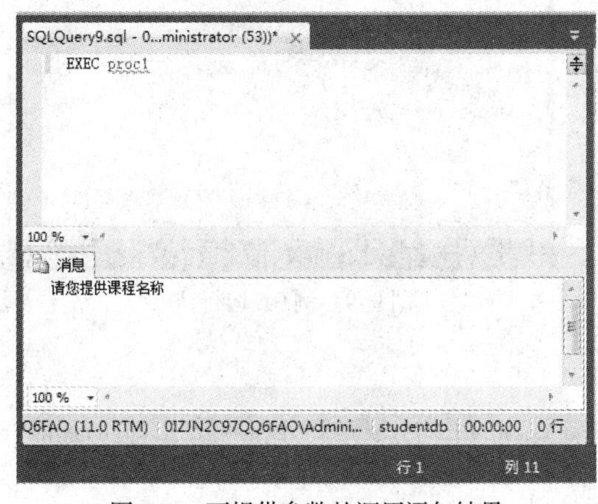

图9–7　不提供参数的调用语句结果

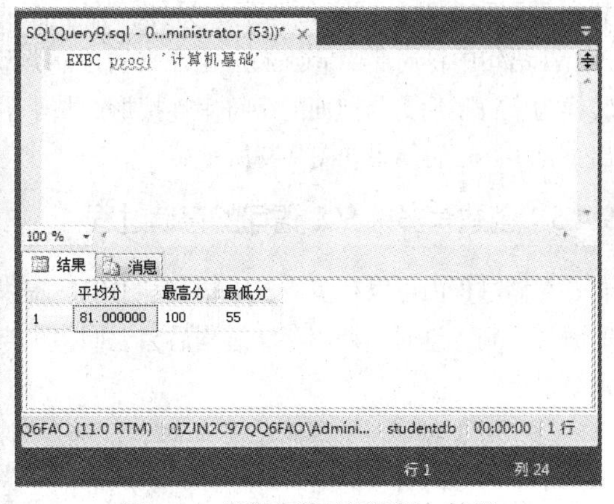

图9–8　提供参数的调用语句结果

9.4.4　带输出参数的存储过程

如果想将存储过程内的数据传递给调用程序，则应该在存储过程中使用输出参数。输出参数用OUTPUT关键字指定。

【例 9.6】使用带有输出参数的存储过程。创建一个用于计算指定学生成绩总分的存储过程。该存储过程使用了一个输入参数和一个输出参数。

其语句如下所示：

```
USE studentdb
GO
IF EXISTS(SELECT name FROM sysobjects WHERE name='progetsum' and type='p')
DROP PROCEDURE progetsum
GO
```

```
CREATE PROCEDURE progetsum
@name varchar(40),@total float OUTPUT
AS
SELECT @total=SUM(choice.score)
FROM student,course,choice
WHERE student.sname=@name and student.sno=choice.sno and course.cno=choice.cno
GROUP BY student.sno
GO
```

为了在运行该存储过程时能接收输出参数返回的值，需要用一个局部变量作为实参传递，并要加上 OUTPUT 关键字。在查询分析器中使用以下语句运行存储过程 progetsum：

```
DECLARE @totalA float
EXECUTE progetsum'陈婷',@totalA OUTPUT
PRINT' 陈婷的总分为: '+CAST(@totalA AS char)
GO
```

使用输出参数时要注意，OUTPUT 关键字必须在定义存储过程和执行存储过程时都要使用。定义时的参数名和调用时的变量名不一定要一样，不过数据类型和参数位置必须匹配。另外，在上面的 PRINT 语句中将局部变量@totalA 由原来的 float 类型转换为字符型后再与前面的字符串连接形成整个输出字符串。运行结果如图 9-9 所示。

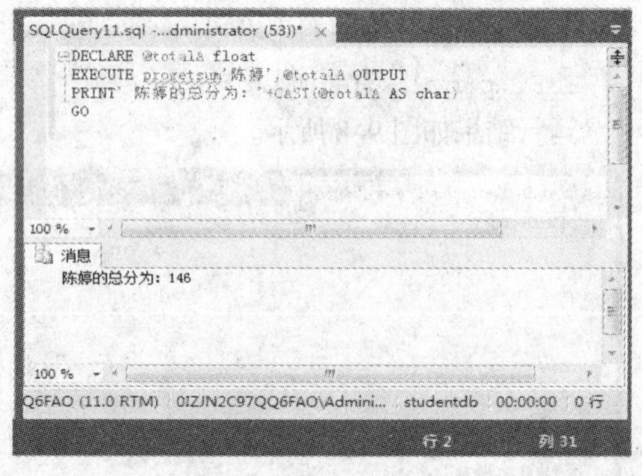

图 9-9　例 9.6 运行结果

9.4.5　创建有多条 SQL 语句的存储过程

存储过程内可以有多条 SQL 语句和 DBMS 提供的编程语句。这时，调用存储过程后会返回多个查询结果集。

【例 9.7】创建一个存储过程 proc2，能够查询特定课程的平均分、最高分和最低分，同时还能查询高于平均分的所有学生的信息。

```
CREATE PROC proc2
       @course_name  char(20)
AS
DECLARE @avg_score int
/*下面的语句用于查询显示平均分，最高分和最低分*/
SELECT  AVG(score) AS 平均分,MAX(score) AS 最高分,MIN(score) AS 最低分
FROM    choice,course
WHERE  choice.cno=course.cno and course.cname=@course_name
/*下面的语句用于将考试成绩平均分赋值给变量@avg_score */
SELECT  @avg_score =AVG(score)
FROM    choice,course
WHERE  choice.cno=course.cno and course.cname=@course_name
/*下面的语句用于显示特定课程的分数高于平均分的学生信息*/
```

```
SELECT
student.sno,sname,sdepartment,score
FROM student,course,choice
WHERE  student.sno=choice.sno  and
course.cno=choice.cno and course.cname=@
course_name and  score>@avg_score
```

调用存储过程 proc2，使用如下语句查询“高等数学”的平均分、最高分、最低分和所有考试成绩大于平均分的学生信息。

```
EXEC proc2 '高等数学'
```

运行结果如图 9-10 所示。

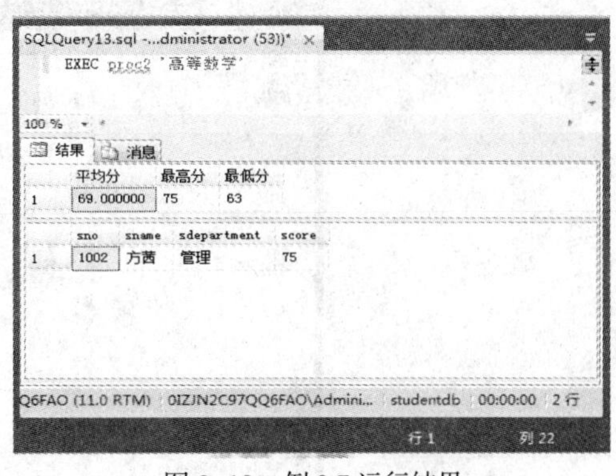

图 9-10　例 9.7 运行结果

9.5　存储过程的管理与维护

创建存储过程之后，可以根据需要查看和修改。当不再需要一个用户存储过程时，也可以把它从数据库中删除。通过企业管理器或 Transact-SQL 语句的相关命令可以对用户创建的存储过程进行修改和删除。此外，用户存储过程也可以重新命名。

9.5.1　查看用户存储过程

通过企业管理器查看用户存储过程：

（1）在企业管理器中，打开指定的服务器和数据库，单击数据库中可编程性选项的“存储过程”结点，在该结点下就会列出所有存储过程，如图 9-11 所示。

（2）右击要查看的存储过程，从弹出的快捷菜单中选择“属性”命令，如图 9-12 所示。

（3）在弹出的“存储过程属性”对话框中，就可以看到该存储过程的相关信息，如图 9-13 所示。

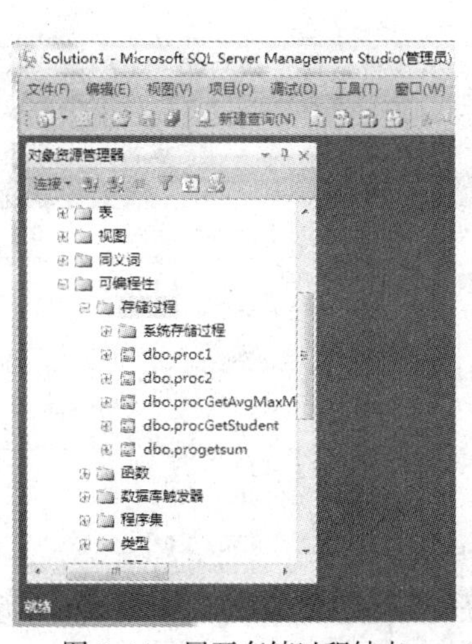

图 9-11　展开存储过程结点

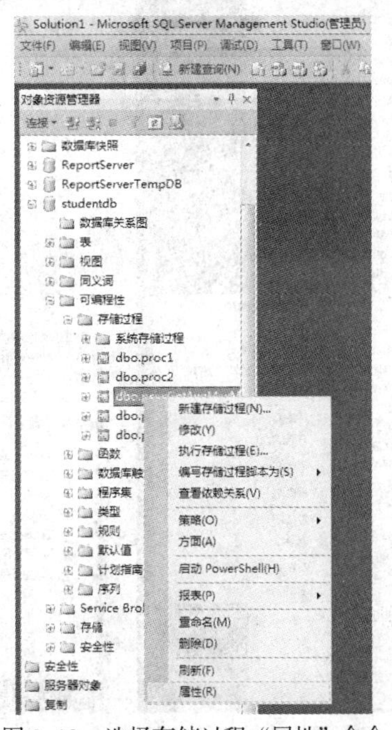

图 9-12　选择存储过程“属性”命令

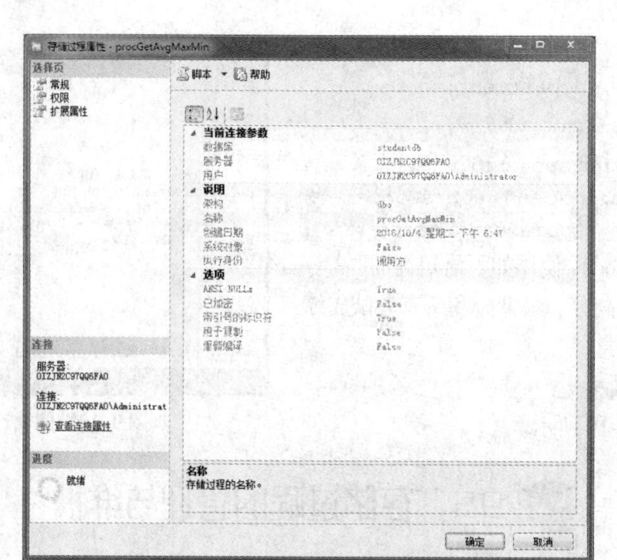

图 9-13　查看存储过程的属性

9.5.2　修改存储过程

使用企业管理器修改存储过程：

（1）打开指定的服务器和数据库，单击数据库中可编程性下的“存储过程”结点。

（2）选择要修改的存储过程并右击，在弹出的快捷菜单中选择“修改”命令，如图 9-14 所示。

（3）在弹出的“查询”对话框中显示了要修改的存储过程的内容，用户可以直接修改该存储过程的 Transact-SQL 语句，修改完毕后检查语法并保存即可，如图 9-15 所示。

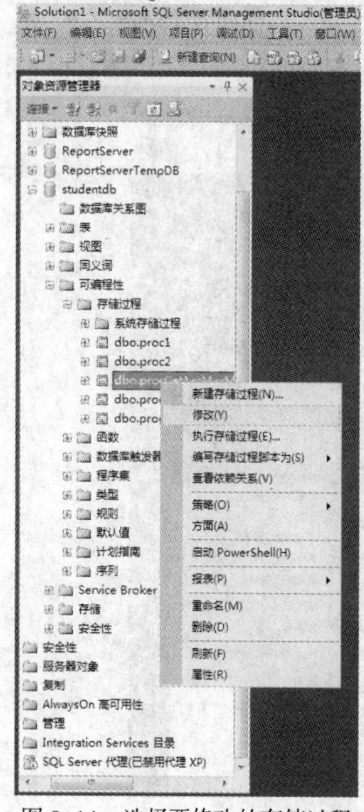

图 9-14　选择要修改的存储过程

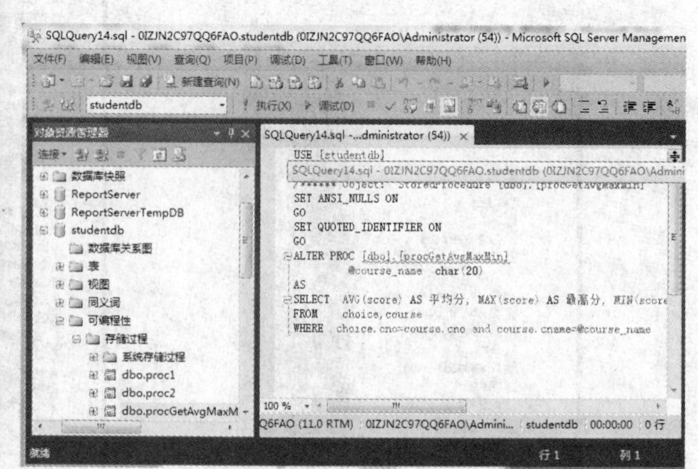

图 9-15　修改存储过程定义

使用 ALTER PROCEDURE 语句修改存储过程，其语法格式如下：

```
ALTER PROC [ EDURE ] procedure_name [ ; number ]
   [ { @parameter data_type }
       [ VARYING ] [ = default ] [ OUTPUT ]
] [ ,...n1 ]
[ WITH{ RECOMPILE | ENCRYPTION | RECOMPILE , ENCRYPTION } ]
[ FOR REPLICATION ]
AS
sql_statement [ ...n2 ]
```

参数含义：各参数含义与 CREATE PROCEDURE 命令相同。

修改存储过程时，应该注意以下几点：

（1）如果在 CREATE PROCEDURE 语句中使用过参数，那么在 ALTER PROCEDURE 语句中也应该使用这些参数。

（2）用 ALTER PROCEDURE 语句修改的存储过程的权限和启动属性保持不变。

（3）每次只能修改一个存储过程。

【例 9.8】 创建名为 sel_studnet 的存储过程，查询所有学生信息。然后修改该存储过程，查询外语专业的学生信息。

其语句如下所示：

```
USE studentdb
GO
IF EXISTS(SELECT name FROM sysobjects WHERE name='sel_studnet' and type='p')
DROP PROCEDURE sel_studnet
GO
CREATE PROCEDURE sel_studnet
AS
SELECT * FROM student
ORDER BY sno
GO
EXEC sel_studnet
GO
ALTER PROCEDURE sel_studnet
AS
SELECT * FROM student
WHERE sdepartment='外语'
ORDER BY sno
GO
EXEC sel_studnet
```

其执行结果如图 9-16 所示。

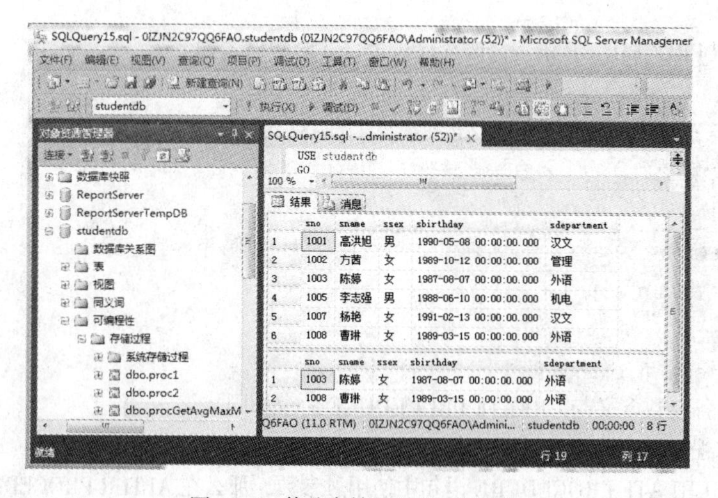

图 9-16　修改存储过程的运行结果

9.5.3　重新命名用户存储过程

用户存储过程可以改名，方法有以下两种：

（1）使用企业管理器修改存储过程名称

在企业管理器中，按照修改存储过程的方法找到要重新命名的存储过程。右击该存储过程，在弹出的快捷菜单中选择“重命名”命令，即可修改存储过程名称。

（2）使用系统存储过程修改存储过程名称

修改存储过程的名称也可以使用系统存储过程 sp_rename，其语法格式为：

Sp_rename 原存储过程名称，新存储过程名称

如将存储过程 sel_studnet 更改为 sel_studnet_info 的方法为：

```
Sp_rename sel_studnet, sel_studnet_info
```

9.5.4　删除用户存储过程

删除用户存储过程的方法有以下两种：

（1）使用企业管理器删除存储过程

在企业管理器中，按照修改存储过程的方法找到要删除的存储过程。右击该存储过程，在弹出的快捷菜单中选择“删除”命令，即可删除该存储过程。

（2）使用 DROP PROCEDURE 语句删除用户存储过程

语法格式：

```
DROP PROCEDURE 存储过程名称[,…n]
```

【例 9.9】删除 studentdb 数据库中的 sel_studnet_info 存储过程。

其语句如下所示：

```
USE studentdb
GO
DROP PROCEDURE sel_studnet_info
```

单元总结

本单元介绍了存储过程的作用和优点，利用存储过程可以使一些重复性的工作能够存储下来，当下次需要做相同工作时可以直接使用。另外，还介绍了存储过程的创建方法、执行方法、管理和维护存储过程的方法等，使用户能够对存储过程有一个更深入的了解。

习 题

一、选择题

1. 以下关于存储过程的说法不正确的是（　　）。
   A. 存储过程是存放在服务器上的预先编译好的单条或多条SQL语句
   B. 存储过程能够传递或者接收参数
   C. 可以通过存储过程的名称来调用执行存储过程
   D. 存储过程在每一次执行时都要进行语法检查和编译
2. 使用存储过程与本地的Transact-SQL程序相比优势在于（　　）。
   A. 允许模块化程序设计　　B. 减少网络流量
   C. 能直接用在表达式中　　D. 允许更快执行
3. 创建存储过程之后，它的源代码存放在系统表（　　）中。
   A. syscomments　B. sysfiles　C. sysdatabases　D. sysprocesses
4. 存储过程的主体构成不包括（　　）。
   A. 标准SQL命令　　B. 结构控制命令
   C. 数据　　D. 变量、常量

二、填空题

1. 系统存储过程存放在SQL Server的________数据库中，一般用前缀________标识。若有一个本地存储过程与系统存储过程同名，则执行的将是________。
2. 在调用存储过程时，可以通过________参数将数据传给存储过程。存储过程也可以通过________参数和________值将数据返回给所调用的程序。
3. 在SQL Server中存储过程分为两类，即________和________。
4. 存储过程最多可以有________个参数。

三、判断题

1. 创建存储过程时只能在当前数据库中创建存储过程。（　　）
2. 不能将CREATE PROCEDURE语句与其他SQL语句组合到单个批处理中。（　　）
3. 存储过程可以接受参数、输出参数、返回单个或多个结果集以及返回值。（　　）

验证性实验9　完成“学生成绩”数据库中存储过程的设计

一、实验目的

1. 掌握用户存储过程的创建操作。
2. 掌握用户存储过程的执行操作。
3. 掌握用户存储过程的删除操作。

二、实验内容

1. 创建带输入参数的存储过程和嵌套调用的存储过程。
2. 执行所创建的存储过程。
3. 删除所有新创建的存储过程。

三、实验步骤

1. 创建带输入参数的存储过程

（1）启动 SQL Server Management Studio，选择要操作的数据库，即“学生成绩”数据库。

（2）在新建存储过程窗口中输入创建存储过程的 CREATE PROCEDURE 语句。

新建一个带输入参数的存储过程 proc_XSQK，其中的输入参数用于接收课程号，默认值为“101”，然后在 XS_KC 表中查询该课成绩不及格的学生学号，接着在 XSQK 表中查找这些学生的基本信息，包括学号、姓名、性别和联系电话信息，最后输出，相应语句如下。

```
CREATE PROCEDURE proc_xsqk
@课程号码 char(3)='101'
As
SELECT xsqk.学号,xsqk.姓名,xsqk.联系电话
FROM xsqk,xs_kc
WHERE xsqk.学号=xs_kc.学号 and xs_kc.课程号= @课程号码 and xs_kc.成绩<60
```

（3）执行 CREATE PROCEDURE 语句。

2. 创建带嵌套调用的存储过程

（1）在查询命令窗口中输入创建存储过程的 CREATE PROCEDURE 语句。

创建一个带嵌套调用的存储过程 proc_XSQK2。该存储过程也有一个输入参数，它用于接收授课教师姓名，默认值为“王雷”，然后嵌套调用存储过程 proc_课程号，输出其所授课程的课程号，接着用此课程号来完成上一部分实验中所创建的存储过程 proc_XSQK 的功能。相应的 CREATE PROCEDURE 语句如下：

```
DECLARE  @课程号 char（3）
--嵌套调用存储过程proc_课程号
EXECUTE  proc_课程号
    @授课老师，@课程号 OUTPUT
--查询指定课程成绩不及格的学生的基本信息
SELECT XSQK.学号,XSQK.姓名,XSQK.性别,XSQK.联系电话
FROM XSQK,XS_KC
WHERE XS_KC.课程号=@课程号
AND XS_KC.成绩<60
AND XSQK.学号=XS_KC.学号
PROC_课程号的存储过程如下：
CREATE PROCEDURE PROC_课程号
@教师  CHAR(10)= ‘王雷’ ,
@课程号码  CHAR(3)  OUTPUT
```

```
AS
SELECT @课程号码=课程号  FROM  KC
WHERE  KC.教师=@教师
```

（2）单击工具栏上的“执行”按钮，执行CREATE PROCEDURE语句。

3．执行所创建的两个存储过程

（1）在查询命令窗口中输入以下EXECUTE语句，执行存储过程proc_XSQK。

```
EXECUTE proc_XSQK'101'
```

（2）在查询命令窗口中输入以下EXECUTE语句，执行存储过程proc_XSQK2。

```
EXECUTE proc_XSQK2  DEFAULT
```

4．删除新建的存储过程

在查询命令的窗口中输入DROP PROCEDURE语句和所有新创建的存储过程名，语句格式如下：

```
DROP PROCEDURE
Proc_XSQK，proc_XSQK2
```

第 10 单元

触　发　器 ‹‹‹

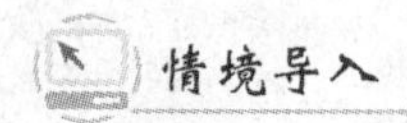

在我们进行学生成绩录入前，首先要判断该学生是否是我校学生以及选修课程是否是我校开设课程。如果上述两个条件都满足则我们进行成绩录入，如果任意一个不满足则取消录入操作。现在希望通过系统来判断并执行上面的操作，利用之前介绍过的数据完整性解决方案无法完成这类问题，所以我们提出了一个新的解决复杂数据的完整性的方案-触发器。

在学校管理信息系统中使用 SQL Server 2012 创建触发器实现对学生成绩录入和修改的管理操作。下面我们通过以下内容来认识什么是触发器以及如何管理触发器。

知识目标和能力目标

知识目标

(1) 了解触发器的分类、特点和触发器的执行原理。

(2) 能独立完成触发器的创建。

(3) 能独立调试触发器的代码程序。

(4) 能根据系统要求检查触发器运行是否恰当。

(5) 能检验所创建触发器是否达到系统所需。

能力目标

1. 专业能力

(1) 能独立完成触发器的创建。

(2) 能独立调试触发器的代码程序。

(3) 能根据系统要求检查触发器运行是否恰当。

(4) 能检查触发器的创建是否成功。

(5) 了解触发器的不同作用期和验证约束。

2. 方法能力

(1) 了解触发器在系统中完成的功能情况。

(2) 掌握触发器的创建、激活、删除、调试和执行操作。

10.1 触发器的概念

触发器是一种特殊的存储过程。它不同于上一章介绍的存储过程，触发器不能由用户调用，而是通过事件触发而被执行的。

10.1.1 INSERTED 表和 DELETED 表

触发器与表紧密相联，执行触发器时，系统自动创建两个特殊的临时表：INSERTED 表和 DELETED 表，这两个表都存在于内存中。两个表的结构与被该触发器作用的表的结构相同，由系统进行表的维护。用户不能修改表，但可以获取表中的数据。

INSERTED 表：存储由于执行 INSERT 和 UPDATE 语句而产生的新的记录。当向表中插入数据时，新的数据行被添加到基本表中，同时也被复制到 inserted 表中。

DELETED 表：存储被 DELETE 和 UPDATE 语句影响的旧的记录。当执行 DELETE 或 UPDATE 语句时，指定的数据行从基本表中删除，然后被转移到 deleted 表中。

Inserted 表和 deleted 表的查询方法与数据库表的查询方法相同。在触发器中可通过检查 inserted 表、deleted 表和被修改的表，了解相应语句的作用结果，也可以通过临时表恢复原表中的数据。

10.1.2 触发器的作用

触发器与表的关系密切，它可以解决高级形式的业务规则或复杂行为限制以及实现定制记录等一些方面的问题。还可以维护数据库表中的数据完整性。

触发器可以强制实现比 CHECK 约束更为复杂的约束条件。在触发器中可以使用 Transact-SQL 语言的数据操作语句和程序流程控制语句进行复杂的逻辑处理，可以实现仅靠约束表达式不能实现的复杂的数据完整性操作。

触发器可以评估数据修改前后的表状态，并根据其差异采取对策。如取消插入或修改数据、显示用户定义错误信息等。

通过触发器可以实现多个表间数据的一致。与 CHECK 约束不同，触发器可以应用其他表中的列。

触发器也可以用于视图。如果视图只取基表中的部分列，而且不包含基表所有不允许为空且不能自动填值的列，或者如果视图的数据来自于多个基表时，直接用插入、修改或删除数据的命令对视图进行操作是不允许的。但可以通过相应语句激活触发器来完成对数据的插入、更新和删除操作。

触发器和引用触发器执行的 SQL 语句被当作一次事务处理，如果这次事务未获得成功，SQL Server 会自动回滚到事务执行前的状态。

10.1.3 触发器的分类

一般情况下，对表数据的操作有插入、修改和删除，因此维护数据的触发器也可分为三种类型：INSERT 触发器、UPDATE 触发器和 DELETE 触发器，它们分别在对应语句执行前或执行后被触发。SQL Server 也允许一个触发器同时被以上三者中的两个或全部操作触发。

根据触发器被触发的时机不同，触发器可以分为 AFTER 触发器和 INSTEAD OF 触发器两种，它们的主要区别如下：

1．AFTER 触发器

这种类型的触发器将在数据变动（INSERT、UPDATE 和 DELETE 操作）完成以后才被触发。可以对变动的数据进行检查，如果发现错误，将拒绝接受或回滚变动的数据。AFTER 触发器只能在表中定义，在同一个数据表中可以创建多个 AFTER 触发器。

2．INSTEAD OF 触发器

INSTEAD OF 触发器将在数据变动以前被触发，并取代变动数据的操作（INSERT、UPDATE 和 DELETE 操作），而去执行触发器定义的操作。INSTEAD OF 触发器可以在表或视图中定义。每个

INSERT、UPDATE 和 DELETE 语句最多可以定义一个 INSTEAD OF 触发器。INSTEAD OF 触发器的另外一个优点是，通过使用逻辑语句以执行批处理的某一部分而放弃执行其余部分。比如，可以定义触发器在遇到某一错误时，转而执行触发器的其他部分。

如果一个触发器在执行操作时引发了另一个触发器，而这另一个触发器又接着引发了第三个触发器……这样就形成了嵌套触发器。

可以通过 SQL Server 2012 配置管理器中的企业管理器来设置是否允许嵌套触发器。在企业管理器树状结构窗口中选中注册的服务器并右击，在弹出的快捷菜单中选择“属性”命令，出现“服务器属性”对话框，从中选择“高级”页，在该页的“杂项”中即可设置是否允许嵌套触发器，如图 10-1 所示。

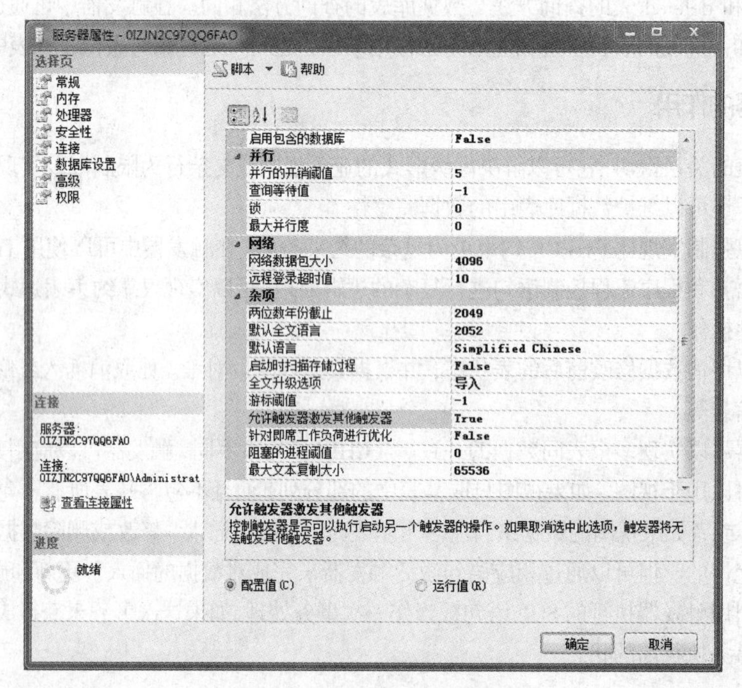

图 10-1　设置允许嵌套触发器

10.2　使用企业管理器创建触发器

创建触发器必须指定以下几部分内容：

（1）触发器的名称，名称要遵循 SQL Server 标识符的规定。

（2）触发器基于的表或视图。

（3）触发器被激活的时机。

（4）触发器被激活的语句。

（5）触发器激活后执行的操作语句。

在 SQL Server 中，可以通过企业管理器或 Transact-SQL 语言在查询分析器创建触发器。使用企业管理器创建触发器的步骤如下：

（1）在企业管理器树状结构窗口中，展开相应的服务器和数据库，这里选择服务器下的 studentdb 数据库，如图 10-2 所示。

（2）在左侧窗口中选择要创建触发器的表（本例选择 student 表），展开数据表结点，选择“触发器”并右击，在出现的快捷菜单中选择“新建触发器”命令，如图 10-3 所示。

（3）在管理器右侧窗口的查询窗口输入创建触发器的语句，如图 10-4 所示。

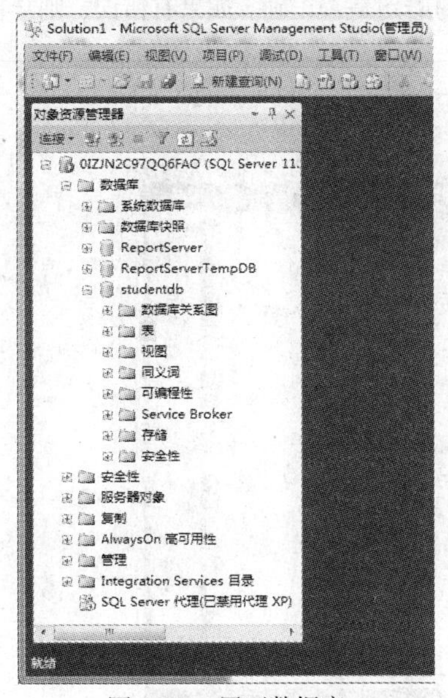

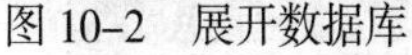
图 10-2 展开数据库

图 10-3 选择“新建触发器”命令

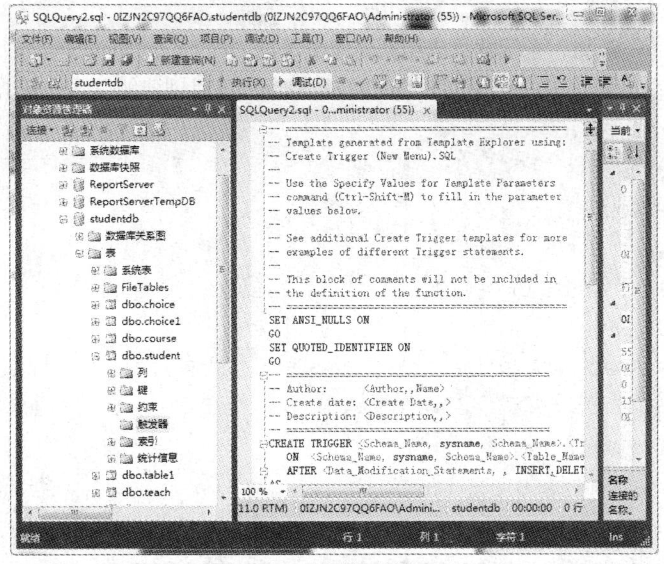

图 10-4 创建触发器窗口

在窗口的文本区域内，提供了触发器的默认文本。把默认的创建触发器语句修改成自己需要的语句即可。以下为 student 表创建一个触发器的语句：

```
CREATE TRIGGER student_insert
ON[dbo].[student]
FOR insert
AS
```

```
DECLARE @abc char(40)
SET @abc='向表中插入了一条新记录！'
PRINT @abc
```

（4）单击工具栏上“分析”按钮，检查创建触发器的语句是否正确。如果有错误，则会在窗口下部给出相应提示，如图 10-5 所示。

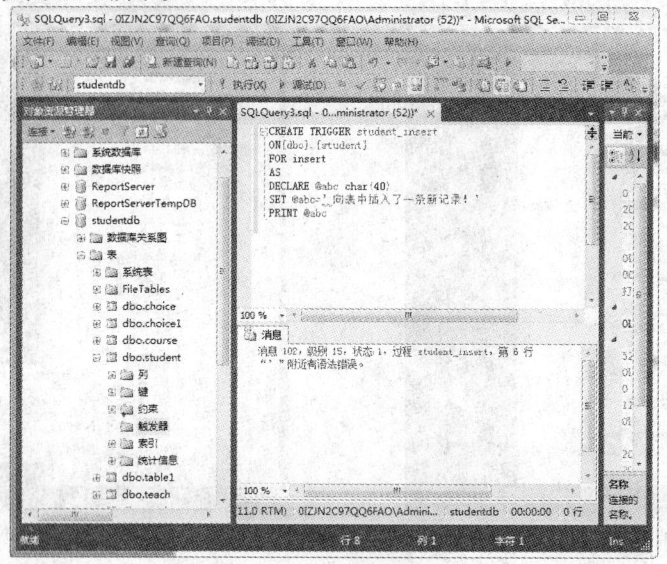

图 10-5　语法检查

（5）单击“执行”按钮，系统就会成功创建该触发器。

使用 Transact-SQL 语言中的 CREATE TRIGGER 命令也可以创建触发器，其语法格式如下：

```
CREATE TRIGGER trigger_name
ON{table | view}
[WITH ENCRYPTION]
{
{{FOR | AFTER | INSTEAD OF}{[INSERT][,][DELETE][,][UPDATE]}
    [WITH APPEND]
    [NOT FOR REPLICATION]
AS
[{IF UPDATE(column)
      [{AND | or}UPDATE(column)]
         [...n]
| IF(COLUMNS_UPDATED(){bitwise_operator})updated_bitmask)
               {comparison_operator}column_bitmask[...n]
}]
Sql_statement[...n]
}
}
```

各参数含义如下：

（1）Trigger_name：创建的触发器的名称。必须符合标识符规则，并且在数据库中必须唯一。

（2）Table | View：创建触发器所关联的表或视图，有时称为触发器表或触发器视图。该表或视图必须已经存在。

（3）WITH ENCRYPTION：加密 syscomments 表中含有 CREATE TRIGGER 语句文本的条目，防止获取触发器的源码。

（4）AFTER：表示触发器只有在触发 SQL 语句中指定的所有操作都已经成功执行后才激发。所有的引用级联操作和约束检查也必须成功完成后，才能执行该触发器。如果只有 FOR 关键字，则默认为是 AFTER 触发器，该触发器只能在表上创建。

（5）INSTEAD OF：表示执行触发器而不是执行触发 SQL 语句，从而替代触发语句的操作。在表或视图上，每个 INSERT、UPDATE 或 DELETE 语句最多可以定义一个 INSTEAD OF 触发器。INSTEAD OF 触发器不能在 WITH CHECK OPTION 的可更新视图上定义。

（6）{[INSERT][,][DELETE][,][UPDATE]}：指定当执行哪种操作时，将激活触发器。至少要指定一个选项，在触发器定义中允许以任意顺序组合这 3 个关键字。如果指定的选项多于一个，需要用逗号分隔。

（7）WITH APPEND：表明增加另外一个已存在的某一类型触发器。

（8）NOT FOR REPLICATION：表示当复制表时，涉及该表的触发器不能执行。

（9）AS：表示其后是触发器要执行的操作。

（10）IF UPDATE(column)：用来判定在指定的字段上进行的是 INSERT 操作，还是 UPDATE 操作。不能用于判断 DELETE 操作。

（11）IF(COLUMNS_UPDATED())：只有在 INSERT 和 UPDATE 类型的触发器中使用，以检查所涉及的列是被更新还是被插入。

（12）bitwise_operator：用于比较运算的位运算符。

（13）updated_bitmask：整型位掩码，表示实际更新或插入的字段。例如，表 Y 包含 A1、A2、A3、A4 和 A55 个字段。假设表 Y 上有 INSERT 触发器，如果要判断 A2 和 A3 字段是否都有更新，则 updated_bitmask 应当取值 6（二进制 110）；如果要判断是否只有 A3 有更新，则 updated_bitmask 应当取值 4（二进制 100）。

（14）comparison_operator：比较运算符。使用等号（=）判断 updated_bitmask 中指定的所有字段是否都进行了更新。使用大于号（>）检查 updated_bitmask 中指定的任一字段或某些字段是否已更新。

（15）column_bitmask：要判断的字段的整型位掩码，用来检查是否已更新或插入了这些字段，例如，要判断 Y 表的 A2 和 A3 字段的任意一个字段或者两个字段被插入值，则上述判断表达式 IF (COLUMNS_UPDATED( )···)应当被写为：IF (COLUMNS_UPDATED( )&6)>0);而要判断 Y 表中，是否 A2 和 A3 两个字段都被插入值，则应写为：IF (COLUMNS_UPDATED( )&6)=6)。

（16）sql_statement：触发器中的处理语句。

10.3 在“教学管理”数据库中完成触发器的设计

1. INSERT 触发器的设计

下面通过例题说明 INSERT 触发器的创建方法和运行效果。

【例 10.1】在 choice 表上创建触发器 choice_ins，当向 choice 表中插入新记录时，要求新记录的 sno 字段值在 Student 表中存在，cno 字段值在 Course 表中存在，否则取消插入操作。

（1）首先，创建触发器 choice_ins，其语句如下所示：

```
CREATE TRIGGER choice_ins
On choice
FOR INSERT
AS
DECLARE @sno char(5),@cno char(5) /*将INSERTED表中的sno cno两个字段的值，分别赋值给@sno和@cno两个变量，INSERTED表是一个虚表，用于临时存放插入语句中的记录值*/
SELECT  @sno=sno,@cno=cno
FROM   INSERTED
/*判断插入记录中的sno字段值，是否在Student表中存在。如果不存在，则执行取消操作，并打印错误提示*/
IF @sno NOT IN(SELECT sno FROM student)
BEGIN
    ROLLBACK TRANSACTION   /*取消操作*/
    PRINT '您输入了Student表中不存在的学号，插入操作已被取消！'
END
/*判断插入记录中的cno字段值，是否在Course表中存在。如果不存在，则执行取消操作，并打印错误提示*/
IF @cno NOT IN(SELECT cno FROM course)
BEGIN
    ROLLBACK TRANSACTION
    PRINT '您输入了Course表中不存在的课号，插入操作已被取消！'
END
```

（2）其次，运行下面的插入语句：

```
INSERT INTO choice
VALUES ('2010','001',80)
```

运行结果如图10-6所示。

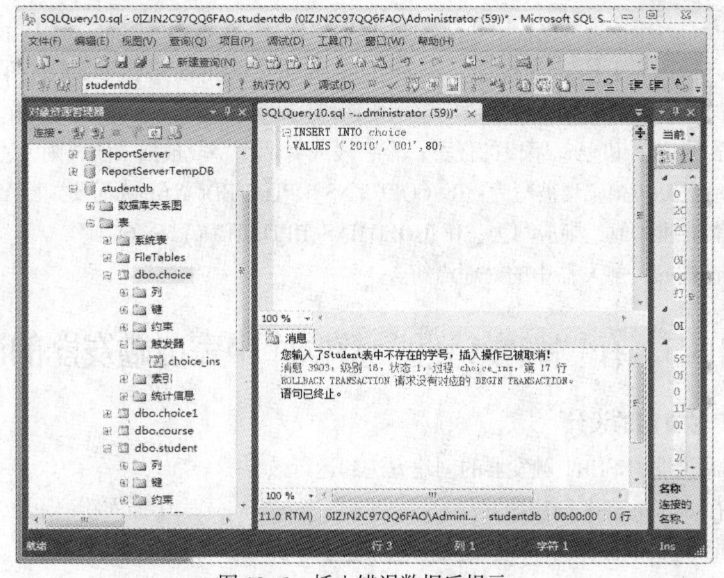

图10-6　插入错误数据后提示

分析：当执行 INSERT 语句向 choice 表插入记录时，触发器 choice_ins 被自动调用，从而会执行触发器内的命令语句。首先，判断学号是否在 Student 表中存在。如果不存在，则执行“ROLLBACK TRANSACTION”语句，取消插入操作，并执行 PRINT 语句给出错误提示。如果学号存在，则继续判断课号是否在 Course 表中存在，如果不存在，则执行“ROLLBACK TRANSACTION”语句，取消插入操作，并执行 PRINT 语句给出错误提示。

代码中的 INSERTED 表是一个虚表，用来临时存放插入语句的记录值，在本例中，执行了插入语句后，INSERTED 表的内容如表 10-1 所示。

表 10-1 INSERTED 表内容

sno	cno	score
2010	001	80

本例中，如果插入语句为：

```
INSERT INTO choice
VALUES ('1001','2001',80)
```

则会插入成功。因为，学号和课号分别存在于 Student 表和 Course 表内，因此，两个 IF 语句都不执行，即两个取消操作都不执行，所以插入语句会正常执行。

2. DELETE 触发器的设计

下面通过例题说明 DELETE 触发器的创建方法和运行效果。

【例 10.2】在 course 表上创建触发器 course_del，当要删除 course 表中某课程记录时，查询该课程的 cno 是否在 choice 表中存在（即查询是否有学生选修了这门课程），如果存在则不允许删除。

（1）首先，创建触发器 course_del，其语句如下所示。

```
CREATE TRIGGER course_del
ON course
FOR DELETE
AS
DECLARE @cno char(5)
/*将 DELETED 表中的“课号”字段的值，赋值给@con 变量，DELETED 表是一个虚表，用于临时存放被删除的记录值*/
SELECT  @cno=cno
FROM    DELETED
/*判断被删除记录中的课号字段值，是否在 choice 表中存在。如果存在，则执行取消操作，并打印提示信息*/
IF @cno IN(SELECT cno FROM choice)
BEGIN
   ROLLBACK TRANSACTION
   PRINT '您要删除的课程，已经有学生选修，因此不能删除，删除操作已被取消！'
END
```

（2）其次，运行下面的删除语句：

```
DELETE FROM course
WHERE  cname='计算机基础 '
```

运行结果如图 10-7 所示。

分析：当执行 DELETE 语句删除 course 表中记录时，触发器 course_del 就被自动调用，从而会执行触发器内的命令语句，判断将要删除的记录的课号是否在 choice 表中存在，如果存在则执行“ROLLBACK TRANSACTION”语句，取消删除操作，并执行 PRINT 语句给出错误提示。

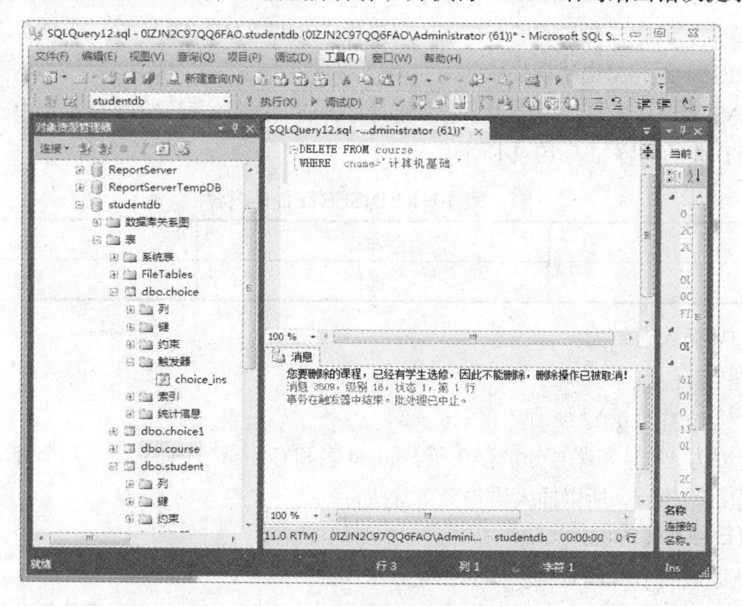

图 10-7 删除记录的错误提示

代码中的 DELETED 表和 INSERTED 表相同，也是一个虚表，只是 DELETED 表用来临时存放被删除的记录值，在本例中，执行了删除语句后，DELETED 表的内容如表 10-2 所示。

表 10-2 DELETED 表内容

cno	cname	cscore
2001	计算机基础	3

本例中，如果将被删除的记录课号，不存在 choice 表中，则删除操作会正常完成。例如，首先执行下面的插入语句，向 Course 表插入一条新记录：

```
INSERT INTO course
VALUES ('0001','abcd',9)
```

查看 Course 表内容：

```
SELECT *
FROM course
```

运行结果如图 10-8 所示。

执行如下删除语句，删除刚才插入的课程记录：

```
DELETE FROM course
WHERE cname='abcd '
```

再次查看 course 表内容，如图 10-9 所示，由于课号“0001”不存在于 choice 表中，所以删除操作正常完成。

说明：通过企业管理器（Enterprise Manager）删除表内数据时，也会触发该表上的 DELETE 触发器。

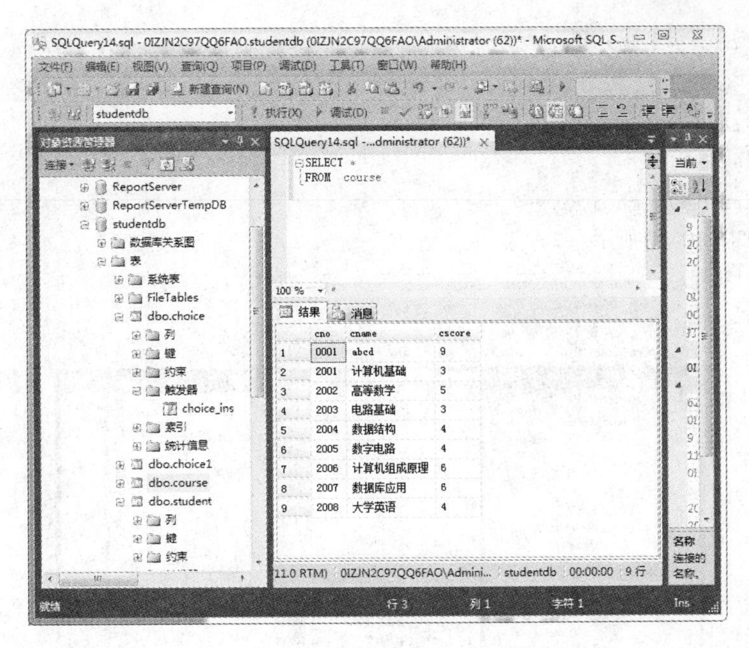

图 10-8　插入记录后的 course 表内容

3. UPDATE 触发器的设计

下面通过例题说明 UPDATE 触发器的创建方法和运行效果。首先，使用如下 SELECT...INTO 语句创建一个 course_avg_choice 表，其中存放的内容主要是所有课程的平均考试成绩信息。

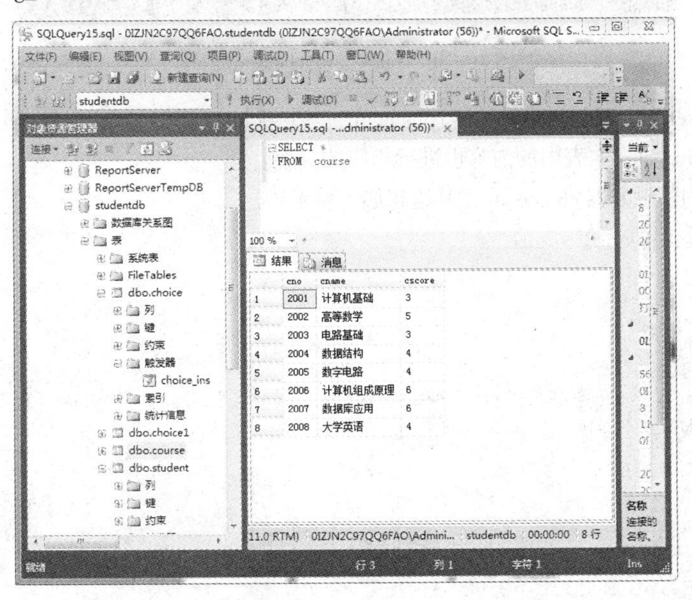

图 10-9　删除记录后的 course 表内容

```
SELECT course.cno,cname,AVG(score) AS 平均考试成绩
INTO course_avg_choice
FROM  choice,course
WHERE choice.cno=course.cno
```

```
GROUP BY course.cno,cname
ORDER BY 3 DESC
```

查看 course_avg_choice 表内容：

```
SELECT  *
FROM  course_avg_choice
```

运行结果如图 10-10 所示。

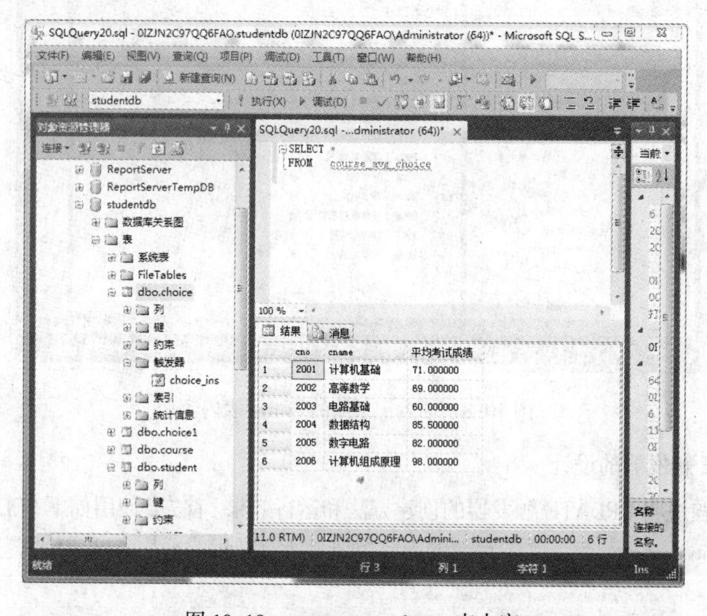

图 10-10　course_avg_choice 表内容

【例 10.3】在 choice 表上创建触发器 choice_up，当更新 choice 表中某记录的课号或考试成绩字段值时，将 course_avg_choice 表中的内容也进行相应的更新。

（1）首先，创建触发器 choice_up，其语句如下所示：

```
CREATE TRIGGER choice_up
ON choice
FOR UPDATE
AS
/*判断是否 cno 或 score 字段值的任一字段值被更新，其中，使用 6 作为掩码的原因是 6 转换为二进制数为 110，正好代表第二个字段 cno 和第三个字段 score*/
IF (COLUMNS_UPDATED()&6)>0
BEGIN
    /*删除表 course_avg_choice 中所有记录*/
    TRUNCATE TABLE course_avg_choice
    /*重新向表 course_avg_choice 插入统计数据*/
    INSERT INTO course_avg_choice
    SELECT course.cno,cname,AVG(score) AS 平均考试成绩
    FROM  choice,course
    WHERE choice.cno=course.cno
```

```
    GROUP BY course.cno,cname
    ORDER BY 3 DESC
    PRINT '表course_avg_choice同步更新成功! '
END
```

说明：上面的程序不是最佳程序，因为重新在整个表上执行了统计查询，而不是只对修改分数或课号的记录进行统计查询。

（2）其次，运行下面的更新语句，将学号为“1001”的学生的“计算机基础”课的成绩更新为100分。

```
UPDATE choice
SET score=100
FROM choice,course
WHERE choice.cno=course.cno and choice.sno='1001' and course.cname='计算机基础'
```

其运行结果如图10-11所示。从运行结果中可以看出choice_up触发器被执行了。

下面，再次查看course_avg_choice表的内容。

```
SELECT *
FROM  course_avg_choice
```

运行结果如图10-12所示。

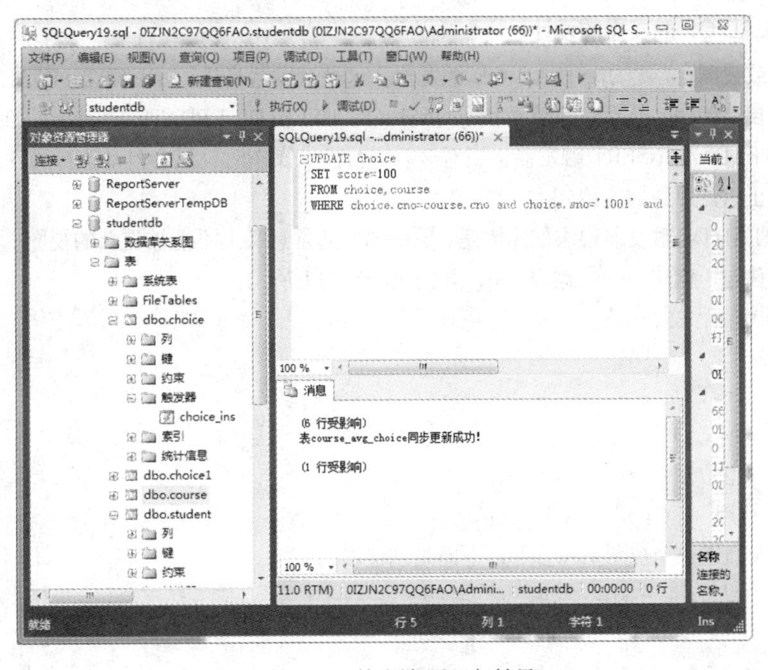

图10-11 更新语句后运行结果

在查询结果集中可以看到“计算机基础”的平均考试成绩和排序名次都有了变化，这表明了在choice表上的UPDATE触发器choice_up确实被自动执行了。

在使用UPDATE触发器时，UPDATE=DELETE+INSERT，这就是说更新某个记录数据，实际上是先将该记录删除，然后再将新记录插入。在编写UPDATE触发器时，使用DELETED和INSERTED两个虚表获取更新前的数据和更新后的数据了。

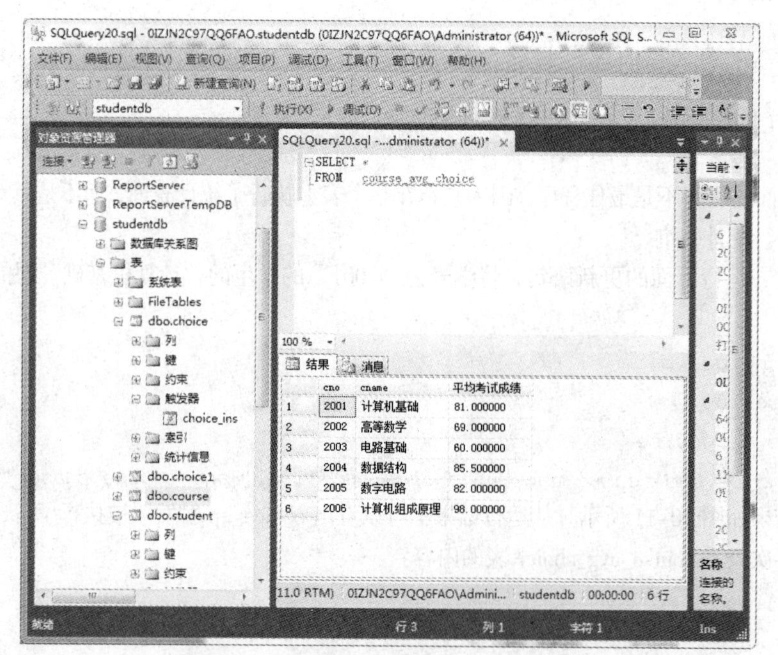

图 10-12　更新后的 course_avg_choice 表内容

4. INSTEAD OF 触发器的设计

可以在表或视图上创建 INSTEAD OF 触发器。这种触发器当执行 INSERT、DELETE、UPDATE 等操作时，被自动调用，然后，它就替代了 INSERT、DELETE、UPDATE 等操作。如果在某表上创建了一个 INSTEAD OF INSERT 触发器，当对该表进行插入操作时，只会自动执行触发器内的代码，而绝对不会真正执行那条插入语句。

使用 INSTEAD OF 触发器很大的原因是，更新那些通常意义上不能被更新的视图。下面通过例题说明这一点。首先，创建一个数据表 tele，其创建语句如下所示：

```
CREATE TABLE  tele
(
姓名 char(22),
区号 char(5),
电话 char(12)
)
```

基于 tele 表创建一个视图 view_tele，下面是创建语句：

```
CREATE VIEW view_tele
AS
SELECT 姓名,区号 + '-' +电话 AS 电话号码
FROM tele
```

在正常情况下，因为视图 view_tele 有连接字段，所以不能通过其向 tele 表插入数据。但是，通过 INSTEAD OF 触发器却可以更新视图。只是有一个前提条件，那就是必须对 INSERT 语句如何提供“电话号码”字段值设置相应的规则，让触发器能够确定字符串的哪部分应放在“区号”字段中，而哪部分应放在“电话”字段中。

【例 10.4】在 view_tele 视图上创建触发器 view_tele_ins，使能够通过 view_tele 视图向 tele 表插入

数据。假设，INSERT 语句提供“电话号码”字段值的规则是“区号-电话”。

（1）首先，创建触发器 view_tele_ins，其语句如下所示：

```
CREATE TRIGGER view_tele_ins
ON view_tele
INSTEAD OF INSERT
AS
BEGIN
   INSERT INTO tele
   SELECT 姓名,
         /*获取“电话号码”的区号部分*/
         SUBSTRING(电话号码,1, (CHARINDEX('-', 电话号码) - 1)),
         /*获取“电话号码”的电话部分*/
         SUBSTRING(电话号码, (CHARINDEX('-', 电话号码) + 1),
                  DATALENGTH(电话号码)                    )
   FROM inserted
END
```

（2）其次，运行下面的插入语句，通过 view_tele 视图向 tele 表插入数据。

```
INSERT view_tele
VALUES ('王雷','0471-5958598')
```

从结果可以看出，插入语句执行成功。其中的原因就是在 view_tele 视图上使用了 INSTEAD OF 触发器。为了确保无误，下面查看 tele 表的内容。

```
SELECT  *
FROM  tele
```

运行结果如图 10-13 所示。

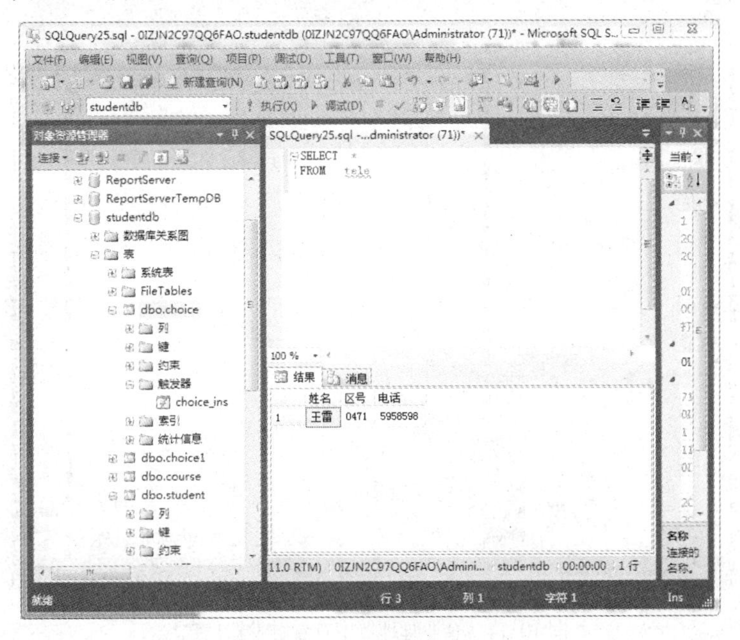

图 10-13　tele 表的内容

分析：在执行 INSERT 语句后，触发器 view_tele_ins 便会自动调用，然后执行了其内的语句，将“0471-5958598”拆分，向 tele 表插入了正确的数据。

10.4 触发器的管理和维护

触发器成功创建后，可以对触发器的相关信息进行查看，也可以对名称和内容进行修改。当该触发器不再需要时，可以把它删除以释放数据库空间。

10.4.1 查看触发器的定义信息

在 SQL Server 中，有多种方法可以查看触发器信息，其中最常用的是使用企业管理器和在查询窗口中使用系统存储过程查看触发器信息。

1. 使用企业管理器查看触发器信息

（1）在企业管理器中，找到指定的服务器和数据库。

（2）选择创建触发器的表或视图，在数据表或视图的结点下选择触发器。

（3）打开触发器结点，就可以查看已经创建成功的触发器。

（4）选择要查看的触发器并右击，在弹出的快捷菜单中选择“查看依赖关系”命令，在弹出的“对象依赖关系”对话框中可以显示依赖该触发器的对象和该触发器依赖的其他数据库对象的名称，如图 10-14 所示。

2. 在查询窗口中使用系统存储过程查看触发器信息

可以使用系统存储过程 sp_help,sp_helptext 和 sp_depends 分别查看触发器的不同信息，具体用途和语法格式如下：

```
sp_help
```

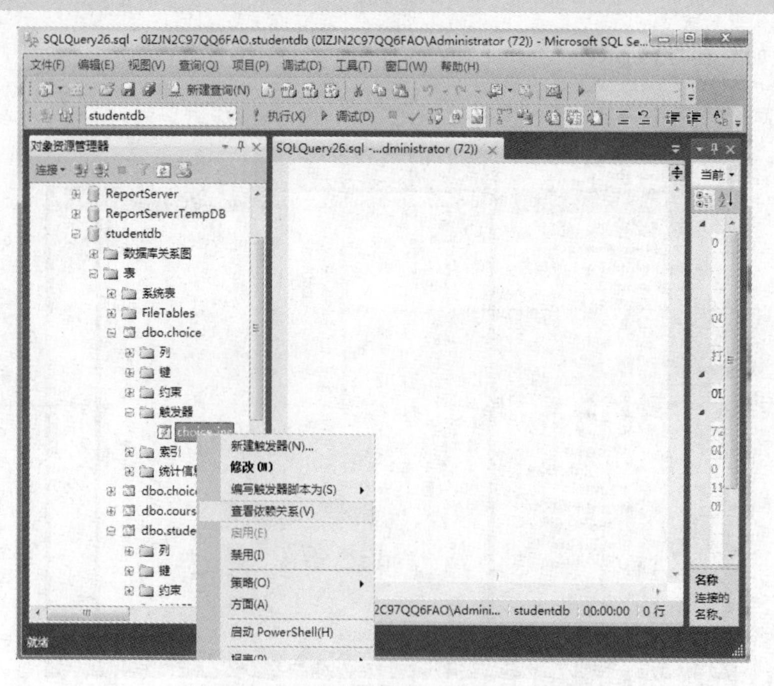

图 10-14　企业管理器中查看触发器信息

查看触发器的一般信息，如触发器的名称、类型、创建时间等，它的语法格式是：

```
sp_help 触发器名称
sp_helptext
```

查看触发器的正文信息。它的语法格式是：

```
sp_helptext 触发器名称
sp_depends
```

查看指定触发器所引用的表或者指定的表所涉及的所有触发器。它的语法格式是：

```
sp_depends 触发器名称
sp_depends 表名称
```

10.4.2 修改和删除触发器

1. 在企业管理器中修改和删除触发器

在企业管理器中修改和删除触发器的操作与创建触发器的操作类似。在企业管理器中，找到指定的服务器、数据库和表（或视图），选中要修改和删除的触发器，右击在弹出的快捷菜单中选择“修改”命令，用户就可以修改 Transact-SQL 语句。如果要删除该触发器，则在弹出的快捷菜单中选择“删除”命令，在出现的对话框中单击“确定”按钮，即可删除该触发器。

说明：如果在创建触发器时用 WITH ENCRYPTION 选项对文本进行了加密，则不能在企业管理器中对该触发器进行修改。

2. 使用 Transact-SQL 语句修改和删除触发器

修改触发器的语法格式：

```
ALTER TRIGGER trigger_name
ON{table | view}
[WITH ENCRYPTION]
{
{{FOR | AFTER | INSTEAD OF}{[INSERT][,][DELETE][,][UPDATE]}
    [WITH APPEND]
    [NOT FOR REPLICATION]
AS
[{IF UPDATE(column)
      [{AND | or}UPDATE(column)]
        [...n]
| IF(COLUMNS_UPDATED(){bitwise_operator})updated_bitmask)
              {comparison_operator}column_bitmask[...n]
}]
Sql_statement[...n]
}
}
```

各参数含义可参考创建触发器命令部分。

删除触发器的语法格式：

```
DROP TRIGGER 触发器名称[,...n]
```

如删除触发器 choice_ins 的命令为：

```
DROP TRIGGER choice_ins
```

10.5 事　　务

10.5.1 事务的基本概念

事务（Transaction）是 SQL Server 中的一个逻辑工作单元，其中包括一系列的操作，这些操作语句被作为一个整体进行处理。由于事务作为一个逻辑工作单元，当事务执行遇到错误时，将取消事务做的所有修改。即一个事务中的操作，要么全部执行，要么全部取消，这样就很好地维护了数据库的完整性。

1. 事务的 ACID 特性

数据库理论中，对事务的定义非常严格，指明事务作为一个逻辑单元应该具有以下四个基本属性，即 ACID 特性。

（1）原子性（Atomicity）：事务作为工作的最小单位，即原子单位，其所进行的操作要么全部执行，要么全部不执行（又称全部回滚）。

（2）一致性（Consistency）：事务必须确保所有数据处于一致性状态。在相关数据库中，事务必须遵守数据库的约束和规则要求，以保持所有数据的完整性。

（3）隔离性（Isolation）：多个事务可以同时运行，而且彼此之间不会相互影响。

（4）持久性（Durability）：事务完成后，其对数据库的修改将永久保持。

2. SQL Server 2012 的事务模式

SQL Server 2012 的事务模式可以分为显示事务、隐式事务和自动事务模式三种。

（1）显示事务

显示事务是由用户明确指定的事务，用户可以自己明确定义事务的启动和结束。下面介绍几个 Transact-SQL 中的事务语句：

① BEGIN TRANSACTION：标识显示事务的起始点。

语法格式：

```
BEGIN TRAN[SACTION][事务名称|@tran_name_variable[WITH MARK['描述']]]
```

说明：

@tran_name_variable 是用户定义的、含有效事务名称的变量名称。

WITH MARK['描述']用于指定在日志中标记事务。描述该标记的字符串要加单引号。如果使用了 WITH MARK，则必须指定事务名。

② COMMIT TRANSACTION（或 COMMIT WORK）：标识事务的结束，且事务顺利完成，没有遇到错误。该事务中的所有数据都被回滚到事务开始时的状态，事务占用的资源被释放。

语法格式：

```
COMMIT[TRAN[SACTION][事务名称|@tran_name_variable]]
（或：COMMIT[WORK]）
```

③ ROLLBACK TRANSACTION（或 ROLLBACK WORK）：表示事务执行过程中遇到错误，撤销事务操作。该事务修改的所有数据都被回滚到事务开始时的状态，事务占用的资源也将被释放。

语法格式：

```
ROLLBACK[TRAN[SACTION] [事务名称|@tran_name_variable|保存点标记|@savepoint_
variable]]
(或: ROLLBACK[WORK])
```

说明:

@savepoint_variable 是用户定义的、含有效保存点名称的变量名称。即可以通过变量给出保存点标记名。

任何有效的用户都默认拥有以上各事务管理语句的权限。

(2)隐式事务

隐式事务是指 SQL Server 自动启动的事务。隐式事务不需使用 BEGIN TRANSACTION 语句标识事务的开始，只需使用 COMMIT TRANSACTION（或 COMMIT WORK）、ROLLBACK TRANSACTION（或 ROLLBACK WORK）提交或回滚事务。隐式事务模式生成连续的事务链。

通过使用 SET IMPLICIT TRANSACTIONS ON 语句可以将隐式事务模式设置为打开。使用 SET IMPLICIT TRANSACTIONS OFF 语句可以关闭隐式事务模式。

(3)自动事务模式

自动事务模式是 SQL Server 默认的事务管理模式。每个 Transact-SQL 语句在完成时，都被提交或回滚。如果一个语句成功地完成，则提交该语句；如果遇到错误，则回滚该语句。只要自动事务模式没有被显示或隐式事务替代，SQL Server 连接就以该默认模式进行操作。

一个 SQL Server 连接在用 BEGIN TRANSACTION 语句启动显示事务前，或隐式事务模式设置未打开时，将以自动事务模式进行操作。当提交或回滚显示事务，或者关闭隐式事务模式时，SQL Server 将返回到自动事务模式。

10.5.2 事务管理应用

事务管理对维护数据库数据的一致性具有非常重要的意义，下面我们通过一个例子来介绍事务管理的重要性。

假设在中国银行的 ATM 机上，王雷要从自己的账户向刘夏的账户转出 10 000 元人民币。银行的存款账户信息表（Saving_Account）的内容如表 10-3 所示。

表 10-3 存款账户信息表（Saving_Account）

ACCOUNTID	CUSTOMER	BALANCE
…	…	…
5566	王雷	50 000.00
6655	刘夏	900.00
…	…	…

这时，应该使用如下两条 UPDATE 语句完成这一操作：

```
UPDATE  Saving_Account
SET     balance=balance-10000
WHERE   customer='王雷'
UPDATE  Saving_Account
SET     balance=balance+10000
WHERE   customer='刘夏'
```

需要注意的是，这两条 UPDATE 语句应该要么全部执行，要么全部不执行。所以必须将它们放入一个事务中。

如果没有事务处理机制，很有可能会出现这样的情况——更新王雷账户信息的 UPDATE 语句成功了，而当更新刘夏的信息时由于某种原因失败了，这就导致了王雷的 10 000 元被扣掉了，而刘夏又没有得到这笔钱。这好像很不可思议，但如果没有事务处理机制，它就一点也不会不可思议了。

单元总结

本单元介绍的触发器是一种特殊类型的存储过程，当使用 INSERT、UPDATE 和 DELETE 中的一种或多种数据修改操作在指定表中对数据进行修改时，触发器就会发生。本单元内容包括触发器概述、创建触发器、查看触发器、修改和删除触发器，以及事务的相关概念和应用。通过本单元的学习，可以更好地利用触发器去完成一些常用的规律化的操作，以方便大家使用。

习　题

一、选择题

1. 对数据进行________操作时，触发器不会发生。

A. INSERT　　B. DELETE　　C. UPDATE　　D. CREATE

2. 以下关于触发器的说法正确的是________。

A. 触发器能够传递或者接收参数

B. 在创建数据库表时可自动激活触发器

C. 可以通过使用触发器的名称来调用执行触发器

D. 使用触发器可以帮助保证数据的完整性和一致性

3. 触发器的功能中不能实现________。

A. 默认值和规则的完整性检查　　B. SQL Server 约束

C. 快速访问表中的特定信息　　D. 用普通约束难以实现的复杂功能

4. 以下________不是触发器的优点。

A. 触发器安全性比较高

B. 触发器是自动执行的

C. 触发器可以通过数据库中的相关表进行层叠更改

D. 触发器可以强制限制

二、填空题

1. 在触发器语句执行后激活的触发器为________触发器；可以代替触发语句操作的触发器为________触发器。

2. 触发器是一种特殊类型的________。

3. 事务的四个基本属性是________、________、________和________。

4. 事务模式分为________、________和________。

三、判断题

1. AFTER 触发器只能在表中定义，在同一个数据表中可以创建多个 AFTER 触发器。　（　　）

2. 触发器与表的关系密切，它可以解决高级形式的业务规则或复杂行为限制以及实现定制记录等一些方面的问题。但触发器不能维护数据库表中的数据完整性。　（　　）

3. 一个事务中的操作，要么全部执行，要么全部取消，这样就很好地维护了数据库的完整性。
( )

4. 隐式事务模式是SQL Server默认的事务管理模式。 ( )

验证性实验10 完成“学生成绩”库中触发器的设计

一、实验目的

1. 掌握触发器的创建、修改和删除操作。
2. 掌握触发器的触发执行。
3. 掌握触发器与约束的不同。

二、实验内容

1. 创建并执行触发器。
2. 验证约束与触发器的不同作用期。
3. 删除所有新创建的触发器。

三、实验步骤

1. 创建触发器

（1）启动SQL Server Management Studio管理器，新建一个查询窗口，选择要操作的数据库，如XSCJ数据库。

（2）在查询命令窗口中输入以下CREATE TRIGGER语句，创建触发器。

为XS_KC表创建一个基于UPDATE操作和DELETE操作的复合型触发器，当修改了该表中的成绩信息或者删除了成绩记录时，触发器被激活生效，显示相关的操作信息。

```
/*创建触发器*/
CREATE TRIGGER tri_UPDATE_DELETE
ON XS_KC
FOR UPDATE,DELETE
AS
/*检测成绩列表是否被更新*/
IF UPDATE(成绩)
BEGIN
/*显示学号、课程号、原成绩和新成绩信息*/
SELECT INSERTED.课程号,DELETED.成绩 AS 原成绩,
INSERTED.成绩 AS 新成绩
FROM DELETED ,INSERTED
WHERE DELETED.学号=INSERTED.学号
END
/*检测是更新还是删除操作*/
ELSE IF COLUMNS_UPDATED( )=0
BEGIN
```

```
/*显示被删除的学号、课程号和成绩信息*/
SELECT 被删除的学号=DELETED.学号,DELETED.课程号,
DELETED.成绩 AS 原成绩
FROM DELETED
END
ELSE
/*返回提示信息*/
PRINT ' 更新了非成绩列! '
```

2. 触发触发器

（1）在查询命令窗口中输入以下 UPDATE XS_KC 语句，修改成绩列，激发触发器。

```
UPDATE XS_KC
SET 成绩=成绩+5
WHERE 课程号='101'
```

（2）在查询命令窗口中输入以下 UPDATE XS_KC 语句修改非成绩列，激发触发器。

```
UPDATE XS_KC
SET 课程号='113'
WHERE 课程号='103'
```

（3）在查询命令窗口中输入以下 DELETE XS_KC 语句，删除成绩记录，激发触发器。

```
DELETE XS_KC
WHERE 课程号='102'
```

3. 比较约束与触发器的不同作用期

（1）在查询命令窗口中输入并执行以下 ALTER TABLE 语句，为 XS_KC 表添加一个约束，使得成绩只能大于等于 0 且小于等于 100。

```
ALTER TABLE XS_KC
ADD CONSTRAINT CK_成绩
CHECK(成绩>=0 AND 成绩<=100)
```

（2）在查询命令窗口中输入并执行以下 UPDATE XS_KC 语句，查看执行结果。

```
UPDATE XS_KC
SET 成绩=120
WHERE 课程号='108'
```

（3）在查询命令窗口中输入执行以下 UPDATE XS_KC 语句，查看执行结果。

```
UPDATE XS_KC
SET 成绩=90
WHERE 课程号='108'
```

从这部分实验中，我们可以看到，约束优先于触发器起作用，它在更新前就生效，以对要更新的值进行规则检查。当检查到与现有规则冲突时，系统给出错误消息，并取消更新操作。如果检查没有问题，更新被执行，当执行完毕后，再激活触发器。

4. 删除新创建的触发器

在查询命令窗口中输入 DROP TRIGGER 语句，删除新创建的触发器。

```
DROP TRIGGER tri_UPDATE_DELETE
```

第 11 单元

SQL Server 2012 的安全管理

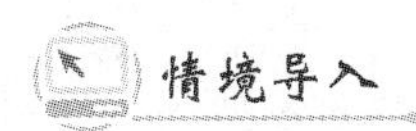

情境导入

为了保证学校管理信息系统的安全，按照系统要求设置服务器登录身份验证模式，为不同的用户建立数据库用户账号并授予相应的权限。

对于任何一个实际使用的数据库系统，其安全性是十分重要的。同样我们所讨论的学校管理信息系统的安全性也是确保学生、教师相关信息真实有效的前提。所以我们需要采取相应的安全措施保证数据库的数据安全。下面我们通过以下内容来了解如何保证数据库的安全。

知识目标和能力目标

知识目标

(1) 了解系统数据库的安全性和 SQL Server 2012 的安全机制。

(2) 了解 SQL Server 2012 验证模式的分类。

(3) 掌握登录身份验证模式的设置。

(4) 掌握登录的创建。

(5) 掌握用户的创建。

(6) 学会服务器登录管理。

(7) 掌握用户账号管理。

(8) 掌握许可权限管理。

能力目标

1．专业能力

(1) 能独立完成登录身份验证模式的设置。

(2) 能独立完成登录的创建。

(3) 能独立完成用户的创建。

(4) 能独立完成服务器登录管理。

(5) 能独立完成用户账号管理。

(6) 能独立完成许可权限管理和设置。

2．方法能力

(1) 登录身份验证模式的设置。

(2) 登录的创建和管理。

(3) 用户账号的创建和管理。

数据库的安全性是指保证数据的安全性，防止数据因不合法的使用而造成泄密或破坏。它涉及 SQL Server 的认证模式、账号和存取权限。SQL Server 2012 的安全性管理是建立在登录认证和访问许可两种机制上的。SQL Server 2012 提供的安全管理措施，包括服务器登录身份认证、数据库用户账号及数据库操作权限等。

11.1 SQL Server 2012 的安全模型

11.1.1 SQL Server 2012 访问控制

SQL Server 2012 作为一个网络数据库管理系统，具有完备的安全机制，能够确保数据库中的信息不被非法盗用或破坏。

在现代的数据库系统中，一般是通过三级安全管理模式进行安全管理控制的，三级分别为：

（1）服务器连接权

（2）数据库连接权

（3）数据库对象操作权

这三级安全管理模式能有效地抵御任何非法侵入，保卫着数据库中数据的安全，如图 11-1 所示。

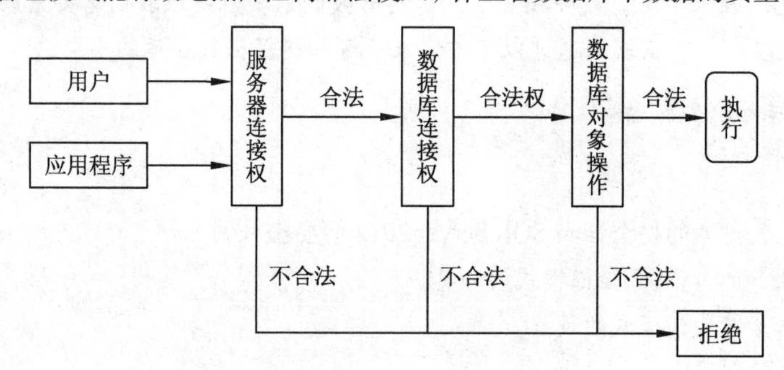

图 11-1　数据库管理系统的三级安全管理模式

11.1.2 SQL Server 2012 身份验证模式

SQL Server 2012 可以在以下两种安全模式下运行：Windows 认证模式（Windows Authentication Mode）和混合模式（SQL Server and Windows Authentication Mode）。

1. Windows 认证模式

SQL Server 数据库系统通常运行在 NT 服务器平台或基于 NT 构架的 Windows 2000（也可以运行在 Windows XP 上），而 NT 作为网络操作系统，本身就具备管理登录、验证用户合法性的能力，所以 Windows 认证模式正是利用这一用户安全性和账号管理的机制，允许 SQL Server 使用 NT 的用户名和口令。在该模式下，用户只要通过 Windows 的认证就可以连接到 SQL Server，而 SQL Server 本身也没有必要管理一套登录数据。

Windows 认证模式与 SQL Server 认证模式相比具有更多的优点，原因在于 Windows 认证模式集成了 NT 或 Windows 2000 的安全系统，并且 NT 安全管理具有众多特征，如安全合法性、口令加密、对密码最小长度进行限制等。所以当用户试图登录到 SQL Server 时，它从 NT 或 Windows 2000 的网络安全属性中获取登录用户到账号与密码，并使用 NT 或 Windows 2000 验证账号和密码的机制来检验登录的合法性，从而提高了 SQL Server 的安全性。

在 Windows NT 中使用了用户组，所以当使用 Windows 认证时，我们总是把用户归入一定的 NT 用户组，以便在 SQL Server 中对 NT 用户组进行数据库访问权限设置时，能够把这种权限设置传递给单一用户，而且在新增一个登录用户时，也总把它归入某一 NT 用户组，这种方法可以使用户更为方便地加入系统中，并消除逐一为每一个用户设置数据库访问权限而带来的不必要的工作量。

2. 混合认证模式

在混合认证模式下，Windows 认证和 SQL Server 认证两种认证模式都是可用的。NT 的用户既可以使用 NT 认证，也可以使用 SQL Server 认证。使用 SQL Server 认证模式下，用户在连接 SQL Server 时必须提供登录名和登录密码，这些登录信息存储在系统表 syslogins 中，与 NT 的登录账号无关。SQL Server 自己执行认证处理，如果输入的登录信息与系统表 syslogins 中的某条记录相匹配，则表明登录成功。

11.2 服务器的安全性

11.2.1 系统内置服务器登录账户

在 SQL Server 2012 中，一个合法的登录账户只表明该账户通过了 Windows 认证或者 SQL Server 认证，但不能表明其可以对数据库中数据和数据对象进行某种或某些操作，所以一个登录账户总是与一个或者多个数据库用户（这些数据库用户分别保存在不同的数据库中）相对应，这样才可以访问数据库。例如：登录账号 sa 自动与每个数据库用户 dbo 相关联。

11.2.2 创建和修改用户登录账户

指定了身份认证模式只是设置了 SQL Server 允许用户安全进入的机制。不管是哪一种认证模式，要进入 SQL Server，用户必须在服务器中拥有登录账号。

1. 添加 Windows 身份验证登录账户

（1）通过 Microsoft SQL Server Management Studio 建立 Windows 认证模式的登录账号

对于 Windows 2000 或 Windows 2003 操作系统，安装本地 SQL Server 2012 的过程中，允许选择认证模式。例如，对于本系统，安装时选择 Windows 认证模式，在此情况下，如果要增加一个新用户“wang”，如何授权该用户，使其能通过信任连接访问 SQL Server 呢？步骤如下（以 Windows 7 为例）：

① 创建 Windows 的用户：以管理员身份，登录到 Windows，选择“计算机”桌面快捷方式并右击，在弹出的快捷菜单中，选择“管理”命令，弹出如图 11-2 所示的窗口，选择“本地用户和组”→“用户”选项并右击，在弹出的快捷菜单中选择“新用户”命令，弹出如图 11-3 所示的窗口，输入用户名、密码，单击“创建”按钮，然后单击“关闭”按钮完成创建。

图 11-2 Windows 本地计算机的管理界面

② 将 Windows 网络账号加入 SQL Server 2012 中：以管理员身份登录到 SQL Server 2012，进入 Microsoft SQL Server Management Studio，选择图 11-4 中的“安全性”中“登录名”并右击，在随后出现的快捷菜单中选择“新建登录名”命令，弹出如图 11-5 所示的界面，单击“常规”标签页中的“搜索”按钮，可选择用户名或用户组添加到 SQL Server 登录用户列表中。

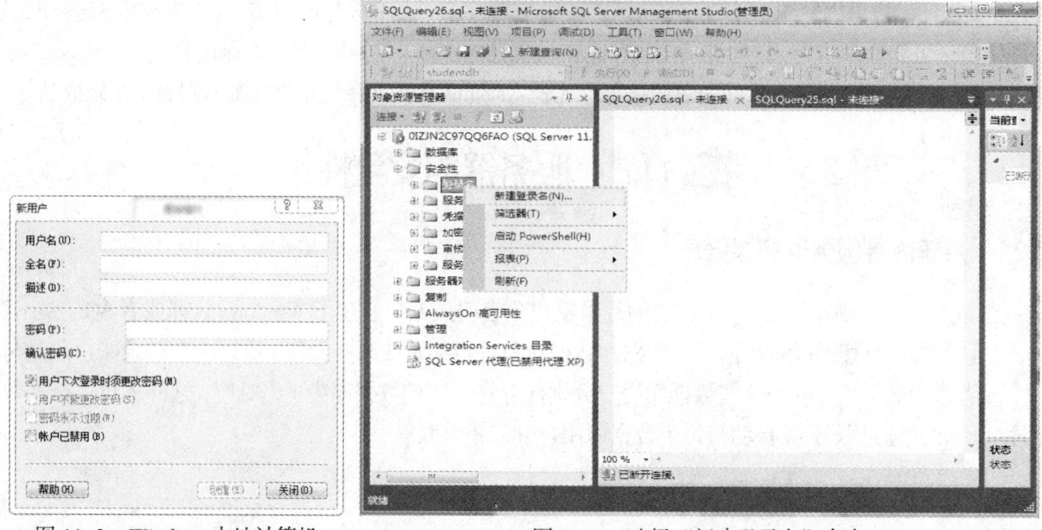

图 11-3 Windows 本地计算机创建新用户的界面

图 11-4 选择“新建登录名”命令

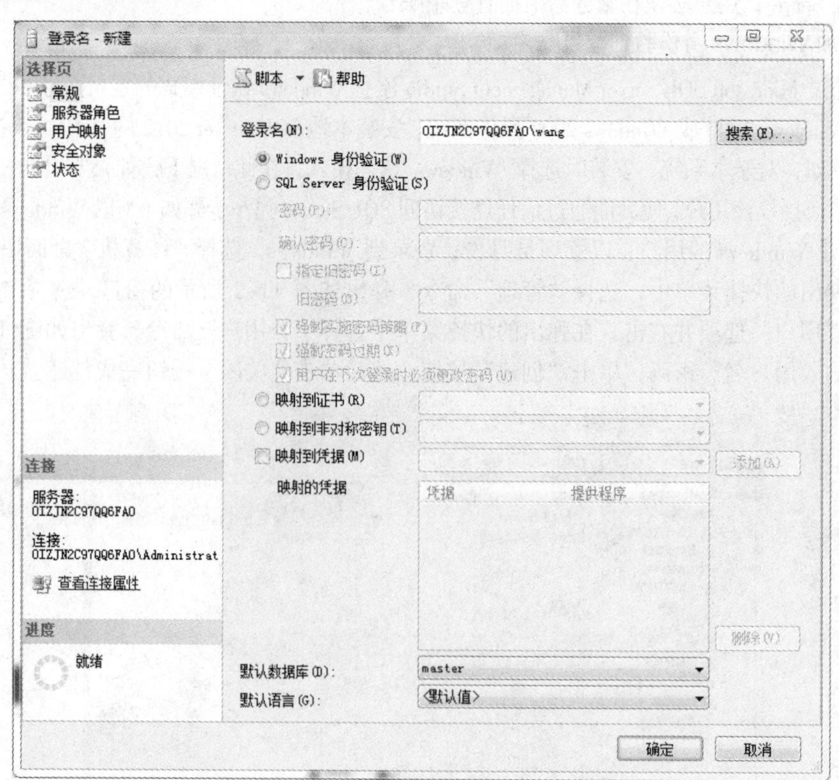

图 11-5 SQL Server 2012 新建登录名对话框

（2）使用 SQL 命令建立 Windows 认证模式的登录账号

在创建 Windows 的用户或组后，使用系统存储过程 sp_grantlogin 可将一个 Windows 用户或组的登录账号添加到 SQL Server 中，以便通过 Windows 身份验证连接到 SQL Server。

语法格式：

```
Sp_grantlogin[@loginname=]'login'
```

参数含义如下：

① @loginname=：原样输入的常量字符串。

② Login：要添加的 Windows 用户或组的名称。

③ 返回值：0（成功）或 1（失败）。

执行 Sp_grantlogin 后，用户可登录 SQL Server，如果要访问一个数据库，还必须在该数据库中创建用户的账户，否则对用户数据库的访问仍会被拒绝。使用 Sp_grantlogin 在数据库中创建用户账户。下列语句是把计算机名为 TED 中的 wang 用户加入 SQL Server 中。

```
Exec Sp_grantlogin'TED\wang'
```

2．添加 SQL Server 身份验证登录账户

（1）通过 Microsoft SQL Server Management Studio 建立 SQL Server 认证模式的登录账号

如果要创建一个名为“wang”的账号，步骤如下：

① 打开 Microsoft SQL Server Management Studio，在图 11-4 的界面中右击“登录名”图标，在弹出的快捷菜单中，选择“新建登录名”命令，出现如图 11-6 所示的界面。

② 输入账号和密码，选择 SQL 服务器身份验证方式，单击“确定”按钮即可。

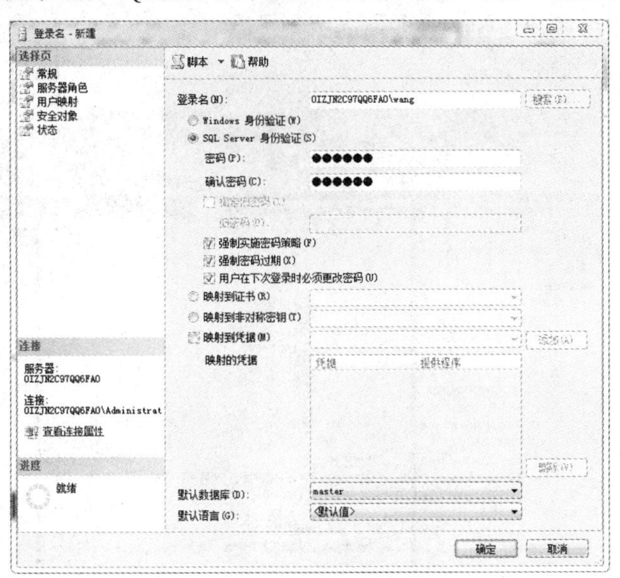

图 11-6 SQL Server 2012 新建登录账号对话框

（2）利用系统存储过程创建 SQL Server 登录账号

创建新的使用 SQL Server 认证模式的登录账号，其语法格式为：

```
sp_addlogin [ @loginame = ] 'login'
    [ , [ @passwd = ] 'password' ]
    [ , [ @defdb = ] 'database' ]
    [ , [ @deflanguage = ] 'language' ]
```

```
[ , [ @sid = ] sid ]
[ , [ @encryptopt= ] 'encryption_option' ]
```

参数含义如下：

（1）@loginame =：登录名。

（2）@passwd =：登录密码。

（3）@defdb =：登录时默认数据库。

（4）@deflanguage =：登录时默认语言。

（5）@sid =：安全标识码。

（6）@encryptopt=：将密码存储到系统表时是否对其进行加密。

其中参数@encryptopt 有三个选项：

（1）NULL：表示对密码进行加密，这是默认值。

（2）Skip_encryption：密码已加密。SQL Server 不用重新对其加密。

（3）Skip_encryption_old：已提供的密码由 SQL Server 较早版本加密。只在 SQL Server 升级时使用。

【例 11.1】创建一个登录账户。账户名称为“abc”，密码为“123456”，默认数据库为“studentdb”。其 SQL 语句如下所示。

```
exec Sp_addlogin  'abc',
                  '123456',
                  'studentdb'
```

语句执行后成功创建登录账户“abc”。使用下面的语句可显示“abc”的登录信息。

```
Sp_helplogins @LoginNamePattern='abc'
```

运行结果如图 11-7 所示。

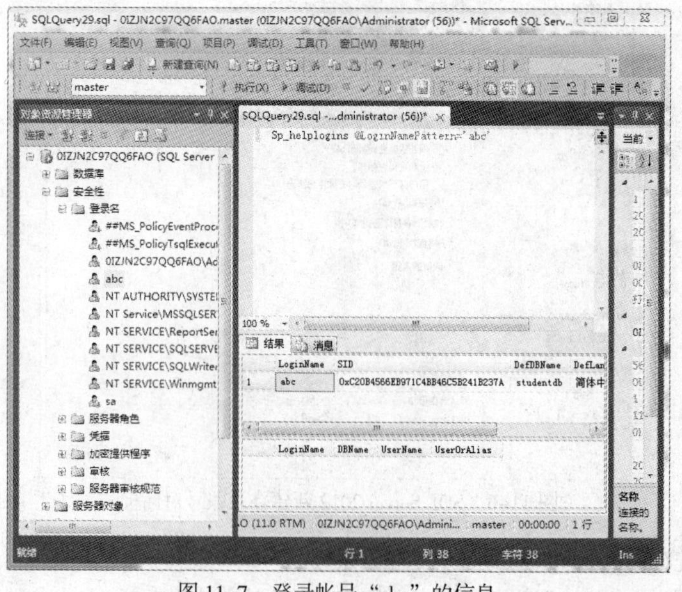

图 11-7　登录帐号“abc”的信息

3. 修改登录账号

在 Microsoft SQL Server Management Studio 中，单击“登录名”图标左边的“+”号，则在“登录名”图标下面显示当前所有的登录账户。右击想要修改的登录账户，在弹出的快捷菜单中选择“属性”

命令，然后在弹出的“登录属性”对话框中，选择不同的标签来修改登录用户不同的信息，如图 11-8 所示。

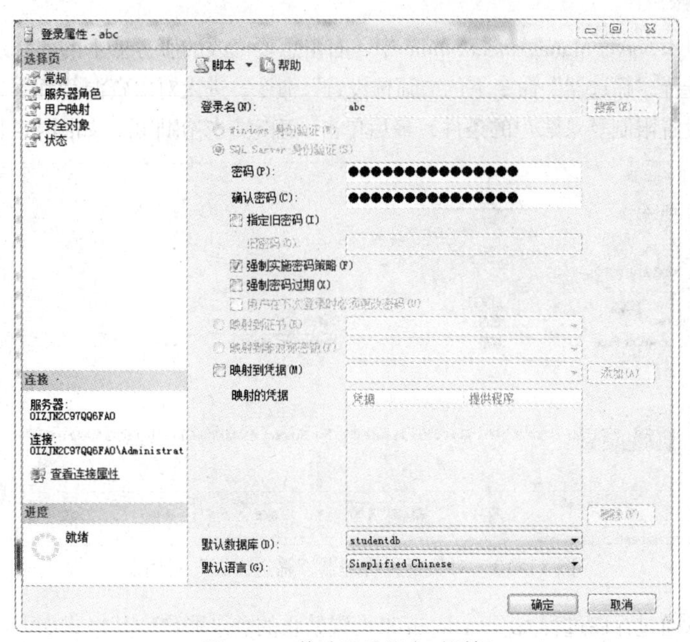

图 11-8　修改登录账户对话框

另外，还可以通过 sp_helplogins 存储过程来显示 SQL Server 所有登录者的信息，包括每一个数据库里与该登录者相对应的用户名。其语法格式为：

```
Sp_helplogins[[@loginnamepattern=]'登录名']
```

如果未指定@loginnamepattern=及登录名，则当前服务器上所有登录者的信息都将被显示。例如，图 11-9 所示为查询当前服务器上所有登录账号信息的结果。

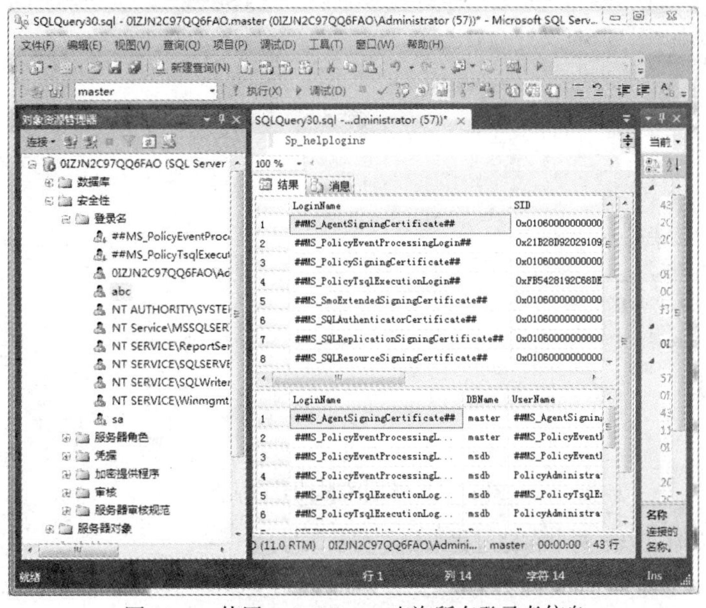

图 11-9　使用 sp_helplogins 查询所有登录者信息

11.2.3 禁止和删除登录账户

1. 禁止登录账户

在 Microsoft SQL Server Management Studio 中，右击想要修改的服务器下的“登录名”图标，在弹出的快捷菜单中选择“筛选器”命令下的“筛选设置”命令，进入对象资源管理器“筛选设置”对话框，在这里可以设置限制登录账户的条件，最后单击“确定”按钮即可，如图 11-10 所示。

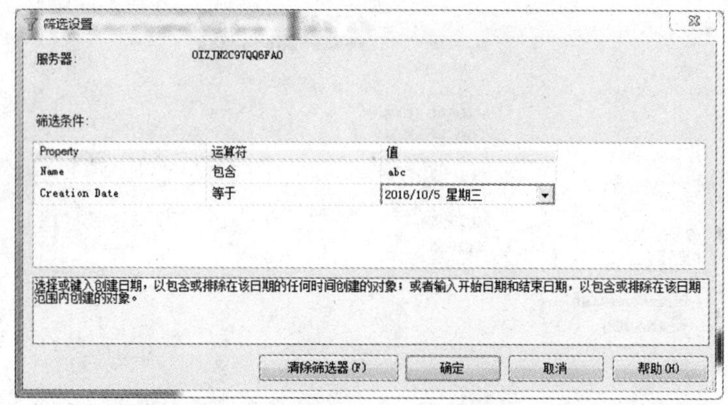

图 11-10　对象资源管理器“筛选设置”对话框

另外，还可以通过存储过程 sp_denylogin 来设置禁止的登录账户。其格式如下：

```
sp_denylogin[@loginame=]'登录名'
```

Sp_denylogin 只能和 Windows 账号一起使用，格式为“域\用户”。Sp_denylogin 无法用于通过 Sp_addlogin 添加的 SQL Server 登录。

2. 删除登录账户

在 Microsoft SQL Server Management Studio 中，展开登录名结点，右击要删除的登录账号，在弹出的快捷菜单中，选择“删除”命令，就可以删除该用户，如图 11-11 所示。

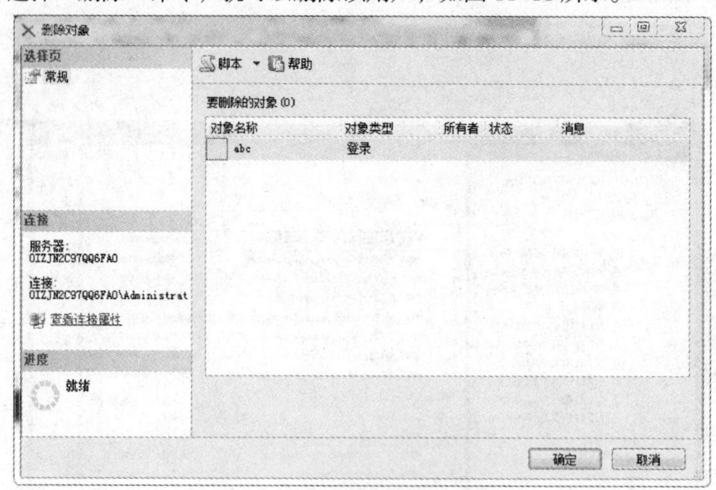

图 11-11　删除登陆账号对话框

另外，还可以通过以下两个存储过程来删除登录账号。

Sp_revokelogin：删除 Windows NT 用户（或组账户）在 SQL Server 上的登录信息。

Sp_denylogin：阻止 Windows NT 用户（或组账户）连接到 SQL Server。

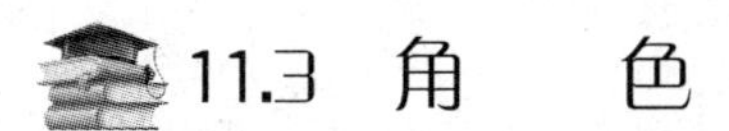

11.3 角　色

许多数据库系统在实际使用时，其用户呈现集体性，即一群用户的工作性质完全相同，他们具有几乎完全相同的操作权限。如果对用户单独进行权限管理，显得很麻烦。为了提高管理的效率，可以将权限相同的用户组织在一起，定义为某种角色，而将这些用户加入此角色。这样只要给这个角色授权，角色中的所有用户就享有这些授权，不必分别授权。

11.3.1 固定服务器角色

服务器角色是指根据 SQL Server 的管理任务，以及这些任务相对的重要性等级把具有 SQL Server 管理职能的用户划分为不同的用户组，每一组所具有的管理 SQL Server 的权限已被预定义。服务器角色适用在服务器范围内，并且其权限不能被修改。

SQL Server 共有 8 种预定义的服务器角色，各种角色的具体含义如下：

（1）sysadmin：系统管理员角色，可以在 SQL Server 中做任何事情。

（2）serveradmin：管理 SQL Server 服务器范围内的配置。

（3）setupadmin：增加、删除连接服务器，建立数据库复制，管理扩展存储过程。

（4）securityadmin：管理服务器登录。

（5）processadmin：管理 SQL Server 进程。

（6）dbcreator：创建数据库，并对数据库进行修改。

（7）diskadmin：管理磁盘文件。

（8）bulkadmin：管理大容量数据插入。

在 Microsoft SQL Server Management Studio 中新建登录账号后，可继续设置是否将该账号加入以上服务器角色中。在新建登录名对话框中的“服务器角色”标签中，可以设置该登录账号所属的服务器角色，如图 11-12 所示。

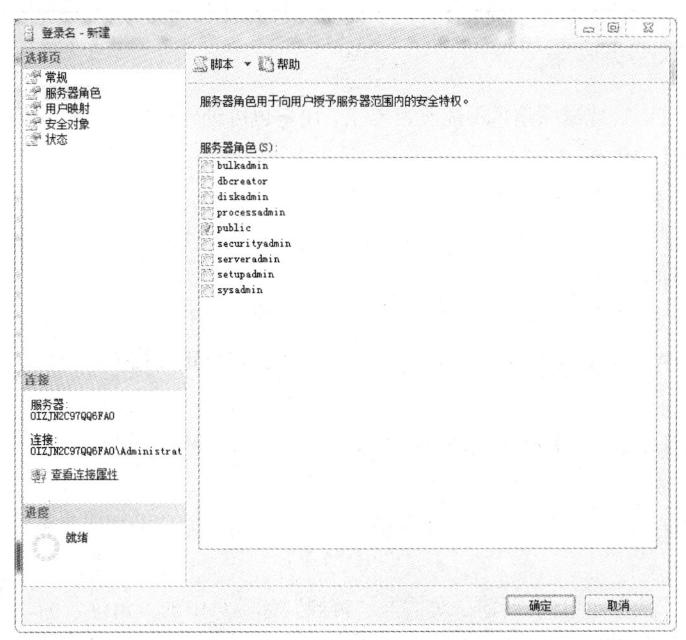

图 11-12　SQL Server 服务器角色设置窗口

11.3.2 固定数据库角色

在 SQL Server 中，经常需要将一套数据库专用权限授予多个用户，但这些用户并不属于同一个 NT 用户组，这时可以在数据库中添加新的数据库角色或使用已经存在的数据库角色，并让这些有着相同数据库权限的用户归属于同一角色。

数据库角色能为某一用户或一组用户授予不同级别的管理或访问数据库或数据库对象的权限，这些权限是数据库专有的。而且，还可以使一个用户具有属于同一数据库的多个角色。

SQL Server 提供了两种数据库角色类型：固定的数据库角色、用户自定义的数据库角色。

固定的数据库角色是指这些角色所具有的管理、访问数据库权限已被 SQL Server 定义，并且 SQL Server 管理者不能对其所具有的权限进行修改。SQL Server 中的每一个数据库中都有一组预定义的数据库角色，在数据库中使用预定义的数据库角色可以将不同级别的数据库管理工作分给不同的角色，从而很容易地实现工作权限的传递。

在 SQL Server 中，固定的数据库角色如表 11-1 所示。

表 11-1　固定的数据库角色

角色名	描述
Db_owner	进行所有数据库角色的活动，以及数据库中的其他维护和配置活动
Db_accessadmin	允许在数据库中添加或删除用户、组和角色
Db_datareader	可以查看来自数据库中所有用户表的全部数据
Db_datawriter	有权添加、更改或删除数据库中所有用户表的数据
Db_ddladmin	有权添加、修改或除去数据库对象，但无权授予、拒绝或废除权限
Db_securityadmin	管理数据库角色和角色成员，并管理数据库中的对象和语句权限
Db_backupoperator	具有备份数据库的权限
Db_denydatareader	无权查看数据库内任何用户表或视图中的数据
Db_denydatawriter	无权更改数据库内的数据

11.3.3 用户自定义数据库角色

如果系统提供的固定数据库角色不能满足要求，用户也可创建自定义数据库角色。用户自定义数据库角色具有以下几个优点：

（1）SQL Server 数据库角色可以包含 NT 用户组或用户；

（2）在同一数据库中用户可以具有多个不同的自定义角色，这种角色的组合是自由的，而不仅仅是 public 与其他一种角色的结合；

（3）角色可以进行嵌套，从而在数据库实现不同级别的安全性。

1. 使用 Microsoft SQL Server Management Studio 创建自定义数据库角色

步骤如下：

（1）启动 Microsoft SQL Server Management Studio 登录到指定的服务器。

（2）展开指定的数据库，选中“安全性”下的“角色”图标。

（3）右击“数据库角色”图标，在弹出的快捷菜单中选择“新建数据库角色”命令，如图 11-13 所示。

（4）在弹出的“数据库角色-新建”对话框“常规”标签页中的“角色名称”文本框中输入该数据库角色的名称，如图 11-14 所示。

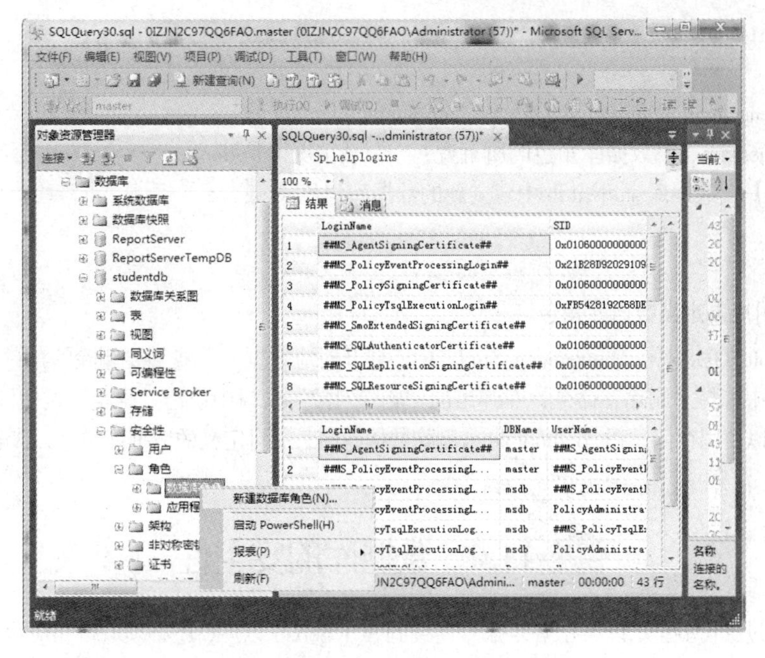

图 11-13 选择“新建数据库角色”命令

（5）在此角色“拥有的架构”列表框中选择相应的角色。在“安全对象”标签页可进行角色权限的设置，单击“确定”按钮即可完成。

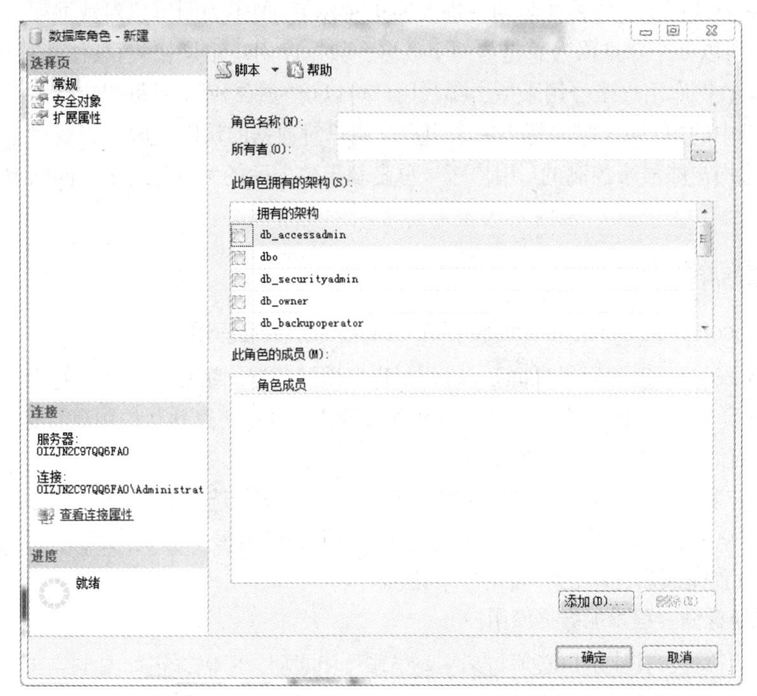

图 11-14 “数据库角色-新建”对话框

2. 使用存储过程创建数据库角色

Sp_addrole 过程用来创建新数据库角色，其语法格式为：

```
Sp_addrole[@rolename=]'role'[,[@ownername=]'owner']
```

其中：

（1）@rolename=：要创建的数据库角色名称。

（2）@ownername=：数据库角色的所有者，在默认情况下是 dbo。

【例 11.2】 在数据库 studentdb 中建立新的数据库角色 wang。

程序如下：

```
Sp_addrole 'wang'
```

3. 删除用户自定义数据库角色

在 Microsoft SQL Server Management Studio 中，展开对应数据库，找到要删除的角色并右击，在弹出的快捷菜单中选择“删除”命令，在弹出的“删除对象”窗口中单击“确定”按钮即可。

另外还可以使用存储过程 sp_droprole 来删除数据库中某一自定义的数据库角色，其语法格式如下：

```
Sp_droprole[@rolename=]'role'
```

11.4 数据库的安全性

当用户通过身份验证，以某个登录账号连接到 SQL Server 以后，还必须取得相应数据库的访问许可，才能使用数据库。数据库的安全性就是通过设置访问数据库的用户账号来实现的。

在 SQL Server 中有两种账号，一种是登录服务器的登录账号，一种是访问数据库的数据库用户账号。登录账号和用户账号是两个不同的概念。一个合法的登录账号只表明该账号通过了 Windows 认证或 SQL Server 认证，允许该账号用户进入 SQL Server，但不表明可以对数据库数据和数据对象进行某种操作。所以一个登录账号总是与一个或多个数据库用户账号相关联后，才可以访问数据库，获得存在价值。数据库用户账号用来指出哪些用户可以访问数据库。在每个数据库中都有一个数据库用户列表，其中的用户 ID 唯一标识一个用户，用户对数据的访问权限，以及对数据库对象的所有关系都是通过用户账号来控制的。用户账号总是基于数据库的，即在两个不同的数据库中可以有相同的用户账号。

11.4.1 添加数据库用户

1. 用 Microsoft SQL Server Management Studio 添加数据库用户

（1）启动 Microsoft SQL Server Management Studio，展开数据库结点，打开要创建用户的数据库。

（2）展开“安全性”结点，右击“用户”在弹出的快捷菜单中选择新建用户命令，将弹出“数据库用户-新建”对话框，如图 11-15 所示。

（3）在“用户名”文本框中输入数据库用户名，在“登录名”选择框内选择已经创建的登录账号。

（4）在此用户拥有的架构和数据库角色成员身份下的列表框中分别为该用户选择操作权限和数据库角色。设置完成后，单击“确定”按钮即可。

2. 利用系统存储过程添加数据库用户

除了 guest 用户外，其他用户必须与某一登录账号相匹配，所以，正如图 11-15 所示，不仅要输入新创建的数据库用户名称，还要选择一个已经存在的登录账号。同理，当我们使用系统存储过程时，也必须指出登录账号和用户名称。

系统存储过程 sp_grandbaccess 就是用来为 SQL Server 登录者或 Windows 用户或用户组建立一个相匹配的数据库用户账号。其语法格式为：

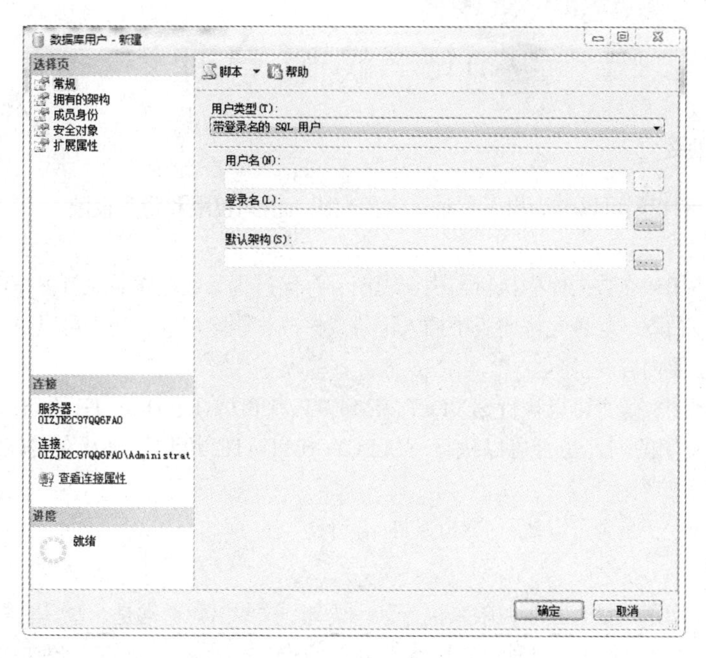

图 11-15　新建用户对话框

```
Sp_grantdbaccess[@loginame=]'login'
    [ , [ @name_in_db = ] 'name_in_db' [ OUTPUT ] ]
```

其中参数含义如下：

（1）@loginame：表示 SQLServer 登录账号或 Windows 用户或用户组。如果使用的是 Windows 用户或用户组，那么必须给出主机名称或网络域名。登录账号或 Windows 用户或用户组必须存在。

（2）@name_in_db：表示登录账号相匹配的数据库用户账号。该用户账号未存在于当前数据库中，如果不给出该参数值，则 SQLServer 把登录名作为默认的用户名称。

【例 11.3】将 Windows 用户 JAC\wang 加入当前数据库中，其用户名为 wang。

程序如下：

```
EXEC Sp_grantdbaccess 'JAC\wang','wang'
```

11.4.2　修改数据库用户

在 Microsoft SQL Server Management Studio 中，选择数据库下的“安全性”结点，展开“用户”结点，则显示此数据库中所有用户。

右击要查看或修改的用户名，在弹出的快捷菜单中选择“属性”命令，弹出“数据库用户”对话框。此时，可以对该用户进行相关属性设置的修改。

11.4.3　删除数据库用户

在 Microsoft SQL Server Management Studio 中，选择数据库下的“安全性”结点，展开“用户”结点，则显示此数据库中所有用户。右击要删除的用户名，在弹出的快捷菜单中选择“删除”命令，即可删除该用户。

11.5 权限管理

11.5.1 权限的种类

SQL Server 中的权限可以分为以下三种：对象权限、语句权限和隐含权限。

1. 对象权限

对象权限是指用户在数据库中执行与表、视图、存储过程等数据库对象有关操作的权限。例如：是否可以查询表或视图，是否允许向表中插入记录或修改、删除记录，是否可以执行存储过程等。

对象权限的主要内容有：

（1）对表和视图，是否可以执行 SELECT、INSERT、UPDATE、DELETE 语句；

（2）对表和视图的列，是否可以执行 SELECT、UPDATE 语句，以及在实施外键约束时作为 REFERENCES 参考的列；

（3）对存储过程，是否可以执行 EXECUTE 语句。

2. 语句权限

语句权限主要指用户是否具有权限来执行某一语句，这些语句通常是一些具有管理性的操作，如创建数据库、表、存储过程等。这种语句虽然仍包含有操作的对象，但这些对象在执行语句之前并不存在于数据库中，所以将其归为语句权限范畴。这些语句包括：

（1）CREATE DATABASE；

（2）CREATE TABLE；

（3）CREATE VIEW；

（4）CREATE RULE；

（5）CREATE FUNCTION；

（6）CREATE PROCEDURE；

（7）BACKUP DATABASE；

（8）BACKUP LOG。

只有系统管理员、安全管理员和数据库所有者才可以授予用户语句权限。

3. 隐含权限

隐含权限是指特定用户预定义的操作权限，它不需要明确指定，也不能撤销。例如：系统管理员用户具有 SQL Server 中的所有操作权限。

数据库对象所有者也有隐含权限，可以对所拥有的对象执行一切活动。例如：表的拥有者用户可以查看、添加或删除表中数据，更改表定义，或控制允许其他用户对该表进行操作的权限。

11.5.2 权限的管理

1. 使用 Microsoft SQL Server Management Studio 管理权限

（1）授予和撤销对象权限

执行下列步骤，可授予和撤销对象权限：

① 在 Microsoft SQL Server Management Studio 中，展开“数据库”结点，选择要管理权限的数据库。

② 右击对象图标来授予权限。从弹出的快捷菜单中，选择“属性”命令。

③ 在“表属性”对话框中的“权限”标签页下，在“用户或角色”栏中添加用户或角色，然后在下面给相应的用户或角色授予相应的权限，如图 11-16 所示。

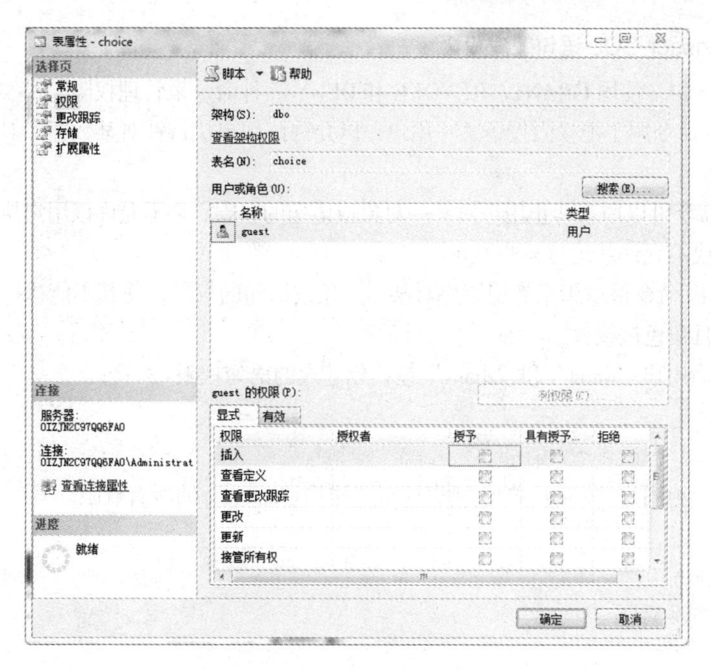

图 11-16　授予和撤销对象权限

④ 设置完成后，单击“确定”即可。

（2）授权和撤销语句权限

执行下列步骤，可授予和撤销语句权限：

① 在 Microsoft SQL Server Management Studio 中，展开“数据库”结点，选择要管理权限的数据库。

② 右击想要在其中授予语句权限的数据库，从弹出的快捷菜单中选择“属性”命令。

③ 在“数据库属性”对话框中的“权限”标签负中，在“用户或角色”栏中添加用户或角色，然后在下面给相应的用户或角色授予相应的权限，如图 11-17 所示。

④ 设置完成后，单击“确定”按钮即可。

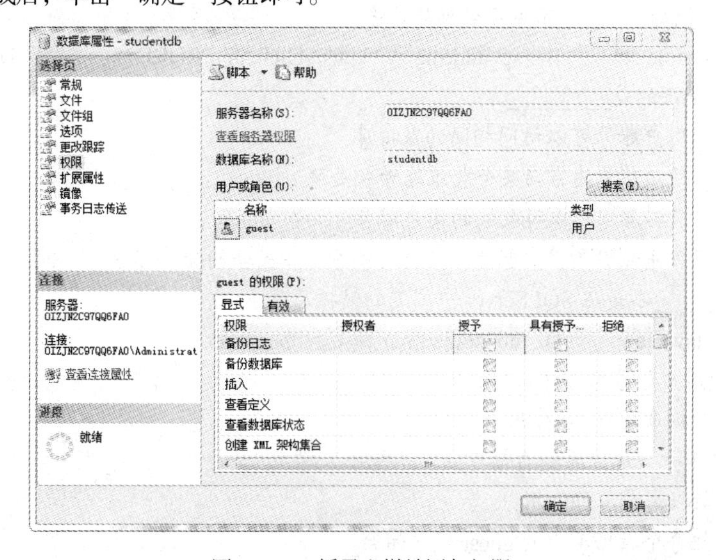

图 11-17　授予和撤销语句权限

2. 使用 Transact-SQL 语句管理权限

在 SQL Server 中，使用 GRANT、REVOKE 和 DENY 三种命令来管理权限。

（1）GRANT 命令用于把权限授予某一用户，以允许该用户执行针对某数据库对象的操作或允许其运行某些语句。

（2）DENY 命令可以用来禁止用户对某一对象或语句的权限，它不允许该用户执行针对数据库对象的某些操作，或不允许其运行某些语句。

（3）REVOKE 命令可以用来撤销用户对某一对象或语句的权限，使其不能执行操作，除非该用户是角色成员，且角色被授权。

【例 11.4】 为用户“wang”和“zhang”授权创建表的语句权限。

程序如下：

```
GRANT CREATE TABLE TO wang,zhang
```

【例 11.5】 拒绝用户“wang”的创建表权限，撤销“zhang”的所有权限。

程序如下：

```
USE studentdb
DENY CREATE TABLE TO wang
REVOKE ALL FROM zhang
```

单元总结

本单元主要介绍了 SQL Server 的安全性管理问题，涉及数据库用户、角色、权限等。SQL Server 2012 的安全性管理是建立在登录认证和访问许可两种机制上的。基于这两种安全机制，本单元重点介绍了如何创建和修改用户登录账户、创建和管理数据库用户及数据库权限等。

习　题

一、选择题

1. 使用存储过程________来创建数据库角色。

   A. sp_droprole　　B. sp_addrole　　C. CREATE RULE　　D. sp_creatrole

2. 以下叙述错误的是________。

   A. 不同的用户账号可以访问相同的数据库

   B. 数据库用户账号通常与某个登录账号相关联

   C. 不同的数据库中可以有相同的用户账号

   D. 在数据库中删除了用户账号，也自动删除了相关联的登录账号

3. 下面________不是在 SQLServer 中固定的数据库角色。

   A. db_datawriter　　B. db_addladmin　　C. db_owner　　D. db_operater

4. 下面关于用户账号的描述正确的是________。

   A. 每个数据库都有 guest 用户

   B. guest 用户只能由系统自动建立，不能手工建立

   C. 每个数据库都有 dbo 用户

   D. 可以把每个数据库中的 guest 用户删除

二、填空题

1. SQL Server 2012 的安全性管理是建立在________和________两种机制上的。
2. SQL Server 中的权限有________权限、________权限和________权限三种类型。
3. SQL Server 提供了两种数据库角色类型：________和________。

三、判断题

1. 一个登录账户总是与一个或者多个数据库用户相对应。（ ）
2. 在 SQL Server 中可以通过存储过程 sp_denylogin 来设置禁止的登录账户。（ ）
3. SQL Server 共有 10 种预定义的服务器角色。（ ）
4. 可以通过执行触发器来触发该触发器。（ ）

验证性实验 11 "学生成绩"数据库的安全管理

一、实验目的

1. 了解 SQL Server 2012 的身份验证方法。
2. 掌握合法登录账户的设置。
3. 掌握数据库用户的设置。
4. 掌握数据库角色的设置。
5. 掌握用户的权限管理方法。

二、实验内容

1. Windows 和 SQL Server 2012 身份验证的比较。
2. 设置登录账户。
3. 设置数据库用户。
4. 设置数据库角色。
5. 设置数据库用户权限。

三、实验步骤

1. 使用 SQL Server Management Studio 管理器选择和设置身份验证模式。

（1）打开 SQL Server Management Studio 管理器，展开一个服务器组，然后选择希望设置身份验证模式的服务器。

（2）在该服务器上右击，在弹出的菜单中选择"属性"命令，打开"属性"对话框。

（3）在"属性"对话框中选择"安全性"选项卡，在"身份验证"区域中选择两种身份验证模式之一。

单击"确定"按钮，即可完成身份验证模式的选择和设置。

2. 使用 SQL Server Management Studio 管理器创建登录账户。
3. 使用 SQL Server Management Studio 管理器新建数据库用户。
4. 使用 SQL Server Management Studio 管理器创建数据库角色。
5. 使用 SQL Server Management Studio 管理器管理对象权限。

第12单元

数据库的备份与恢复

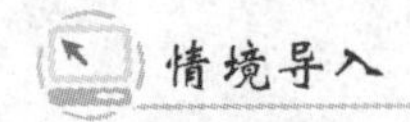

情境导入

前面已经介绍了很多保障安全性的措施，这些措施从一定程度上限制了非法用户侵入服务器和数据库，防止数据库数据泄漏或人为破坏。但有些情况比如计算机病毒、自然灾害引起的软、硬件故障和用户误操作等造成的数据破坏和丢失是无法靠前面介绍过的安全性措施来恢复的。所以，每个数据库创建后，都需要制定一个备份策略来保障数据库的数据安全。

根据系统要求为学校管理信息系统制定备份策略，并在出现故障时及时恢复。下面我们通过以下内容来了解如何备份和恢复数据库。

知识目标和能力目标

知识目标

(1) 了解数据库的备份和还原的概念。

(2) 掌握数据库的备份和还原操作。

能力目标

1. 专业能力

(1) 能独立完成数据库的备份。

(2) 能独立完成数据库的还原。

(3) 能合理制定数据库备份策略。

2. 方法能力

(1) 掌握数据库备份操作。

(2) 掌握数据库还原操作。

(3) 掌握数据库备份策略制定方法和原则。

数据库系统中存储的数据，对于一个实际应用的系统和数据库用户来说，既是宝贵的财富，又是至关重要的资源。而数据库系统所依赖的环境是计算机系统及与此相关的外围设备。不管是计算机主机还是外围设备，都难免发生各种各样的故障，如主机故障、磁盘故障、电源故障、软件故障，或发生无法预料的人为损害、灾难性损坏等。一旦这些情况发生，就很有可能造成数据库系统数据的丢失或损坏。因此，数据库系统必须有防止数据丢失或损坏的措施，以保证故障发生后，可以将数据库系统中的数据恢复到损坏以前的正确状态，使损失降到最小。

SQL Server 2012 提供了一个功能强大的数据备份和还原工具。在系统发生错误时，可以利用数据的备份来还原数据库中的数据。

12.1 相关概念

1. 数据库备份方式

在SQL Server 2012中，备份数据库有以下4种方式：

（1）完全数据库备份

完全数据库备份完整地记录了备份开始时的数据库状态，创建数据库中所有内容的副本。在备份过程中需要花费的时间和空间最多，不宜频繁进行。恢复时，仅需要恢复最后一次完全数据库备份即可。需要强调的是，完全数据库备份是所有备份的起点，任何数据库的第一次备份必须是完全数据库备份。

（2）差异备份

差异备份只记录自上次完全数据库备份后发生修改的数据。差异备份比完全数据库备份需要的时间和空间少，所以可以常常执行差异备份，以减小丢失数据的危险。通常差异备份用于频繁修改数据的数据库。差异备份必须要有一个完全数据库备份作为恢复的基准。

（3）事务日志备份

只备份最后一次日志备份后所有的事务日志记录，备份的时间和空间更少。可以使用事务日志备份将数据恢复到特定的时间点或恢复到故障点。通常情况下，日志备份比差异备份还能还原到更加后面、更新的位置。但是恢复数据是通过执行一系列与原操作逆向的操作来实现的，所以日志备份的恢复比差异备份的恢复时间长。恢复时，先恢复最后一次完全数据库备份，再恢复最后一次差异备份，再顺序恢复最后一次差异备份以后进行的所有事务日志备份。

（4）文件或文件组备份

只备份数据库中的一个或多个文件或文件组，必须与事务日志备份结合使用。例如：某数据库中有两个数据文件，一次仅备份一个文件，而且在每个数据文件备份后，都要进行日志备份。在恢复时，使用事务日志备份使所有的数据文件恢复到同一个时间点。

2. 数据库恢复模型

SQL Server 2012提供了三种数据库恢复模型：简单恢复模型、完全恢复模型和大容量日志记录恢复模型。

（1）简单恢复模型

简单恢复模型不使用事务日志备份，所以空间要求较小，与完全恢复模型或大容量日志记录恢复模型相比，简单恢复模型更容易管理，但如果数据文件损坏，则数据损失会更大。在简单恢复模型中，数据只能恢复到最新的完全数据库备份或差异备份的状态。

（2）完全恢复模型

完全恢复模型使用数据库备份和事务日志备份来对数据库故障进行完全防范。如果一个或多个数据文件损坏，则数据库恢复可以还原所有已提交的事务，并且正在进行的事务将回滚，所以可以恢复到任意即时点。

（3）大容量日志记录恢复模型

大容量日志记录恢复模型为某些大规模操作提供了更高的性能和最少的日志使用空间。

3. 备份策略

对于一个容量较小的数据库，我们可以只使用完全数据库备份。如果数据库虽然很大但它是只读的，或者较少进行数据修改，也可仅采用完全数据库备份。

使用完全数据库备份与事务日志备份的组合是一种常见的备份策略。这种备份策略可以记录在两次完全数据库备份之间的所有数据库活动，一旦发生故障可以立刻还原所有的变化数据。事务日志备份的容量较小，可以较频繁地进行，使数据丢失程度降到最小。使用事务日志备份还可以在还原数据时指定还原到特定的时间点。

如果希望发生故障后尽快恢复数据库，备份策略可采用完全数据库备份与差异备份的组合。差异备份中只包含上一次完全数据库备份后数据库修改部分的内容，在恢复数据时只需要还原最近一次的差异备份即可，所以系统恢复时间较快。

使用完全数据库备份、差异备份和事务日志备份的组合，可以有效地保存数据，并将故障恢复所需的时间减到最小。

12.2 备份数据库

12.2.1 使用 SQL Server 管理器备份数据库

在 SQL Server 管理器中备份数据库的操作步骤如下：

（1）在 Microsoft SQL Server Management Studio 管理器中，展开服务器。

（2）打开“数据库”结点，右击需要备份的数据库 studentdb，然后在弹出的快捷菜单中选择“任务”→“备份”命令，如图 12-1 所示。

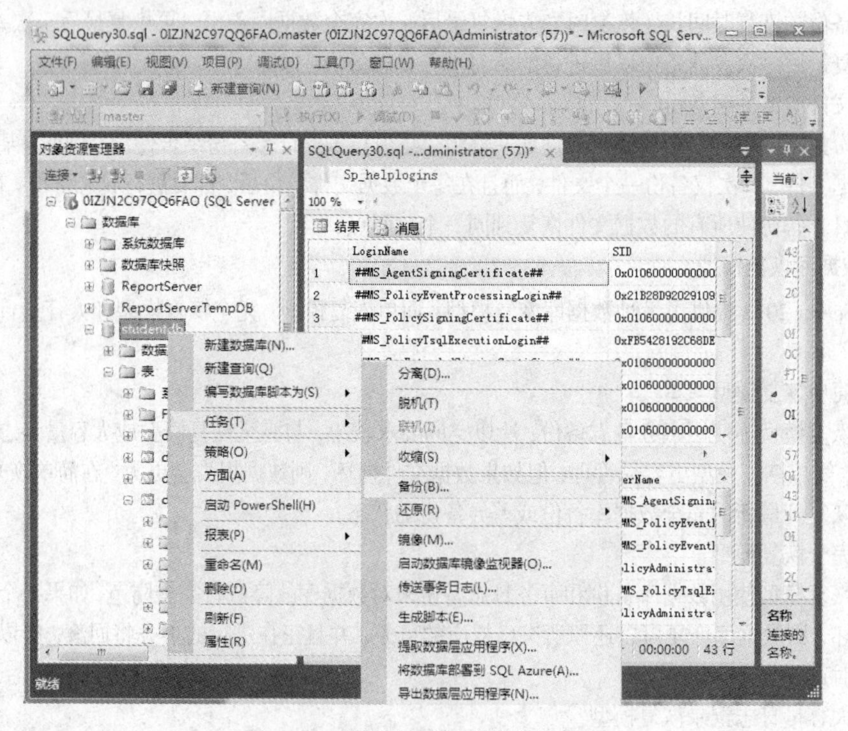

图 12-1 选择“备份”数据库的命令

（3）弹出如图 12-2 所示的备份数据库窗口时，在源区域中选择要备份的数据库 studentdb，然后选择备份的类型。

如果要执行完全数据库备份，则选择“完整”选项。如果要执行差异备份，即仅备份自上次完整

数据库备份以后对数据库数据所修改的数据页，则选择“差异”选项。如果要备份事务日志，则选择“事务日志”选项。如果只想备份数据库中的某个文件和文件组，则单击“文件和文件组”单选按钮，并选择相应的文件或文件组。

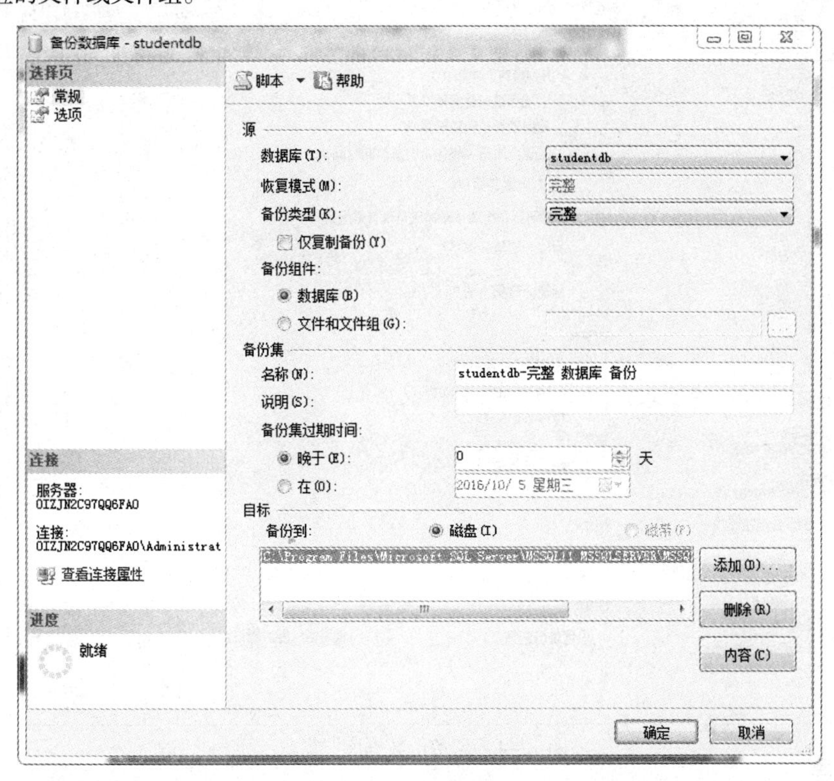

图 12-2 SQL Server“备份数据库”窗口

（4）在目标区域中单击“添加”按钮，并在如图 12-3 所示的“选择备份目标”窗口中指定一个备份文件或备份设备，使之出现在如图 12-2 所示对话框中的“备份到”列表框中。在一次备份操作中可以指定多个目标设备或文件，这样可以将一个数据库备份到多个文件或设备中。

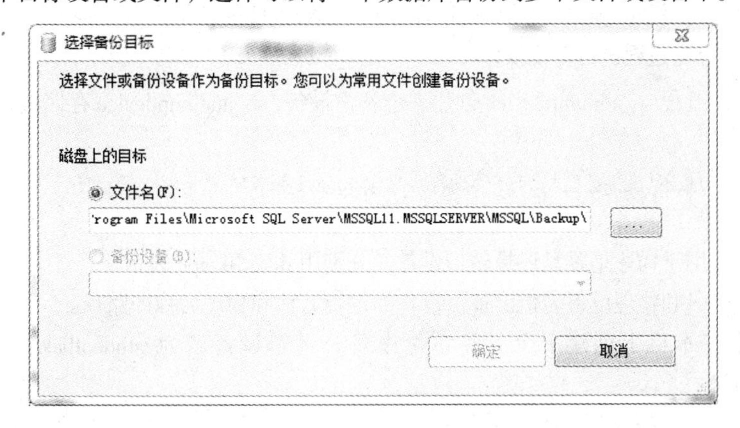

图 12-3 “选择备份目标”窗口

（5）在“选项”标签页的覆盖媒体区域中选择备份方式，并单击“确定”按钮，如图 12-4 所示。如果要将此次备份追加在原有备份数据的后面，则选择追加到现有备份集方式。如果要将此次备份的数据覆盖原有备份数据，则选择“覆盖所有现有备份集”方式。

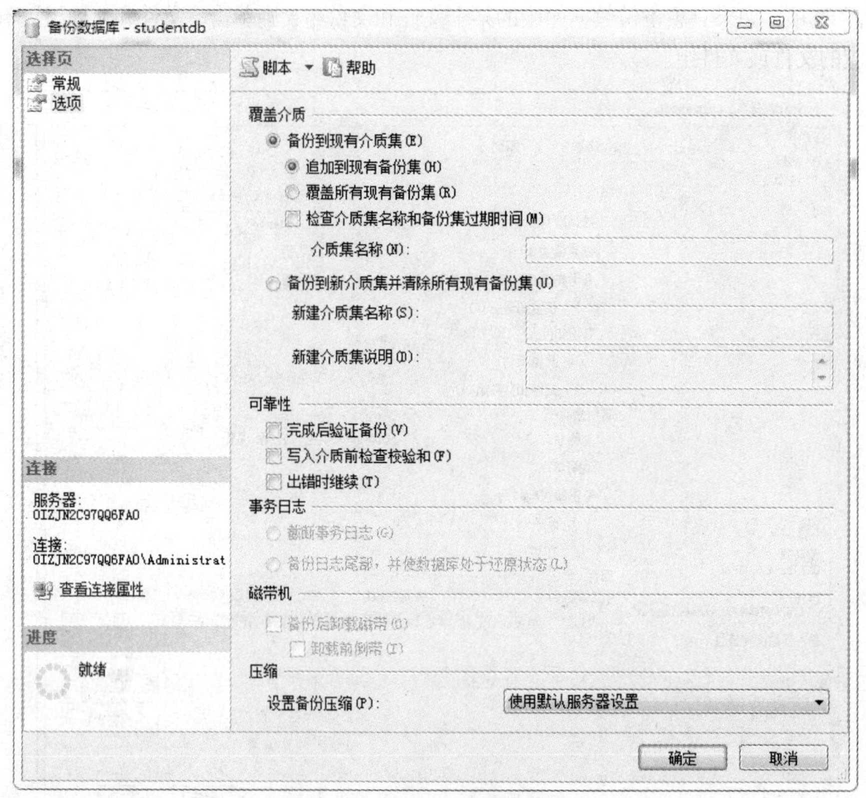

图 12-4　“备份数据库”窗口

（6）返回到数据库备份窗口以后，单击“确定”按钮，开始执行备份操作，此时出现相应的提示信息。当看到备份操作已顺利完成的提示信息时，单击“确定”按钮即可。

12.2.2　使用 SQL 语句备份数据库

另外，还可以使用系统存储过程和 SQL 语句来完成数据库的备份。

1. 使用系统存储过程执行备份操作

利用系统存储过程 sp_addumpdevice 创建一个备份设备，sp_addumpdevice 存储过程创建备份设备的基本格式如下：

```
sp_addumpdevice'设备类型', '逻辑设备名', '物理设备名'
```

参数说明：

（1）设备类型用于描述是磁盘还是磁带设备，分别用 disk 和 tape 表示。

（2）逻辑设备名和物理设备名指出备份设备的逻辑名称和物理名称即路径。

【例 12.1】在本机上创建一个磁盘备份设备，逻辑设备名为 studentbak，物理设备名为 c:\backup\student.bak。

程序如下：

```
sp_addumpdevice 'disk' ,' studentbak' ,' c:\backup\student.bak'
```

2. 用 BACKUP 语句执行备份操作

使用 BACKUP 语句可以对数据库进行完全备份、差异备份、日志备份或文件和文件组备份。

语法格式：

```
BACKUP DATABASE|LOG 数据库名称[FILE|FILEGROUP=文件/ 文件组名] TO DISK|TAPE='备份设备名'[WITH DIFFERENTIAL]
```

参数说明：

（1）使用 DATABASE 关键字表示备份数据库；使用 LOG 关键字表示备份事务日志。

（2）使用 WITH DIFFERENTIAL 选项可指定备份数据库为差异备份，否则为完全数据库备份。

（3）关键字 DISK 表示备份设备为磁盘；TAPE 表示备份设备为磁带；备份设备名一般使用备份设备的逻辑名称。

【例 12.2】将教学数据库 studentdb 备份到备份设备 studentbak 中。

程序如下：

```
BACKUP DATABASE studentdb TO DISK='studentbak'
```

【例 12.3】对教学数据库 studentdb 进行完全数据库备份之后又进行了若干操作，现在对其进行差异备份，备份内容同样写在备份设备 studentbak 中。

程序如下：

```
BACKUP DATABASE studentdb TO DISK='studentbak'WITH DIFFERENTIAL
```

12.3 恢复数据库

数据库备份的主要目的就是在系统出现故障时，及时进行数据恢复以减少损失。在进行数据库恢复时，系统首先进行一些安全性检查，如查看指定的数据库是否存在、数据库文件是否发生变化等，然后指定数据库及相关的文件，最后针对不同的数据库备份类型采取不同的数据库恢复方法。

数据恢复的操作步骤是：

（1）从最近的一次完全数据库备份开始。

（2）如果最近一次完全数据库备份之后还有差异备份，则恢复最后一个差异备份。

（3）如果最后一个差异备份之后还有日志备份，则依次全部恢复。

12.3.1 使用 SQL Server 管理器恢复数据库

在 SQL Server 管理器中恢复数据库的操作步骤如下：

（1）在 SQL Server 管理器中展开服务器组，选择一个服务器。

（2）右击数据库结点，在弹出的快捷菜单中选择“任务”→“还原”→“数据库”命令，打开如图 12-5 所示的窗口。

（3）在“还原数据库”窗口中，分别对目标数据库和源数据库进行设置。在还原的目标区域中的目标数据库下拉列表中选择或输入要还原的目标数据库；在还原的源区域中选择一种还原方式，如果在 msdb 数据库中保存了备份历史记录，则可以采用第一种还原方式，即选择要还原的备份集即可，如图 12-6 所示。

（4）第二种还原方式是选择源设备。单击源设备的“浏览”按钮，打开“选择备份设备”窗口，如图 12-7 所示。选择文件或备份设备方式，添加相应的备份文件即可。

（5）在“选项”标签页中可以设置还原的选项，如图 12-8 所示。

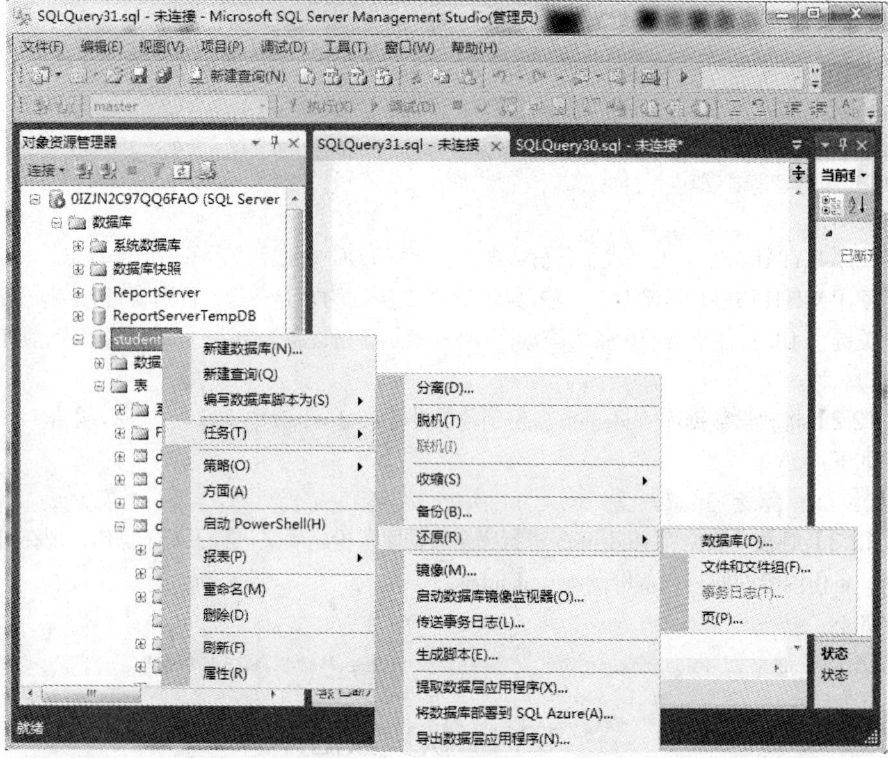

图 12-5　选择恢复数据库命令

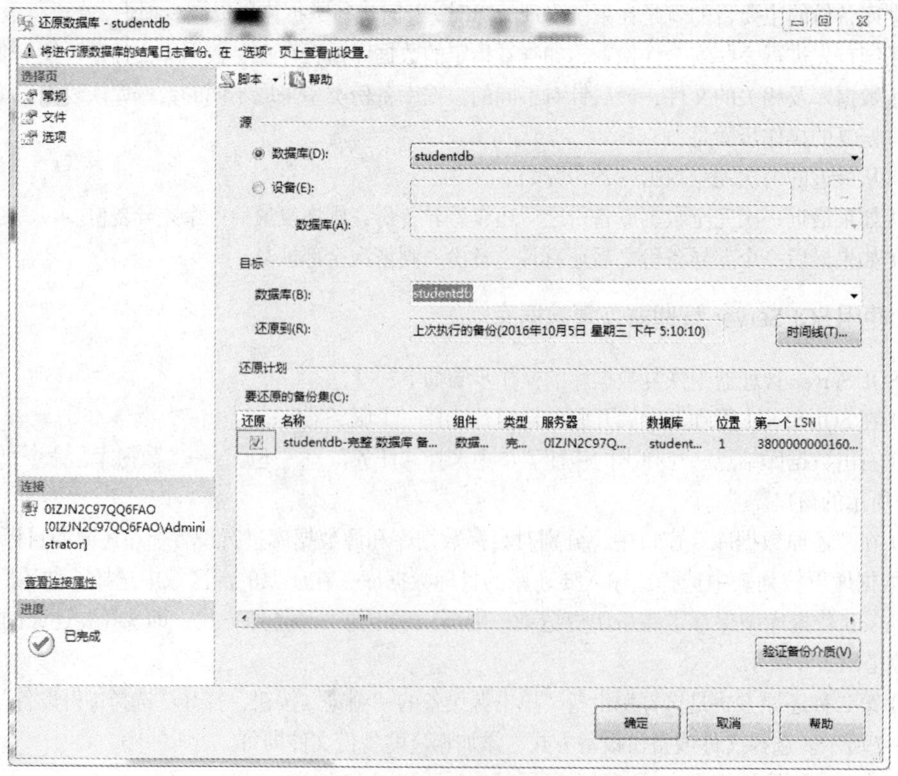

图 12-6　目标数据库和源数据库设置

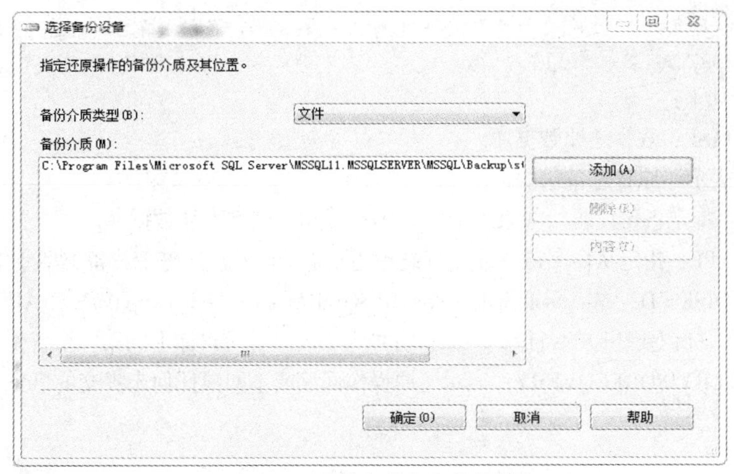

图 12–7 选择恢复数据的备份媒体

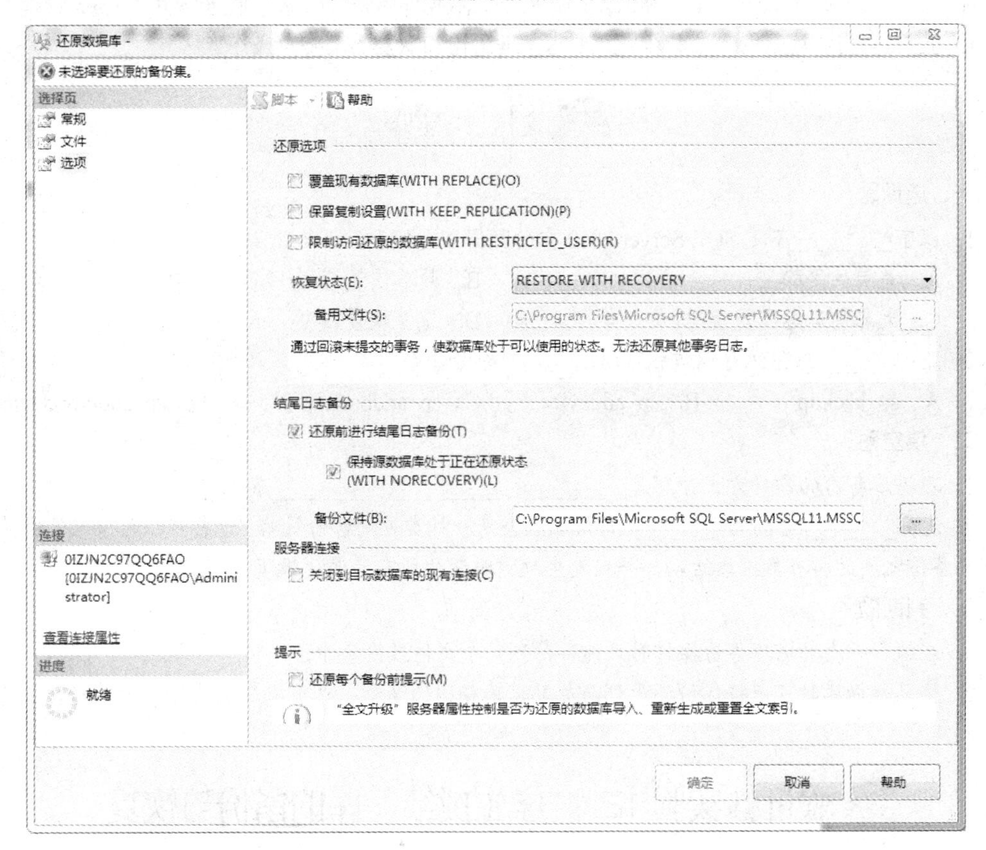

图 12–8 还原选择设置窗口

（6）全部设置完成后，单击“确定”按钮即可。

12.3.2 使用 SQL 语句恢复数据库

使用 RESTORE 语句可以完成对数据库的恢复，也可以恢复数据库的日志文件或文件和文件组。其语法格式如下：

```
RESTORE DATABASE | LOG[数据库名][FROM[DISK|TAPE=]'备份设备名'[,…n]][WITH[FILE=备份号][{NORECOVERY|RECOVERY}]]
```

各参数含义如下：

（1）DATABASE：表示还原数据库。

（2）LOG：表示还原日志备份。

（3）FROM：指定备份设备。如果未指定 FROM 子句，则是恢复数据库。

（4）DISK|TAPE：指定从命名磁盘或磁带设备还原备份。磁盘或磁带设备类型要用设备的真实名称来指定。如：DISK='D：\Microsoft SQL Server\MSSQL\BACKUP\Mybackup.dat'或 TAPE='\\.\TAPE0'。

（5）备份号：标识要还原的备份集。如备份号为 1 表示备份媒体上的第一个备份集。

（6）RECOVERY/NORECOVERY：表示还原操作回滚或不回滚任何未提交的事务。

单元总结

本单元主要介绍了数据库备份和恢复的重要性，数据库备份的方式，通过 SQL Server 管理器和 SQL 语句进行备份和恢复的方法和步骤，要求掌握备份和恢复的策略及操作方法。

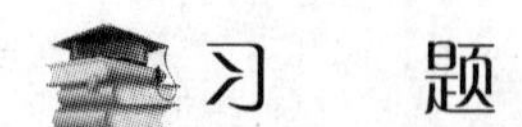

习　　题

一、选择题

1. 以下________不是 SQL Server 2012 中的数据恢复模型。

A. 差异恢复模型　　B. 简单恢复模型

C. 大容量日志恢复模型　　D. 完全恢复模型

2. 下列________系统存储过程可以创建一个备份设备。

A. sp_backup　　B. sp_addevice　　C. sp_addbackup　　D. sp_addumpdevice

二、填空题

1. 数据库备份的四种方式分别是________、________、________和________。

2. 使用________备份与________备份的组合是一种常见的备份策略。这样可以记录在两次完全数据库备份之间的所有数据库活动，并在发生故障时还原所有的变化数据。

三、判断题

1. 在执行一次数据库备份操作时只能备份到一个文件或设备中。（　　）

2. 恢复数据库时可以将备份还原到与原数据库相同的名称，也可以还原为另一个不同名称的数据库。（　　）

验证性实验 12　“学生成绩”库的备份与恢复

一、实验目的

1. 理解备份的基本概念，掌握各种备份数据库的方法。

2. 掌握如何从备份中还原数据库。

二、实验内容

1. 使用对象资源管理器创建一个名为“stubak”的备份设备（文件路径及文件名自定），然后把学生成绩数据库完全备份到该备份设备中。

2. 使用备份对该数据库进行还原。

三、实验步骤

1. 使用对象资源管理器创建备份。

2. 使用对象资源管理器把刚才创建的备份还原到数据库中。

设计性实验

一、提交系统分析报告

报告包括系统开发背景、需求分析（事务需求、数据需求）、数据库的概念结构（ E-R 图）、数据库中的表、视图（如果使用）、存储过程（如果使用）的结构和定义。

二、提交的文档

1. 数据库主文件

形成数据库主文件：**.MDF 日志文件 **.LDF ，其中包含： 基本表、视图、存储过程、触发器。

2. 对表的操作程序，保存成.doc 格式

建立数据库 、建立表 （至少 5 个）、查询及统计（至少 10 个）、修改表结构（至少 3 个）、新增记录（至少 5 个）、修改数据（至少 5 个）、删除记录（至少 3 个）。

3. 注意事项

（1）保存的文件夹名称由三部分组成：课程名 + 学号 + 姓名。

（2）包含两个子文件夹：“数据库”存放 1 的内容，“文档”存放 2 的 SQL 脚本文档和实训报告文档。

三、设计性实验项目名称

设计性实验项目名称见表 12-1。

表 12-1 设计性实验项目名称

序 号	项 目 名 称
1	旅行社业务管理信息系统
2	供电企业人事信息管理系统的设计与实现
3	餐厅菜单管理系统的设计与实现
4	仓库管理信息系统的设计与实现
5	火电类发电厂原材料管理系统
6	商品销售管理系统的设计与实现
7	考试题库管理系统
8	图书管理子系统的设计与实现
9	药品管理子系统的设计与实现
10	校运动会子系统的设计与实现
11	基于 Delphi 或 VB 或 JAVA 的企业财务管理信息系统开发
12	家庭理财系统的设计与实现

续表

序　号	项 目 名 称
13	供电企业库存管理子系统的设计与实现
14	学生选课子系统的设计与实现
15	县级供电局人事管理子系统的设计与实现
16	工资管理子系统的设计与实现
17	学籍管理系统的设计与实现
18	学生档案管理系统的设计与实现
19	人力资源管理系统的设计与实现
20	医院管理信息系统的设计与实现
21	音像店管理系统的设计与实现
22	基于B/S的职工信息管理系统的设计与实现
23	医院管理子系统的设计与实现
24	医院药房管理系统的设计与实现
25	飞机客运售票系统
26	企业原料出入库管理
27	学生宿舍管理系统
28	平面设计公司业务管理系统
29	水电费收费管理系统
30	物流配送中心管理系统
31	课程设计选题系统

数据库综合训练实验：人事管理系统

一、系统功能的基本要求

1. 员工各种信息的输入，包括员工的基本信息、学历信息、婚姻状况信息、职称等；

2. 员工各种信息的修改；

3. 对于转出、辞职、辞退、退休员工信息的删除；

4. 按照一定的条件，查询、统计符合条件的员工信息；至少应该包括每个员工详细信息的查询、按婚姻状况查询、按学历查询、按工作岗位查询等，至少应该包括按学历、婚姻状况、岗位、参加工作时间等统计各自的员工信息；

5. 对查询、统计的结果打印输出。

二、数据库要求

在数据库中至少应该包含下列数据表：

1. 员工基本信息表；

2. 员工婚姻情况表，反映员工的配偶信息；

3. 员工学历信息表，反映员工的学历、专业、毕业时间、学校、外语情况等；

4. 企业工作岗位表；

5. 企业部门信息表。

第13单元

数据库应用系统开发 ‹‹‹

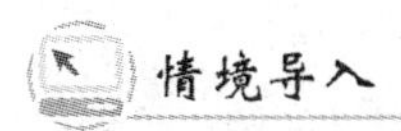

情境导入

SQL Server 在数据库应用中一般作为应用系统的后台，而前台图形界面的设计与操作一般使用可视化开发工具，如 Visual Studio 2010 等来完成。根据前面章节及之前学习的相关知识设计并开发编程词典销售分析系统。

数据库应用的相关知识我们已经学习完毕，如何结合之前学习过的可视化开发工具完成数据库应用系统的开发是我们本章要学习的内容。下面我们通过以下内容来掌握数据库应用系统设计和开发的过程。

知识目标和能力目标

知识目标

(1) 了解 ADO.NET 的概念。

(2) 能独立完成数据库应用系统的设计。

(3) 能够独立调试数据库应用系统开发的代码程序。

能力目标

1. 专业能力

(1) 能独立完成数据库应用系统的设计。

(2) 能独立调试数据库应用系统开发的代码程序。

2. 方法能力

了解系统案例完整的设计和开发过程。

13.1 ADO.NET 简介

ADO（ActiveX Data Object）是一种提供给用户访问各种不同数据类型的联结机制。ADO 通过 ODBC 数据源的方法链接数据库，格式简单，并且支持各种数据源的形式，如 Oracle、SQL Server、Access 等数据库应用软件，还支持 Excel 表格、文本、图形等各种文件格式。ADO 是基于 OLE DB 技术之上的新技术，因此 ADO 通过其内部的各种属性和方法为用户提供统一的数据库访问接口。

ADO.NET 是 ADO 的最新版本，是对 ADO 的一个跨时代改进。ADO.NET 中加入了以前没有的面向对象的结构，让用户在编写数据库应用程序时更为简单和结构化。

为了实现访问数据和操作数据的分离，ADO.NET 使用了两种核心组件：.NET Data Provider 和 DataSet。Data Provide 用于实现数据库的连接、执行命令等相关操作，而 DataSet 是用于实现独立于数据源的数据访问的。它可以用于多种不同的数据源，用于 XML 数据，或管理本地应用程序的数据。

13.2 编程词典销售分析系统的开发

13.2.1 开发背景

一般企业常见的商品销售业务包括销售、退货、换货、销售统计、销售分析等。企业传统的手工管理存在工作效率低、报表统计速度慢且准确性差、数据分析不够形象直观等弊端。为此 XXX 公司根据自身产品的销售情况，研发了编程词典销售分析系统。

13.2.2 需求分析

随着 XXX 公司编程词典产品销售量的日渐增加，常规的手工管理已无法完成日常的销售管理工作，因此急需一套软件来管理和分析产品的销售情况。经过分析，该系统有以下需求：要求把日常业务工作分为销售、退货、换货 3 个部分进行管理，以便在进行业务操作时能够方便、快捷地对产品销售信息进行添加、修改、删除和查询；要求提供数据报表和图表分析，分别用来统计数据和提供决策分析；另外还要求对产品代理商、权限分配进行严格的管理和设置。

13.2.3 系统设计

1. 系统目标

根据编程词典产品销售业务的实际要求，制定编程词典销售分析系统的目标如下：

（1）由于工作繁杂，因此要求系统操作简单方便，避免重复性的操作；业务数据在不同工作角色的人员之间传递准确流畅，交互性良好；要求系统自动进行数据逻辑校验和提供业务操作错误提示，保证数据准确。

（2）由于系统的使用人员较多，并且各自的职责不同，因此要求系统有清晰的权限设置。

（3）基础数据要求灵活的自定义设置，以满足日后销售业务不断发展的需求。

（4）代理商管理要求登记详细的代理商信息及灵活方便地设置代理期登记。

（5）业务管理要求按流程操作，同一个业务的不同流程之间数据衔接紧密。

（6）提供多种业务的明细报表、统计时间段自定义，可区别代理商和普通用户的业务数据。

（7）提供多种业务的汇总报表，统计时间段自定义，可区分代理商和普通用户的业务数据。

（8）统计分析图要直观、形象、美观，为公司高层管理者提供有效的决策支持。

2. 系统功能结构图

系统功能主模块结构图和系统设置子模块结构图，如图 13-1、图 13-2 所示。

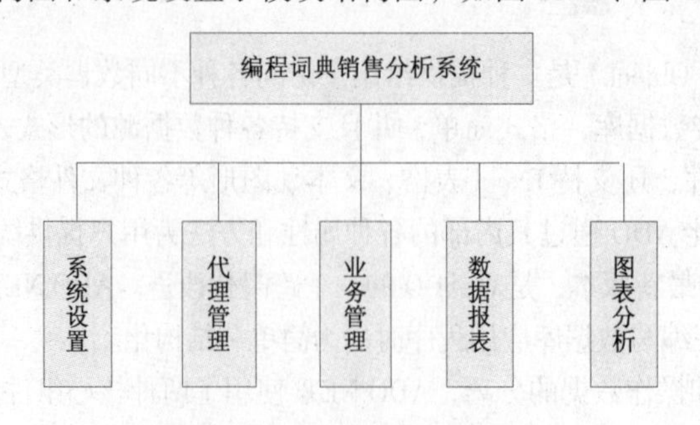

图 13-1　系统功能主模块图

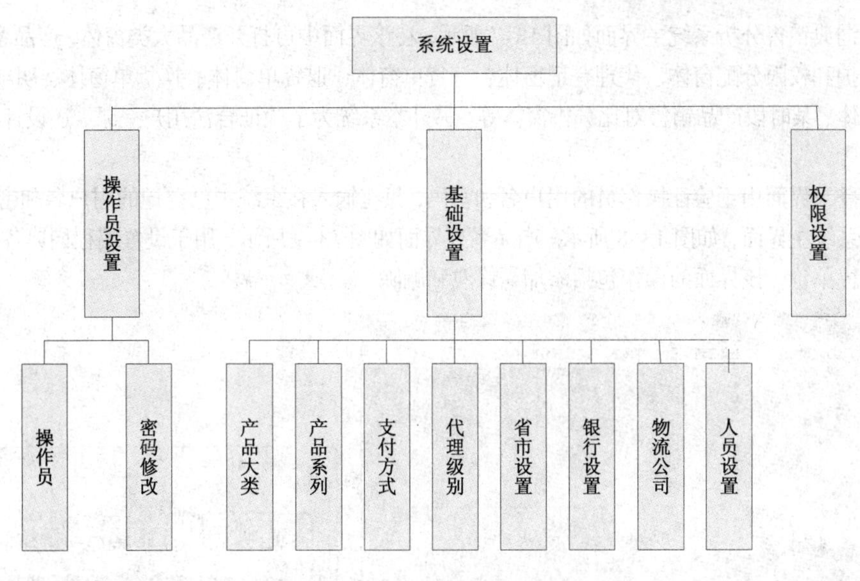

图 13-2 系统功能子模块结构图

数据报表、代理管理、图表分析、业务管理子模块的功能结构分别如图 13-3～图 13-6 所示。

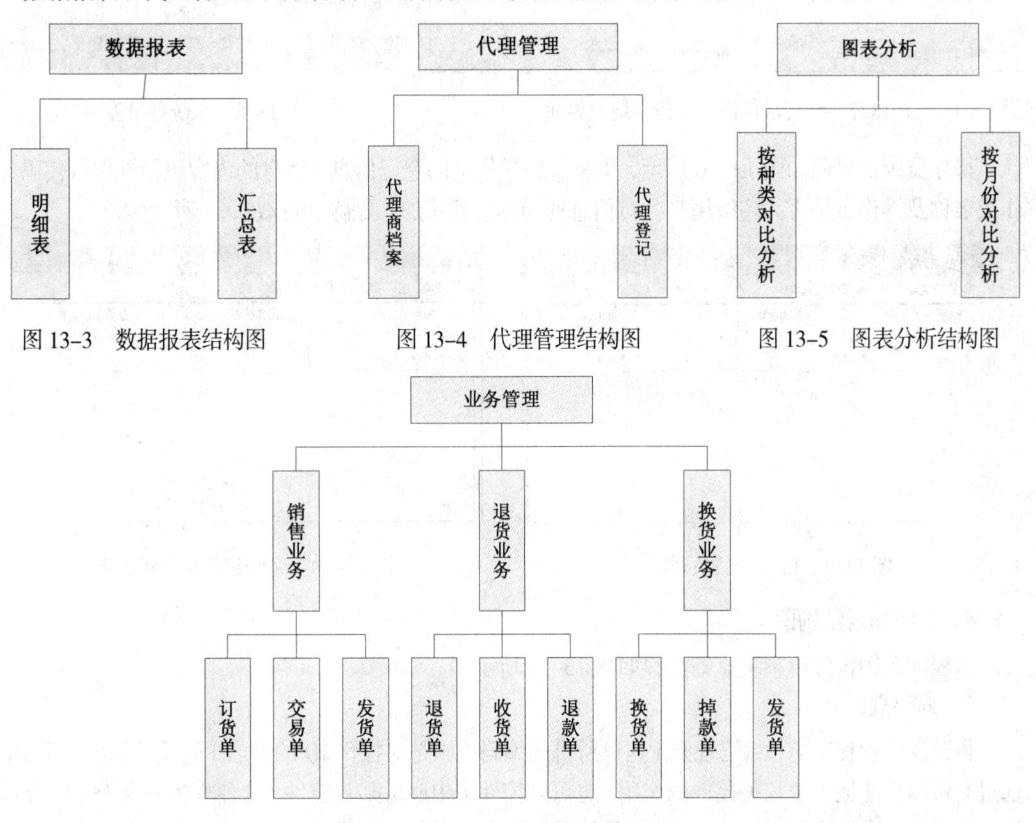

图 13-3 数据报表结构图

图 13-4 代理管理结构图

图 13-5 图表分析结构图

图 13-6 业务管理功能子模块结构图

3. 系统功能结构图

编程词典销售分析系统由多个界面组成，下面仅列出几个典型的界面，供读者了解。

编程词典销售分析系统主界面如图 13–7 所示，在该界面中可打开产品大类窗体、产品系列窗体、操作员维护和权限分配窗体、代理登记窗体、订货单窗体、退货单窗体、换货单窗体、明细表窗体、汇总表窗体、某时段产品销售对比分析窗体等。另外本系统为了验证合法用户登录，还设计了系统登录界面。

系统登录界面用于验证操作员的用户名和密码，只有输入在系统中已登记的用户名和密码，才可以登录到系统主界面，如图 13–8 所示。产品系列界面如图 13–9 所示，用于设置编程词典各种版本的名称及销售单价，该界面的操作包括添加、修改和删除。

图 13–7　编程词典销售分析系统主界面

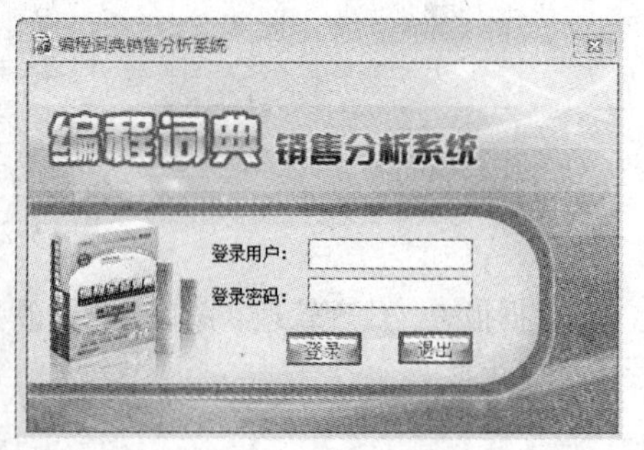

图 13–8　系统登录界面

操作员维护界面如图 13–10 所示，用来维护操作员的登记信息，信息的内容包括操作员代码、操作员名称及操作员是否为超级用户，对信息的操作包括添加、删除和修改。

产品系列

添加　修改　删除　退出

系列代码	系列名称	单价
01	全能版	¥88.00
02	标准版	¥268.00
03	企业版	¥3,988.00
04	珍藏版	¥568.00

图 13–9　系统产品系列界面

操作员维护

添加　修改　删除　退出

操作员代码	操作员名称	是否超级用户
0006	王豪	
0007	李欣	✔

图 13–10　系统操作员维护界面

4. 系统功能结构图

编程词典销售分析系统业务流程如图 13–11 所示。

5. 编码规则

再开发应用程序前，编码规则（这里所讲的编码规则是对控件 ID 的命名）的设计是十分重要的，通过它可以快速地了解相关控件的作用，也可以控件集中遍历某一控件，这种方法适合于在前台对数据进行添加、修改及查询的操作。良好的编码规则有助于程序的开发。下面对本系统中比较重要的编码规则进行说明。

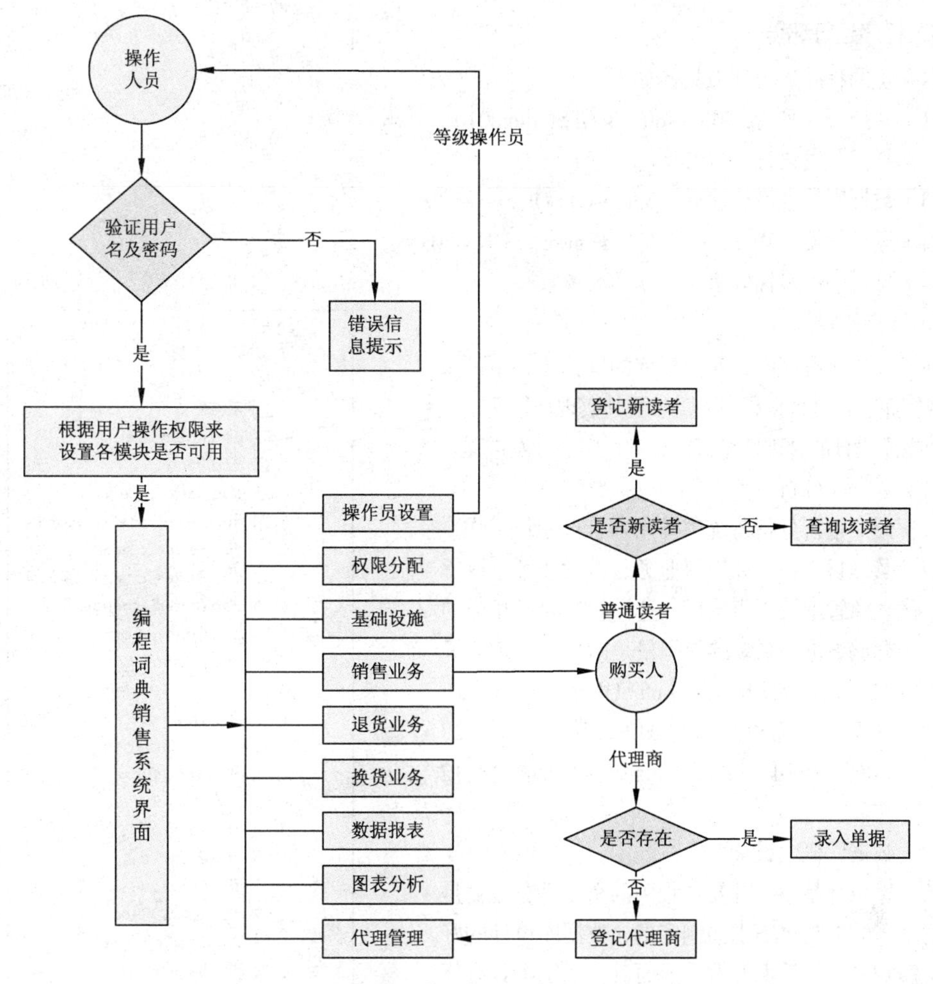

图 13-11　编程词典销售分析系统业务流程图

（1）窗体的命名规则

在创建一个窗体时，首先要对窗体的 ID 进行命名，其编码规则为“From+窗体名称”，其中窗体名称最好是英文形式的窗体说明，以便于开发者通过窗体 ID 就能知道其作用。如登录窗体的 ID 名为 FormLogin。

（2）控件的命名规则

在 Windows 应用程序中，主要通过窗体中的控件来录入和显示数据，所以控件的使用量较大，这就需要对控件的命名进行统一规划，方便开发者进行后台代码的编写。本系统中控件的命名规则为“控件类名称的缩写+名称”，这样便于开发者通过控件名称就能知道控件的类型和作用。如某个查询按钮的名称为 btnQuery。

（3）公共类的命名规则

系统在设计时，定义了若干公共类，这些类中封装了一些通用的方法；另外由于本系统使用三层架构模式，所以在业务逻辑层中包含大量业务处理类。这些类的命名规范采用具有一定含义的单词组合，如定义用于绑定若干控件到数据源的类，其类名称为 ControlBindDataSource。

6. 程序运行环境

本系统的程序运行环境具体如下：

（1）系统开发平台：Microsoft Visual Studio 2010。

（2）系统开发语言：C#4.0。

（3）数据库管理系统软件：Microsoft SQL Server 2012。

（4）运行环境：Microsoft.NET Framework SDK v4.0。

（5）分辨率：最佳效果 1024×768 像素。

7. 数据库设计

在开发应用程序时，对数据库的操作是必不可少的，数据库设计是根据程序的需求及其实现功能而制定的，数据库设计的合理性将直接影响程序的开发进程。

（1）数据库分析

编程词典销售分析系统主要用来管理销售工作、报表统计及销售分析，如销售业务、退货业务、换货业务、代理商管理及报表统计，这样就需要有相应的数据表来存储数据。系统的数据量是由具体销售业务量来决定的，本系统使用 Microsoft SQL Server 2012 作为后台数据库。数据库命名为 SALE，其中包含了 28 张数据表，用于存储不同的信息，详细信息如图 13–12 所示。

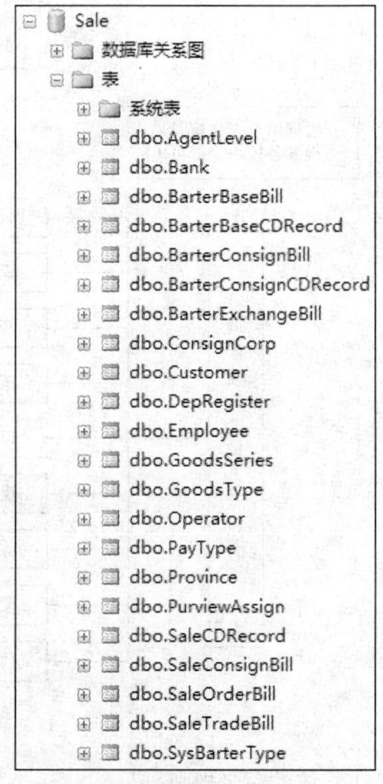

图 13–12　编程词典销售分析系统中用到的数据表

（2）数据库概念设计

数据库设计是系统开发过程中的重要部分，它是根据管理系统的整体需求而制定的，数据库设计的好坏直接影响系统的后期开发。下面对本系统中具有代表性的数据库设计做详细说明。

① 在本系统中，为了提高系统的安全性，每个用户都要使用正确的用户名和密码才能进入主窗体，为了能够记录正确的用户名和密码，应在数据库中创建操作员信息表。操作员信息表的实体 E–R 图，如图 13–13 所示。

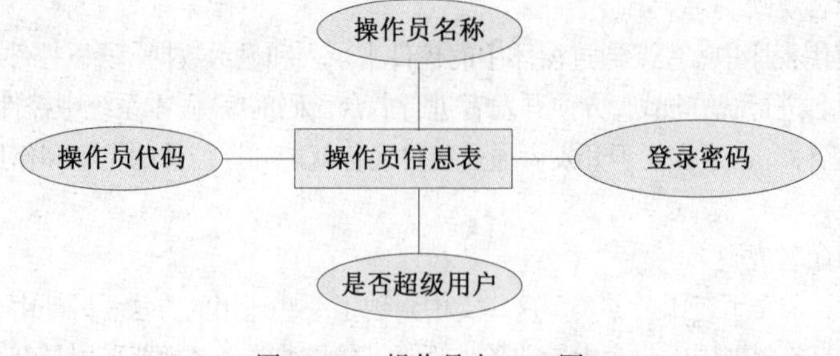

图 13–13　操作员表 E–R 图

② 为了避免登录用户随意修改数据库中的信息，本系统应创建一个权限分配信息表，用于记录用户对程序中各模块的操作权限，由于权限分配表与操作员表是密切相关的，所以在权限分配表

中必须有操作员代码，以方便登录后在权限分配表中查找相关的权限。权限分配表的实体 E–R 图，如图 13–14 所示。

③ 编程词典产品分为多个编程语言种类，如 C#编程词典、JAVA 编程词典、VB 编程词典，所以需要对商品进行分类，为此设计一个商品大类信息表（即种类表），商品大类信息实体 E–R 图如图 13–15。

图 13–14 权限分配表 E–R 图　　图 13–15 商品大类 E–R 图

④ 由于每种编程词典如（C#编程词典）又分为多个版本，如全能版、标准版，所以需要对商品进行版本分类，为此设计一个商品系列信息表（即版本表），商品系列信息实体 E–R 图如图 13–16 所示。

⑤ 本系统具有对代理商进行管理的功能，代理商代理产品需要登记代理商的级别、代理年限、代理的起止日期，为此设计一个代理商代理登记信息表，代理商代理登记信息实体 E–R 图如图 13–17 所示。

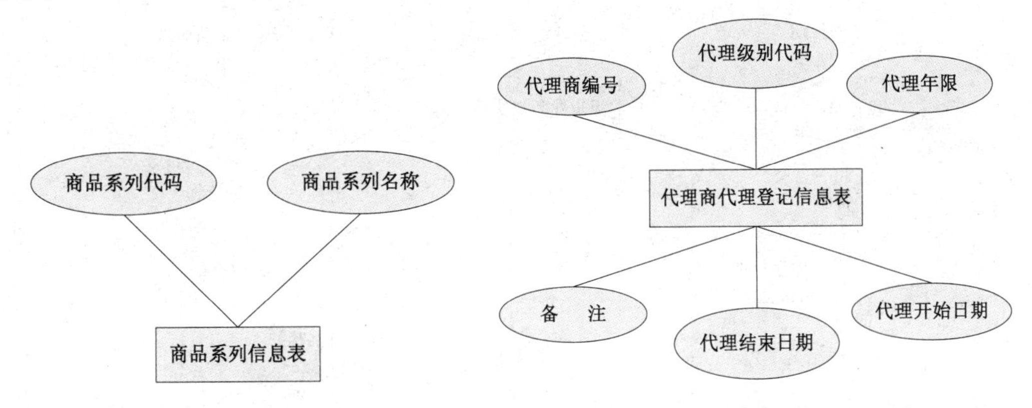

图 13–16 商品系列 E–R 图　　图 13–17 代理商代理登记 E–R 图

⑥ 产品在销售过程中，首先要填写订货单以及时准备好产品和做好相关发货准备，并确认商家与读者间的购买协议，具体包括购买编程词典的种类、版本、数量等信息。为此设计一个销售业务订货单信息表，订货单信息实体 E–R 图如图 13–18 所示。

⑦ 由于某些原因可能涉及产品的退货，这需要登记退货单，包括销售单号、编程词典种类、版本及退货数量等信息。为此设计一个退货业务退款单信息表，退货单信息实体 E–R 图如图 13–19 所示。

⑧ 另外，由于某些原因（如用户主动提出更换高级版本）可能涉及产品的调换，这需要登记原购买的编程词典的种类及版本、调换后的编程词典的种类及版本、调换数量等信息。为此设计一个换货业务换货单信息表，换货单信息实体 E–R 图如图 13–20 所示。

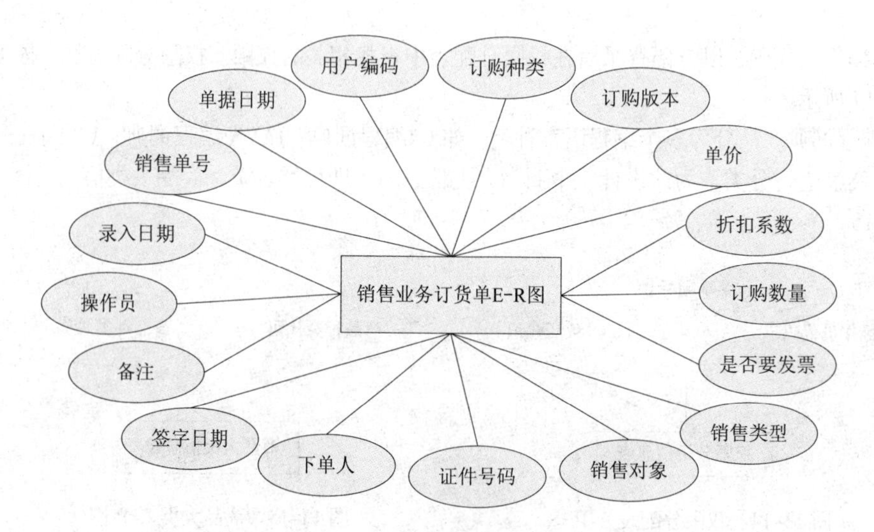

图 13-18　销售业务订货单 E-R 图

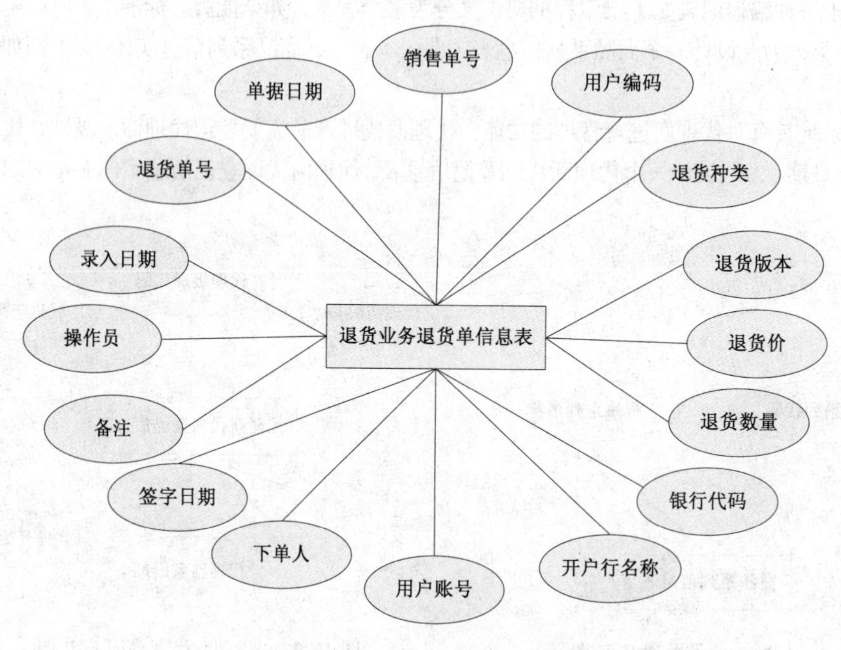

图 13-19　退货业务退货单 E-R 图

订货单数据表在本系统中的地位非常重要，它是报表统计模块和数据分析模块的主要数据来源之一。为了更清楚地表述订货单数据表与其他相关联的数据表之间的关系，在这里给出数据表关系图，如图 13-21 所示。从图 13-21 中可以看出，订货单表与交易单表、发货单表之间通过销售单号相关联；订货单表与编程词典种类表、版本表分别通过种类代码和版本代码相关联；订货单表与购买人之间通过购买人的 ID 号相关联。

操作员表与权限分配表、系统功能模块表之间的关系，如图 13-22 所示。通过图 13-22 可以看出，在用户登录时，可以根据操作员代码在权限分配表中查找相关的权限。

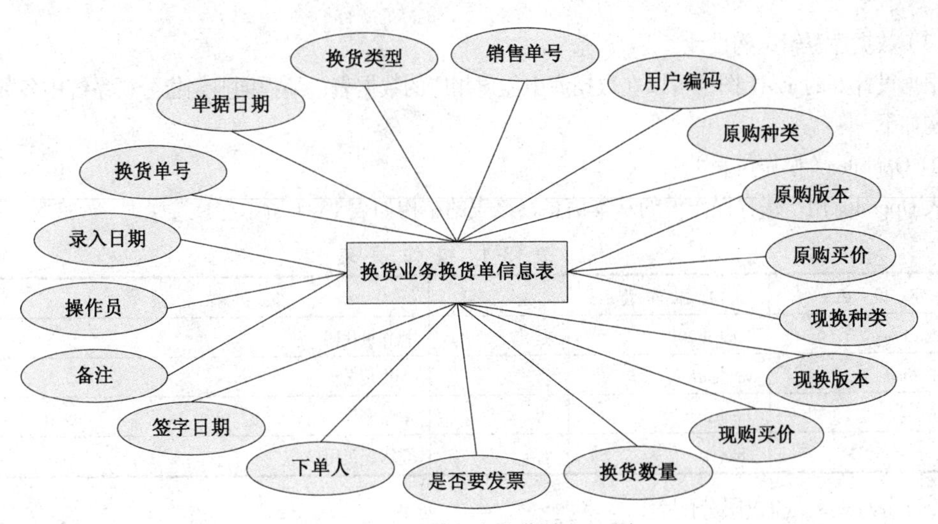

图 13-20 换货业务换货单 E-R 图

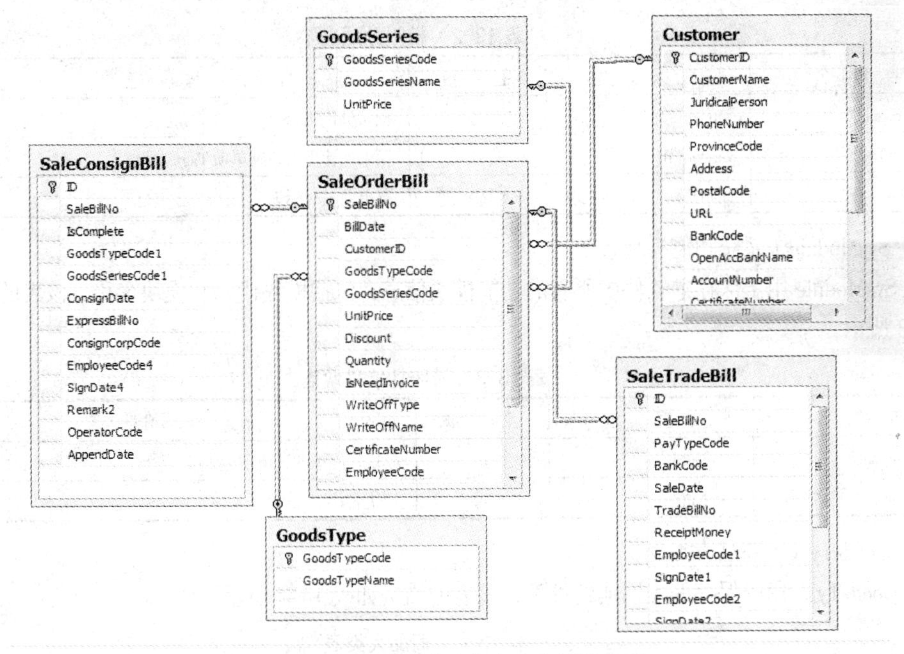

图 13-21 订货单信息与各表之间的关系

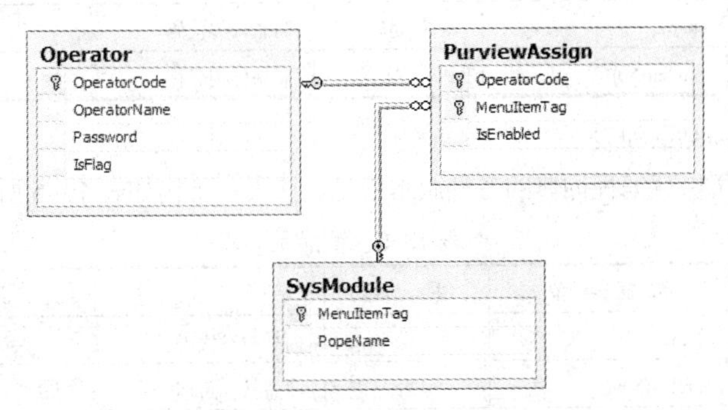

图 13-22 操作员表与系统功能模块表、权限分配表之间的关系

(3)数据库逻辑结构设计

根据设计好的 E-R 图，可以在数据库中创建相应的数据表，编程词典销售分析系统中各数据表的结构如下。

① Operator(操作员表)

表 Operator 用于保存操作员的基本信息，该表的结构如表 13-1 所示。

表 13-1 操作员表

字段名	数据类型	主键	描述
OperatorCode	varchar(20)	是	操作员代码
OperatorName	varchar(8)	否	操作员名称
Password	varchar(20)	否	登录密码
IsFlag	char(1)	否	是否超级用户

② PurviewAssign(权限分配表)

表 PurviewAssign 用于保存对操作员的权限分配信息，该表的结构如表 13-2 所示。

表 13-2 权限分配表

字段名	数据类型	主键	描述
OperatorCode	varchar(20)	是	操作员代码
MenuItemTag	varchar(3)	是	菜单项标识(即菜单项 Tag 属性值)
IsEnabled	char(1)	否	菜单项激活标识

③ SysModule(系统功能模块表)

表 SysModule 用于保存本软件中所有的功能模块信息，包括模块代码和模块名称，该表的结构如表 13-3 所示。

表 13-3 系统功能模块表

字段名	数据类型	主键	描述
MenuItemTag	varchar(3)	是	模块代码(即菜单项标识)
PopeName	varchar(30)	否	模块名称

④ GoodsType(商品大类表)

表 GoodsType 用于保存编程词典的种类，该表的结构如表 13-4 所示。

表 13-4 商品大类表

字段名	数据类型	主键	描述
GoodsTypeCode	char(2)	是	商品种类代码
GoodsTypeName	varchar(50)	否	商品种类名称

⑤ GoodsSeries(商品系列表)

表 GoodsSeries 用于保存编程词典的各种版本信息，该表的结构如表 13-5 所示。

表 13-5 商品系列表

字段名	数据类型	主键	描述
GoodsSeriesCode	char(2)	是	商品版本代码
GoodsSeriesName	varchar(50)	否	商品版本名称
UnitPrice	decimal(9)	否	单价

⑥ DepRegister（代理登记表）

表 DepRegister 用于保存代理商的代理登记记录，该表的结构如表 13-6 所示。

表 13-6 代理登记表

字 段 名	数 据 类 型	主 键	描 述
CustomerId	int(4)	是	代理商编码
AgenLevelCode	char(2)	否	代理级别代码
Years	int(4)	否	代理年限
BeginDate	datetime(8)	是	代理开始日期
EndDate	datetime(8)	否	代理结束日期
Remark	text(16)	否	备注

⑦ SaleOrderBill（销售业务订货单表）

表 SaleOrderBill 用于保存销售业务的订货单记录，该表的结构如表 13-7 所示。

表 13-7 销售业务订货单表

字 段 名	数 据 类 型	主 键	描 述
SaleBillNo	varchar(13)	是	销售单号
BillDate	datetime(8)	否	单据日期
CustomerId	int(4)	否	用户代码
GoodsTypeCode	char(2)	否	购买种类代码
GoodsSeriesCode	char(2)	否	购买版本代码
UnitPrice	decimal(9)	否	单价
Discount	decimal(5)	否	折扣系数
Quantity	int(4)	否	订购数量
IsNeedInvoice	char(1)	否	是否要发票标记
WriteOffType	char(1)	否	报销类型
WriteOffName	varchar(50)	否	报销对象（报销人姓名或报销单位名称）
CertificateNumber	varchar(20)	否	证件号码
EmployeeCode	char(3)	否	下单人代码
SignDate	datetime(8)	否	签字日期
Remark	text(16)	否	备注
OperatorCode	varchar(20)	否	操作员代码
AppendDate	datetime(8)	否	录入日期

⑧ SaleRtadeBill（销售业务交易单）

表 SaleTradeBill 用于保存销售业务的交易单记录，该表的结构如表 13-8 所示。

表 13-8 销售业务交易单表

字 段 名	数 据 类 型	主 键	描 述
Id	int(4)	是	自增序号
SaleBillNo	varchar(13)	否	销售单号
PayTypeCode	char(2)	否	支付方式代码
BankCode	char(2)	否	银行代码

续表

字 段 名	数 据 类 型	主 键	描 述
SaleDate	datetime(8)	否	查款日期
TradeBillNo	varchar(20)	否	交易单号
ReceiptMoney	decimal(9)	否	实收金额
EmployeeCode1	char(3)	否	查款人代码
SignDate1	datetime(8)	否	查款人签字日期
EmployeeCode2	char(3)	否	制作人代码
SignDate2	datetime(8)	否	制作人签字日期
EmployeeCode3	char(3)	否	审校人代码
SignDate3	datetime(8)	否	审校人签字日期
Remark1	text(16)	否	备注
OperatorCode	varchar(20)	否	操作员代码
AppendDate	datetime(8)	否	录入日期

⑨ SaleConsignBill（销售业务发货单表）

表 aleConsignBill 用于保存销售业务的发货单记录，该表的结构如表 13-9 所示。

表 13-9　销售业务发货单表

字 段 名	数 据 类 型	主 键	描 述
Id	int(4)	是	自增序号
SaleBillNo	varchar(13)	否	销售单号
IsComplete	char(1)	否	产品是否完整
GoodsTypeCode1	char(2)	否	实发种类
GoodsSeriesCode1	char(2)	否	实发版本
ConsignDate	datetime(8)	否	发货日期
ExpressBillNo	varchar(20)	否	快递单号
ConsignCorpCode	char(2)	否	发货公司（即快递公司）代码
EmployeeCode4	char(3)	否	发货人代码
SignDate4	datemite(8)	否	发货人签字日期
Remark2	text(16)	否	备注
OperatorCode	varchar(20)	否	操作员代码
AppendDate	datetime(8)	否	录入日期

⑩ UntreadBaseBill（退货业务退货单表）

表 UntreadBaseBill 用于保存退货业务的退货单记录，该表的结构如表 13-10 所示。

表 13-10　退货业务退货表单

字 段 名	数 据 类 型	主 键	描 述
UntreadBillNo	varchar(13)	是	退货单号
UntreadBillDate	datetime(8)	否	单据日期
SaleBillNo	varchar(13)	否	销售单号
CustomerId	int(4)	否	用户代码

续表

字 段 名	数 据 类 型	主 键	描 述
GoodsTypeCode	char(2)	否	产品种类代码
GoodSeriesCode	char(2)	否	产品版本代码
Unitprice	decimal(9)	否	退货单价
Qmantity	int(4)	否	退货数量
BankCode	char(2)	否	银行代码
OpenAccBankName	varchar（100）	否	单位开户行的详细名单
AccountNumber	varchar（19）	否	银行账号
EmployeeCode1	char(3)	否	下单人代码
SignDate1	datetime(8)	否	下单人签字日期
Remark1	text(16)	否	备注
OperatorCode	varchar（20	否	操作员代码
AppendDate	datetime(8)	否	录入日期

⑪ BarterBaseBill（换货业务换货单表）

表 BarterBaseBill 用于保存换货业务的换货单记录，该表的结构如表 13-11 所示。

表 13-11 换货业务换货单表

字 段 名	数 据 类 型	主 键	描 述
BarterBillNo	Varchar(1)	是	换货单号
BarterBillDate	datetime(8)	否	单据日期
BarterType	char(1)	否	换货类型
SaleBillNo	varchar(13)	否	销售单号
Customerld	int(4)	否	用户代码
GoodsTypeCode	char(2)	否	原购产品种类
GoodSeriesCode	char(2)	否	原购产品版本
UnitPrice	datetime(8)	否	原购单价
GoodsTypeCode1	char(2)	否	现调产品种类
GoodSeriesCode1	char(2)	否	现调产品版本
UnitPrice1	decimal(9)	否	现调产品单价
BarterQuantity	int(4)	否	换货数量
IsNeeddInvoice	char(1)	否	是否需要发展
Remark1	text(16)	否	备注
EmployeeCode1	char(3)	否	下单人代码
SignDate1	datetime(8)	否	下单人签字日期
OperatorCode	varchar(20)	否	操作员代码
AppendDate	datetime(8)	否	录入日期

（4）创建视图

视图是由 SELECT 语句组成的虚拟表，其内部组成结构基于现有的数据表和视图，使用视图的优点很多，如可以定制数据、简化操作、提高数据安全性等，但也要注意，过分依赖视图会给服务器带来内存压力。

下面介绍该系统中的视图 V_AgentRecord，该视图的功能是检索用户信息表 Customer 中用户类型为代理商的记录，其创建代码如下：

```
CREATE  VIEWdbo.V_ AgentRecord
AS
SELECE  CustomerName , CustomerId,ProvinceCode,Address,PostalCode,PhoneNumber,
URL,Remark
FROM  dbo.Customer
WHERE (CustomerType='1')
```

（5）创建和使用存储过程

存储过程是一组具有特定逻辑功能的 SQL 语句集合，存放在数据库中并预先编译好，是数据库设计中一个很重要的对象。适当地使用存储过程的优点很多，如可以提高 SQL 语句的执行效率、降低网络流量、精简代码、提高数据安全性等。若过分依赖存储过程，则会产生服务器内存压力增大、系统可移植性差、程序代码可读性差等问题。

本系统中共创建了 5 个存储过程，分别是 P_IsExistSaleBillNo（查询指定的销售单号是否已存在）、P_IsExistUntreadBillNo（查询指定的退货单号是否已存在）、P_IsExistBarterBillNo（查询指定的换货单号是否已存在）P_GoodsTypeCrossGoodsSeries（数据表 GoodsType 与数据表 GoodsSeries 的交叉连接）、P_QueryForeignConstraint（查询某个数据表的主键具有的所有外键约束信息）。

这里仅详细介绍两个具有代表性的存储过程，存储过程 P_QueryForeignConstraint 的创建代码如下：

```
CREATE  PROCEDUREP_QueryForeignConstraint
@Primary  Table  varchar(50)
AS
SELECT (SELECT Name
FROM  syscolumns
WHERE  colid = b.rkey  AND  id = b.rkeyid) AS PrimaryColumn,
OBJECT_NAME(b.fkeyid)  AS foreign Table,
        (SELECT name
FROM  syscolumns
WHERE  colid = b.fkey  AND  id = b.fkeyid) AS  foreignColumn,
FROM  sysobjectsa  INNER JOIN
Sysforeignkeys  b  ON  a.id =b.constid INNER JOIN
Sysobjects  c  ON a.parent_obj=c.id
WHERE  ((a.xtype = 'f')  AND  (c.xtype='U')  AND   (OBJECT_NAME(b.rkeyid))=@
PrimaryTable)
GO
```

存储过程 P_IsExistSaleBillNo 的创建代码如下：

```
CREATE  PROCRDUREP_IsExistSaleBillNo
@SaleBillNovarchar(13)
AS
SELECT  Count  (*) From SaleOrderBill
WHERE  SaleBillNo  = @ SaleBillNo
GO
```

8. 文件夹组织结构

每个项目都会有相应的文件夹组织结构，当项目中的窗体过多时，为了便于查找和使用，可以将窗体进行分类，放入不同的文件夹中，将主窗体与登录窗体放在项目的根目录中。

13.2.4 公共类设计

在开发应用程序时，可以将常用方法、数据库操作及对一些控件的操作（如将 ComboBox 控件绑定到数据源）等封装在自定义类中，以便于在开发程序时调用。这样不但可以提高代码的重用率，而且实现了代码的集中化管理。本系统创建了 4 个公共类（公共类文件夹）和 1 个数据访问类（位于数据访问层文件夹），分别是：ControlBindDataSource、GlobalProperty、OperFile、Useful、DataLogic。其中 ControlBindDataSource 类主要用来实现将某些控件绑定到数据源；GlobalProperty 类封装了若干静态的公共属性，用来实现全局变量的功能；OperLile 类提供从 INI 文件中读取指定节点内容的方法；Useful 类用来封装一些常用的方法（如获取数据库系统的时间）；DataLogic 类主要用来连接和操作数据库。由于篇幅限制，这里仅介绍程序中使用频率较高的 DataLogic 类和 Useful 类，其他 3 个类的详细情况，请读者查看程序源码。下面分别对这两个类进行介绍。

1. DataLogic 公共类

该类封装了应用程序与数据库的连接，并实现对数据信息进行添加、修改、删除及读取等操作。在命名控件区域引用 using System.Data.SqlClient 命令控件和 System.Windows.Forms 命令控件。主要代码如下：

```
  using System;
  usingSystem.Collections.Generic;
  usingSystem.Linq;
  usingSystem.Text;
  usingSystem.Data;
  usingSystem.Data.SqlClient;
  usingSystem.Windows.Forms;
  usingSALE.Common;
  namespace SALE.DAL
  {
   Class DataLogic
   {
     Private SqlConnectionm_Conn=null;
     Private SqlCommandm_Cmd=null;
     public DataLogic()
     {
         string strServer = OperFile.GetIniFileString("DataBase", "Server", "",
Application.StartupPath + "\\SALE.ini");
         string strUserID = OperFile.GetIniFileString("DataBase", "UserID", "",
Application.StartupPath + "\\SALE.ini");
         string  strPwd  =  OperFile.GetIniFileString("DataBase",  "Pwd",  "",
Application. StartupPath + "\\SALE.ini");
         string strConn = "Server = " + strServer + ";Database=SALE;User id=" +
strUserID + ";PWD=" + strPwd;
         try
         {
                m_Conn = new SqlConnection(strConn);
                m_Cmd = new SqlCommand();
                m_Cmd.Connection = m_Conn;
         }
```

```
        catch (Exception e)
        {
            throw e;
        }
    }
    public SqlConnection Conn
    {
        get { return m_Conn; }
    }
        public SqlCommand Cmd
    {
        get { return m_Cmd; }
    }
    public int ExecDataBySql(string strSql)
    {
        int intReturnValue;
        m_Cmd.CommandType = CommandType.Text;
        m_Cmd.CommandText = strSql;
        try
        {
            if (m_Conn.State == ConnectionState.Closed)
            {
                m_Conn.Open();
            }
            intReturnValue = m_Cmd.ExecuteNonQuery();
        }
        catch (Exception e)
        {
            throw e;
        }
        finally
        {
            m_Conn.Close();
        }
        return intReturnValue;
        }
        public bool ExecDataBySqls(List<string> strSqls)
        {
            bool booIsSucceed;
            if (m_Conn.State == ConnectionState.Closed)
            {
                m_Conn.Open();
            }
            SqlTransaction sqlTran = m_Conn.BeginTransaction();
            try
            {
                m_Cmd.Transaction = sqlTran;
                foreach (string item in strSqls)
                {
                    m_Cmd.CommandType = CommandType.Text;
```

```
                m_Cmd.CommandText = item;
                //m_Cmd.CommandText = strSqls.ToString();
                m_Cmd.ExecuteNonQuery();
            }
            sqlTran.Commit();
        booIsSucceed = true;
    }
    catch
    {
        sqlTran.Rollback();
        booIsSucceed = false;
    }
    finally
    {
        m_Conn.Close();
        strSqls.Clear();
    }
    return booIsSucceed;
}
public DataSet GetDataSet(string strSql, string strTable)
{
    DataSet ds = null;
    try
    {
        SqlDataAdapter sda = new SqlDataAdapter(strSql, m_Conn);
        ds = new DataSet();
        sda.Fill(ds, strTable);
    }
    catch (Exception e)
    {
        throw e;
    }
    return ds;
}
public SqlDataReader GetDataReader(string strSql)
{
    SqlDataReader sdr;
    m_Cmd.CommandType = CommandType.Text;
    m_Cmd.CommandText = strSql;
    try
    {
        if (m_Conn.State == ConnectionState.Closed)
        {
            m_Conn.Open();
        }
        sdr = m_Cmd.ExecuteReader(CommandBehavior.CloseConnection);
    }
    catch (Exception e)
    {
        throw e;
```

```
        }
        return sdr;
    }
    public object GetSingleObject(string strSql)
    {
        object obj = null;
        m_Cmd.CommandType = CommandType.Text;
        m_Cmd.CommandText = strSql;
        try
        {
            if (m_Conn.State == ConnectionState.Closed)
            {
                m_Conn.Open();
            }
            obj = m_Cmd.ExecuteScalar();
        }
        catch (Exception e)
        {
            throw e;
        }
        finally
        {
            m_Conn.Close();
        }
        return obj;
    }
    public DataTable GetDataTable(string strSql, string strTableName)
    {
        DataTable dt = null;
        SqlDataAdapter sda = null;
        try
        {
            sda = new SqlDataAdapter(strSql, m_Conn);
            dt = new DataTable(strTableName);
            sda.Fill(dt);
        }
        catch (Exception ex)
        {
            throw ex;
        }
        return dt;
    }
    public DataTable GetDataTable(string strProcedureName, SqlParameter[]
inputParameters)
    {
        DataTable dt = new DataTable();
        SqlDataAdapter sda = null;
        try
        {
            m_Cmd.CommandType = CommandType.StoredProcedure;
```

```
            m_Cmd.CommandText = strProcedureName;
            sda = new SqlDataAdapter(m_Cmd);
            m_Cmd.Parameters.Clear();
            foreach (SqlParameter param in inputParameters)
            {
               param.Direction = ParameterDirection.Input;
               m_Cmd.Parameters.Add(param);
            }
            sda.Fill(dt);
        }
        catch (Exception ex)
            {
               throw ex;
            }
            return dt;
        }
        public DataTable GetDataTable(string strProcedureName)
        {
            DataTable dt = new DataTable();
            SqlDataAdapter sda = null;
            try
            {
               m_Cmd.CommandType = CommandType.StoredProcedure;
               m_Cmd.CommandText = strProcedureName;
               sda = new SqlDataAdapter(m_Cmd);
               sda.Fill(dt);
            }
            catch (Exception ex)
            {
               throw ex;
            }
            return dt;
        }
    }
}
```

下面对 DataLogic 类中的主要自定义方法和属性进行详细介绍。

（1）DataLogic()方法

DataLogic()方法是类的构造方法，主要用来创建数据库连接对象和数据库命令对象。它首先从 INI 文件中读取数据库连接信息，然后再实例化 SqlConnection 类和 SqlCommand 类，该构造方法无参数，代码如下：

```
   publicDataLogic()
   {
       string strServer=OperFile.GetIniFileString("DataBase","Server","",
Application.StarupPath+"\\SALE.ini");
       strUserID=OperFile.GetIniFileString("DataBase","UserID","",Application.
StarupPath+"\\SALE.ini");
       stringstrPwd  =OperFile.GetIniFileString("DataBase","Pwd","",Application.
StarupPath+"\\SALE.ini");
```

```
    String strConn="Server="+strServer+";Database=SALE;User id="+strUserID+";Pwd
="+strPwd;
    Try
       {
          m_Conn=new SqlConnection(strConn);
          m_Cmd=new SqlCommand();
          m_Cmd.Connection=m_Conn;
       }
       Catch(Exception e)
       {
          throw e
       }
    }
```

（2）Conn 属性和 Cmd 属性

这两个属性均是只读属性，分别用来获取数据库连接对象和数据库命令对象，代码如下：

```
    Public SqlConnection Conn
    {
      Get {return m_Conn;}
    }
    Public SqlCommandCmd
    {
      Get {return m_Cmd;}
    }
```

（3）ExecDataBySql()方法

ExecDataBySql()方法用来执行 SQL 语句，根据传入的具体 SQL 语句，该方法能够实现对数据记录的插入、修改和删除的操作。其局限性是仅能处理一条 SQL 语句，其中参数 strSql 表示具有提交功能的 SQL 语句，代码如下：

```
    publicintExecDataBySql(string strSql)
    {
      IntintReturn Value;
      m_Cmd.CommandType=CommandType.Text;
      m_Cmd.CommandText=strSql;
      try
      {
        If(m_Conn.State==ConnectionState.Closed)
        {
          m_Conn.Open();
        }
        intReturnValue=m_Cmd.ExecuteNonQuery();
        }
        Catch (Exception e)
        {
          throw e;
        }
        Finally
        {
          m_Conn.Close();
        }
```

```
    Return intReturn Value;
}
```

（4）ExecDataBySqls()方法

ExecDataBySqls()方法用来提交多条 Transact-SQL 语句，该方法使用 SqlTransaction 事物处理对象来提交数据库，其中参数 strSqls 的数据类型为 List<string>，它封装了多个表示 Transact-SQL 语句的字符串，代码如下：

```
Public boolExecDataBySqls(List<string>strSqls)
{
   boolbooIsSucceed;
   if(m_Conn.State == ConnectionState.Closed)
   {
      m_Conn.Open();
   }
   sqlTransactionsqlTran = m_Conn.BeginTransaction();
   try
   {
      m_Cmd.Transaction = sqlTran;
      foreach(string item in strSqls)
      {
         m_Cmd.CommandType = CommandType.Text;
         m_Cmd. CommandText = item;
         m_Cmd.ExecuteNonQuery();
      }
      sqlTran.Commit();
      booIsSucceed = true;
   }
   catch
   {
      sqlTran.Rollback();
      boolsSucceed = false;
   }
   finally
   {
      m_Conn.Close();
      strSqls.Clear();
   }
   return booIsSucceed;
}
```

（5）GetDataSet()方法

GetDataSet()方法通过执行 Transact-SQL 语句得到 DataSet 实例，他首先创建一个数据适配器对象，然后创建数据集，最后把得到的数据源填充到数据集中。其中 strSql 参数表示传递的 SQL 语句，strTable 参数表示用于表映射的原表的名称，代码如下：

```
publicDataSetGetDataSet(string strSql,,string strTable)
{
  DataSet ds = null;
  try
  {
   SqlDataAdaptersda = new SqlDataAdapter(strSql,m_Conn);
```

```
    ds=new DataSet();
    sda.Fill(ds,strTable);
  }
  catch (Exception e)
  {
    throw e;
  }
  return ds;
}
```

(6) GetDataReader()方法

GetDataReader()方法主要用来获取 SqlDataReader 实例，在该方法中通过调用 SqlCommand 类的 ExecuteReader()方法获取 SqlDataReader 实例，其中 strSql 参数表示传递的 SQL 语句，具体代码如下：

```
publicSqlDataReaderGetDataReader(string strSql)
{
    SqlDataReadersdr;
    m_Cmd.CommandType = CommandType.Text;
    m_Cmd. CommandText = strSql;
    try
    {
        if(m_Conn.State == ConnectionState.Closed)
        {
            m_Conn.Open();
        }
        sdr=m_Cmd.ExecuteReader(CommandBehavior.CloseConnection);
    }
    catch(Exception e)
    {
        throw e;
    }
    return sdr;
}
```

(7) GetSingleObject()方法

GetSingleObject()方法通过执行 Transact-SQL 语句，得到结果集中第一行的第一列，在该方法中通过调用 SqlCommand 类的 ExecuteReader()方法获取一个表示结果集中第一行的第一列的对象，其中 strSql 参数表示传递的 SQL 语句，具体代码如下：

```
public object GetSingleObject(string strSql)
  {
    object obj = null;
    m_Cmd.CommandType =CommandType.Text;
    m_Cmd. CommandText = strSql;
    try
    {
      if(m_Conn.State == ConnectionState.Closed)
      {
        m_Conn.Open();
      }
      obj=m_Cmd.ExecuteScalar();
    }
```

```
    catch( Exception e)
    {
     throw e;
    }
    finally
    {
     m_Conn.Close();
    }
    return obj;
}
```

（8）GetDataTable()方法

GetDataTable()方法通过执行 Transact-SQL 语句得到 DataTable 类的实例。在该方法中，首先创建一个数据适配器对象，然后创建一个空白的 DataTable 类的对象，最后把数据填充到 DataTableName 表示内存表的名称。代码如下：

```
publicDataTableGetDataTable (string strql,stringstrTableName)
{
  Data Table dt = null;
  SqlDataAdapter sda=null;
  try
  {
    sda=new SqIDataAdapter(strSql,m_Conn);
    dt=new DataTable(strTableName);
    sda.Fill(dt);
  }
  catch (Exception ex)
  {
    throw ex;
  }
  return dt;
}
```

（9）重载 GetDateTable()方法

载 GDateTable()方法通过调用储存过程，得到 DateTable 实例，该方法允许存储过程带有“输入参数”。其中参数 strProcedureName 表示要执行的存储过程名称，参数 inputParameters 表示该存储过程的输入参数列表，代码如下：

```
publicDateTableGetDateTaber(string strProcedureName,SqIParameter[] inputParameters)
{
  DataTaberdt = new Data Taber();
  SqIDataAdaptersda = null;
  try
  {
    m_cmd.CommandType=CommandType.StoredProcedure;
    m_cmd.CommandText=strProcedureName;
    sda=new SqIDataAdapter (m_Cmd);
    m_Cmd.Parameters.Clear();
    foreach(SqIParameterparam in inputParameters)
    {
      param.Direction=ParameterDirection.Input;
      m_Cmd.Parameters.Add(param);
```

```
        }
        sda.Fill(dt);
      }
      catch(Exception ex)
      {
        throw ex;
      }
      return dt;
    }
```

2．Useful 公共类

Useful 类主要用来封装一些应用程序中常用的功能，如生成业务单据编号、获取数据库系统的判断数据表中记录的主键值是否外键约束等。在命名控件区域需要引入 using System.Data.Sqlclient 命名控件和 System.Windows.Forms 命名控件，该类采用系统默认的构造器。

下面只对几个比较重要的方法进行介绍。

（1）BuildCode()方法

在本系统中，有若干业务单据模块（如订单模块、退货单模块等），这些业务单据又对应着若干数据表（如订货单表、退货单表等），这些数据表中都有单据代码字段，该方法的功能就是生成这些数据表的单据代码。该方法的参数有 5 个，其中参数 strTableName 表示数据表的名称；参数 strWhere 表示 SQL 语句的查询条件；参数 strCodeColumn 表示单据代码字段的名称；参数 strHeader 表示各种单据的单号头（如 XS 表示销售，TH 表示退货等）；参数 intLength 表示单据代码中除去单号头剩余部分字符串的长度，代码如下：

```
   Public string BuildCode(string strTableName,stringstrWhere,stringstrCodeColumn,
stringstrHeader,intintLength)
   {
      DataLogic dal = new DataLogic();
      sringstrSql = "Select Max("+ strCodeColumn + ")From" + strTableName + " "
+ strWhere;
      try
      {
         string strMaxCode=dal.GetSingleObject(strSql)as string;
         if(String.IsNullOrEmpty(strMaxCode))
         {
            strMaxCode = strHeader+FormatString(intLength);
         }
            string stMaxSeqNum=strMaxCode.Substring(strHeader.Length);
            return strHeader+(Convert.ToIt32(strMaxSeqNum)+1).(FormatString
(intLength));
      }
      catch(Exception ex)
      {
         MessageBox.Show(ex.Message,"软件提示");
         throw ex;
      }
   }
```

（2）GetDBTime()方法

在数据库应用程序开发中，为了达到统一管理业务操作时间的目的，最好使用数据库系统的时间，

GetDBTime()方法实现获取数据库的时间，在该方法中首先创建 DataLogic 类的对象，用来调用数据访问操作的方法，然后通过用该对象的 GetingleObject()方法并传入 SQL 语句 SELECT GETDATE()来获取数据库时间，具体代码如下：

```
Public DateTimeGetDBTime()
{
    DateTimedtDBTime;
    DateLogic dal = new DataLogin();
    Try
    {
        dtDBTime = Convert.ToDateTime(dal.GetSingleObject("SELECT GETDATEO"));
    }
    Catch(Exception e)
    {
        MessageBox.show(e.Message,"软件提示");
        Throw e;
    }
    Return dtDBTime;
}
```

（3）IsExistConstraint()方法

在数据库应用程序开发中，处理主、子表间的数据关系是一项很重要的工作，若子表中存在数据记录，则无法删除主表中对应的记录（在主、子表未设置级联删除的情况下）。IsExistConstraint()方法用于判断主表中某条记录的主键值是否存在外键约束，若存在外键约束，则该数据记录不允许删除。在该方法中，首先通过存储过程得到外键表（即子表）的相关数据，然后在这些外键表中查找与主表存在约束关系的数据记录，若存在这样的数据记录，则该方法返回值为 true；否则返回 false，主要代码如下：

```
Public boolIsExistConstraint(string strPrimaryTable,stringstrPrimary Value)
{
    DataLogic dal = new DataLogic();
    boolbooIsExist = false;
    string strSql = null;
    string strForeignColumn = null;
    string strForeignTable = null;
    sqIDataReadersdr = null;
    try
    {
        SqIParameterparan = new SqIParameter("@PrimaryTable",SqIDbType.VarChar);
        Paran.Value = strPrimaryTable;
        List<SqlParameter>parameters = new List<SqlParameter>();
        Parameters.Add(param);
        SqIParameter[] inputParameters = parameters.ToArray();
        DataTabledt=dal.GetDataTable("P_QueryForeignConstraint",inputParameters);
        Foreach(DataRowdr in dt.Rows)
        {
            strForeignTable = dr("ForeignTable").ToString();
            strForeignColum = dr("ForeignColumn").ToString();
            strSql= "Select" + strForeignColumn + "From" + strForeignTable +
"Where" + strForeignColumn + "="" +strPrimaryValue +"";
```

```
            sdr = dal.GetDataReader(strSql);
            if(sdr.HasRows)
            {
                boolsExist = true;
                sdr.Close();
                break;
            }
            sdr.Close();
        }
    }
        catch (Exception ex)
        {
            MessageBox.Show(ex.Message,"软件提示");
            thow ex;
        }
        return booIExist;
    }
```

13.3 产品大类模块设计

编程词典产品按照编程语言分为多个种类，如 C#编程词典、JAVA 编程词典、VB 编程词典等，这就需要设计一个用于产品分类的基础设置模块。该模块实现的功能就是设置产品的种类，设置的内容包括类别代码、类别名称。该模块的主要操作包括添加、删除和修改，产品大类窗体的运行结果如图 13-23 所示。

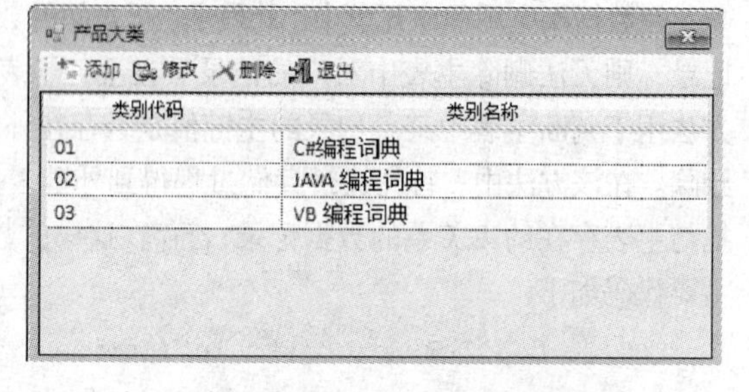

图 13-23　产品大类运行结果界面图

13.3.1　产品大类模块实现过程

产品大类模块的具体实现步骤如下：

（1）新建一个 Windows 窗体，命名为 Form GoodsType.cs，主要用于管理产品的顶级分类信息。该窗体用到的主要控件如表 13-12 所示。

表 13-12　产品大类窗体用到的主要控件

控件类型	主要属性设置	用　途
Tool Strip	其 Items 属性设置	制作工具栏
Data Grid View	AllowUserToAddRows 属性设置为 False；Modifiers 属性设置为 Public；Columns 属性设置	显示产品的分类记录信息

（2）在 FormGoodsType 窗体的 Load 事件中，通过调用 GoodsType 类的 GetDateTable()方法来获取产品种类数据源，然后将数据源绑定到 DateGridView 控件来显示数据记录。关键代码如下：

```
namespace SALE.UI.SystemSetting
{
    public partial class FormGoodsType : Form
    {
        GoodsType gt = new GoodsType();
```

```
        DataLogic dal = new DataLogic();
        Useful useful = new Useful();
        public FormGoodsType()
        {
          InitializeComponent();
        }
        private void FormGoodsType_Load(object sender, EventArgs e)
        {
            dgvGoodsType.DataSource = gt.GetDataTable("GoodsType", "");
        }
        private void toolExit_Click(object sender, EventArgs e)
        {
            this.Close();
        }
        private void toolAdd_Click(object sender, EventArgs e)
        {
            FormGoodsTypeInput formGoodsTypeInput = new FormGoodsTypeInput();
            formGoodsTypeInput.Tag = "Add";
            formGoodsTypeInput.Owner = this;
            formGoodsTypeInput.ShowDialog();
        }
        private void toolAmend_Click(object sender, EventArgs e)
        {
            if (dgvGoodsType.Rows.Count > 0)
            {
                FormGoodsTypeInput formGoodsTypeInput = new FormGoodsTypeInput();
                formGoodsTypeInput.Tag = "Edit";
                formGoodsTypeInput.Owner = this;
                formGoodsTypeInput.ShowDialog();
            }
        }
        private void toolDelete_Click(object sender, EventArgs e)
        {
            if (dgvGoodsType.Rows.Count == 0)
            {
                return;
            }
            if (MessageBox.Show("确定要删除吗? ", "软件提示", MessageBoxButtons.
YesNo, MessageBoxIcon.Exclamation) == DialogResult.Yes)
            {
                string strGoodsTypeCode = dgvGoodsType.CurrentRow.Cells["Goods
TypeCode"].Value.ToString();
                if (useful.IsExistConstraint("GoodsType", strGoodsTypeCode))
                {
                  MessageBox.Show("已发生业务关系，无法删除！", "软件提示?");
                  return;
                }
                string strSql = "Delete From GoodsType Where GoodsTypeCode = '"
+ strGoodsTypeCode + "'";
                try
```

```
                {
            if (gt.Delete(dal, strSql) == true)
            {
                dgvGoodsType.DataSource = gt.GetDataTable("GoodsType", "");
                MessageBox.Show("删除成功! ", "软件提示");
            }
            else
            {
                MessageBox.Show("删除失败! ", "软件提示");
            }
          }
          catch (Exception ex)
          {
             throw ex;
          }
        }
      }
      private void dgvGoodsType_CellDoubleClick(object sender, DataGridViewCell
EventArgse)
      {
          if (dgvGoodsType.Rows.Count > 0)
          {
             toolAmend_Click(sender, e);
          }
        }
      }
   }
```

（3）单击窗体工具栏中的“添加”按钮，将打开产品大类编辑窗体，该窗体用于录入产品种类信息，在程序中设置产品大类编辑窗体的 Tag 属性设置为 Add，表示添加操作。“添加”按钮的 Click 事件的代码如下：

```
privatevoid toolAdd_Click(object sender, EventArgs e)
{
    FormGoodsTypeInput formGoodsTypeInput = newFormGoodsTypeInput();
    formGoodsTypeInput.Tag = "Add";
    formGoodsTypeInput.Owner = this;
    formGoodsTypeInput.ShowDialog();
}
```

（4）单击窗体工具栏中的“修改”按钮，仍将打开产品大类编辑窗体，此时该窗体用于修改已存在的产品种类信息。在程序中设置产品大类编辑窗体的 Tag 属性值为字符串 Edit，表示修改操作。“修改”按钮的代码如下：

```
if (dgvGoodsType.Rows.Count > 0)
{
     FormGoodsTypeInput formGoodsTypeInput = newFormGoodsTypeInput();
     formGoodsTypeInput.Tag = "Edit";
     formGoodsTypeInput.Owner = this;
     formGoodsTypeInput.ShowDialog();
}
```

（5）单击窗体工具栏中的“添加”或“修改”按钮都将打开产品大类编辑窗体，该窗体的运行结果如图 13-24 所示。

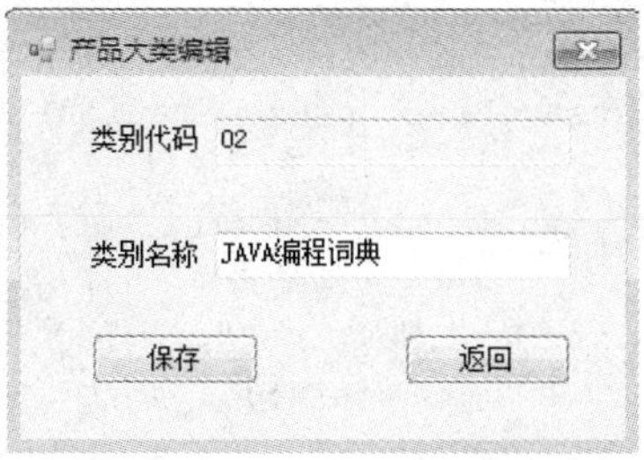

图 13-24 产品大类界面运行结果图

（6）在产品大类编辑窗体的 Load 事件中，程序首先判断当前窗体是以添加操作方式打开，还是以修改操作方式打开，然后再初始化相关控件的 Text 属性值。Load 事件的代码如下：

```
privatevoid FormGoodsTypeInput_Load(object sender, EventArgs e)
{
  formGoodsType = (FormGoodsType)this.Owner;
  if (this.Tag.ToString() == "Add")
 {
     txtGoodsTypeCode.Text=useful.BuildCode("GoodsType","","GoodsTypeCode","",2);
 }
 else
  {
     txtGoodsTypeCode.Text = formGoodsType.dgvGoodsType["GoodsTypeCode",
     formGoodsType.dgvGoodsType.CurrentRow.Index].Value.ToString();
     txtGoodsTypeName.Text = formGoodsType.dgvGoodsType["GoodsTypeName",
     formGoodsType.dgvGoodsType.CurrentRow.Index].Value.ToString();
  }
}
```

（7）单击窗体工具栏中的“保存”按钮，程序会将新添加或修改的产品种类信息保存到数据库中。程序首先判断类别名称是否为空，然后再判断窗体当前的操作方式为添加还是修改，最后根据具体的操作方式来添加数据或修改现有数据。“保存”按钮的 Click 事件的代码如下：

```
private void btnSave_Click(object sender, EventArgs e)
{
    GoodsType gt = new GoodsType();
    string strSql = null;
    if (String.IsNullOrEmpty(txtGoodsTypeName.Text.Trim()))
    {
        MessageBox.Show("类别名称不许为空！", "软件提示");
        txtGoodsTypeName.Focus();
        return;
    }
   SetParametersValue();
   if (this.Tag.ToString() == "Add")
   {
        strSql = "INSERT INTO GoodsType(GoodsTypeCode,GoodsTypeName) ";
        strSql += "VALUES(@GoodsTypeCode,@GoodsTypeName)";
        if (gt.Insert(dal, strSql) == true)
         {
```

```
                    formGoodsType.dgvGoodsType.DataSource = gt.GetDataTable("Goods
Type", "");
                    if (MessageBox.Show("保存成功，是否为继续添加？", "软件提示",
MessageBox Buttons.YesNo, MessageBoxIcon.Exclamation) == DialogResult.Yes)
                    {
                     txtGoodsTypeCode.Text = useful.BuildCode("GoodsType", "", "Goods
TypeCode", "", 2);
                     txtGoodsTypeName.Text = "";
                     txtGoodsTypeName.Focus();
                    }
                   else
                   {
                     this.Close();
                   }
               }
               else
               {
                 MessageBox.Show("保存失败！", "软件提示");
               }
           }
           if (this.Tag.ToString() == "Edit")
           {
             strSql = "Update GoodsType Set GoodsTypeName = @GoodsTypeName Where
GoodsTypeCode = @GoodsTypeCode";
             if (gt.Update(dal, strSql) == true)
             {
                 formGoodsType.dgvGoodsType.DataSource = gt.GetDataTable("GoodsType",
"");
                 MessageBox.Show("保存成功！", "软件提示");
                 this.Close();
             }
             else
             {
                 MessageBox.Show("保存失败！", "软件提示");
             }
            }
       }

       private void btnReturn_Click(object sender, EventArgs e)
       {
           this.Close();
       }
    }
```

13.3.2 代理登记模块设计

1. 代理登记模块概述

产品销售渠道上可能采取代理销售的模式，本系统为此设计了代理商管理的功能。对于新的代理商，需要在本系统中进行代理商档案资料登记；对于已登记的代理商，需要签订代理协议，并将代理协议的相关内容登记到本系统中，为此设计了代理登记模块。在代理登记模块中需要登记代理级别、代理年限、代理的起止日期等相关内容。代理登记窗体的运行结果如图 13-25 所示。

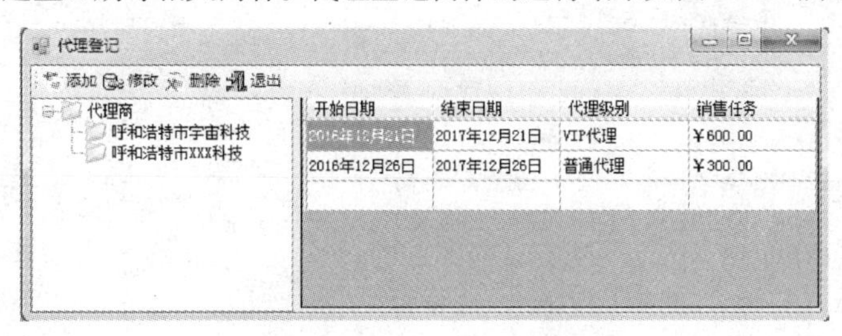

图 13-25 代理登记界面运行结果图

2. 代理登记模块技术分析

在本窗体的左侧部分应用 Tree View 控件来显示代理商名称，该模块实现将 TreeView 控件绑定到一个指定的代码表。这里主要用到了 TreeNode 类的相关属性，这些属性用来设置树节点的数据对象、文本内容、显示图标等。TreeNode 类的常用属性及说明如表 13-13 所示。

表 13-13 TreeNode 类的常用属性及说明

属　性	说　明
Text	获取或设置为 TreeView 控件中的节点显示的文本
Teg	获取或设置包含树节点有关数据的对象
ImageIndex	获取或设置当树节点处于未选定状态时所显示图像的图像列表索引值
SelectedImageIndex	获取或设置当树节点处于选定状态时所显示图像的图像列表索引值
Nodes	获取分配给当前树节点的 TreeNode 对象的集合
ShowCheckBox	获取或设置一个值，该值指示是否在节点旁显示一个复选框
Parent	获取当前节点的父节点
Checked	获取或设置一个值，该值指示节点的复选框是否被选中

下面将通过一个方法展示如何实现将 TreeView 控件绑定到指定的数据表，在这个方法中，首先创建根节点对象，并设置根节点的相关属性（包括显示文本、显示图标等），然后从指定的数据表中按照指定的查询条件获取 DataTable 类型的数据源，并将数据源中的代码值和名称值绑定到子节点的相关属性上（如绑定子节点的 Tag 属性、Text 属性等），具体代码如下：

```
    Public void BuildTree(TreeViewtv, ImageListimgList,stringrootName,stringstr
TableName, stringstrWhere,stringstrCode,stringstrName)
    {
      String strSql = null;
      TreeNoderootNode = null;
      TreeNodechildNode = null;
      strSql = "select"+strCode+","+strName+"from"+strTableName+""+strWhere;
      tv.Nodes.Clear();
      tv.Imagelist = imgList;
      rootNode = new TreeNode();
      rootNode.Tag = null;
      rootNode.Text = rootName;
      rootNode.ImageIndex = 1;
      rootNode.SelectedImageIndex = 0;
      try
```

```
    {
        DataTabledt = dal.GetDataTable(strSql,strTableName);
        Foreach(DataRow row in dt.Rows)
        {
            childNode = new TreeNode();
            childNode.Tag = row[strCode];
            childNode.Text = row[strName].ToSring();
            childNode.ImageIndex = 1;
            childNode.SelectedImage Index = 0;
            rootNode.Nodes.Add(childNode);
        }
        tv.Nodes.Add(rootNode);
        tv.ExpandAll();
    }
    Catch(Exception e)
    {
        MessageBox.Show(e.Message,"软件提示");
        Throw e;
    }
}
```

3. 代理登记模块实现过程

代理登记模块的具体实现步骤如下：

（1）新建一个 Windows 窗体，命名为 FormDepRegister.cs，主要用于管理代理商的代理记录。该窗体用到的主要控件如表 13-14 所示。

表 13-14　代理登记窗体用到的主要控件

控 件 类 型	主要属性设计	用　途
ToolStrip	其 Items 属性的详细设置请查看源程序	制作工具栏
SplitContainer	Dock 属性设置为 Fill	把窗体分割成两个大小可调区域
TreeView	Modifiers 属性设置为 Public	显示代理商
ImageList	其 Images 属性的详细设置请查看源程序	包含树节点所使用的 Image 对象
DateGridView	AllowUserToAddRows 属性设置为 False；Modifiers 属性设置为 Public；	显示代理登记记录
BindingSource	Modifiers 属性设置为 Public	绑定数据源

（2）在 FormDepRegister 窗体的 Load 事件中，首先创建 ControlBindDataSource 类的对象，然后调用该对象的 BuildTerr（ ）方法实现将 TreeView 控件绑定到代理商档案数据源。关键代码如下：

```
namespace SALE.UI.AgentManage
{
  public partial class FormDepRegister : Form
  {
    DepRegister dr = new DepRegister();
    ControlBindDataSource cbds = new ControlBindDataSource();
    public FormDepRegister()
    {
      InitializeComponent();
    }
    private void FormDepRegister_Load(object sender, EventArgs e)
    {
```

```
          cbds.BuildTree(tvAgentRecord, imageList1, "代理商", "Customer", "Where
CustomerType = '1'", "CustomerId", "CustomerName");
        }
        private void toolAdd_Click(object sender, EventArgs e)
        {
         if (tvAgentRecord.SelectedNode != null)
         {
          if (tvAgentRecord.SelectedNode.Tag != null)
          {
             FormDepRegisterInput formDepRegisterInput = new FormDepRegisterInput();
             formDepRegisterInput.Tag = "Add";
             formDepRegisterInput.Owner = this;
             formDepRegisterInput.ShowDialog();
           }
         }
      }
      private void toolAmend_Click(object sender, EventArgs e)
      {
       if (dgvDepRegister.RowCount > 0)
       {
          FormDepRegisterInput formDepRegisterInput = new FormDepRegisterInput();
          formDepRegisterInput.Tag = "Edit";
          formDepRegisterInput.Owner = this;
          formDepRegisterInput.ShowDialog();
        }
      }
      private void toolDelete_Click(object sender, EventArgs e)
      {
       if (dgvDepRegister.RowCount == 0)
       {
         return;
       }
       if (MessageBox.Show("确认要删除吗？", "软件提示", MessageBoxButtons.YesNo,
MessageBoxIcon.Exclamation) == DialogResult.Yes)
       {
        string strBeginDate = Convert.ToDateTime(dgvDepRegister.CurrentRow.Cells
["BeginDate"].Value).ToString("yyy                y-MM-dd");
        string strSql = "Delete From DepRegister Where CustomerId = '" +
tvAgentRecord.SelectedNode.Tag.ToString() + "' and SUBSTRING(CONVERT(VARCHAR(20),
BeginDate,20),1,10) = '" + strBeginDate + "'";
        if (dr.Delete(strSql))
        {
           bsDepRegister.DataSource = dr.GetDataTable(tvAgentRecord.SelectedNode.
Tag. ToString());
           dgvDepRegister.DataSource = bsDepRegister;
           MessageBox.Show("删除成功! "软件提示");
              }
              else
              {
                 MessageBox.Show("删除失败! ", "软件提示");
```

```
                }
              }
            }
            private void toolExit_Click(object sender, EventArgs e)
            {
                this.Close();
            }
            private void tvAgentRecord_AfterSelect(object sender, TreeViewEvent
Args e)
            {
                new Useful().DataGridViewReset(dgvDepRegister);
                if (tvAgentRecord.SelectedNode != null)
                {
                    if (tvAgentRecord.SelectedNode.Tag != null)
                    {
                        bsDepRegister.DataSource = dr.GetDataTable(tvAgentRecord.
SelectedNode.Tag. ToString());
                        dgvDepRegister.DataSource = bsDepRegister;
                    }
                }
            }
            privatevoid dgvDepRegister_CellDoubleClick(object sender, DataGridViewCell
Event Args e)
            {
              if (dgvDepRegister.RowCount > 0)
              {
                 toolAmend_Click(sender, e);
              }
            }
        }
    }
```

（3）单击窗体左侧 TreeView 控件中的代理商，将在 DataGridView 控件中显示的当前代理商代理登记记录。单击 TreeView 控件的节点将触发其 AfterSelect 事件，该事件的代码如下：

```
    private void tvAgentRecord_AfterSelect(object sender,TreeViewEventArgs e)
    {
       new Useful().DataGridViewReset(dgvDepRegister);
       if(tvAgetRecord.SelectedNode !=null)
       {
          if(tvAgetRecord.SelectedNode.Tag !=null)
          {

             bsDepRegister.DataSource =dr.GetDataTable(tvAgentRecord.SelectedNode.
Tag. ToString());
             dgvDepRegister.DataSource =bsDepRegister;
          }
       }
    }
```

（4）在 DataView 控件中选择任意代理商，然后单击“添加”按钮，将打开代理登记编辑窗体，该窗体用于给当前代理商添加代理登记记录。“添加”按钮的事件代码如下：

```
Private void toolAdd_Click(object sender,EventArgs e)
{
  if(tvAgentRecord.SelectedNode !=mull)
  {
     if(tvAgentRecord.SelectedNode.Tag !=mull)
     {

      FormDepRegisterInput formDepRegisterInput=new FormDepRegisterInput();
      FormDepRegisterInput.Tag="Add";
      FormDepRegisterInput.Owner=this;
      FormDepRegisterInput。ShowDialog();
     }
  }
}
```

（5）在 DataGridView 中选择任意代理登记记录，然后单击“修改”按钮，仍将打开代理登记编辑窗体，此时该窗体用于修改当前的代理登记记录，“修改”按钮的 Click 事件代码与“添加”按钮的类似，详见源程序，代理登记编辑窗体的运行结果如图 13-26 所示。

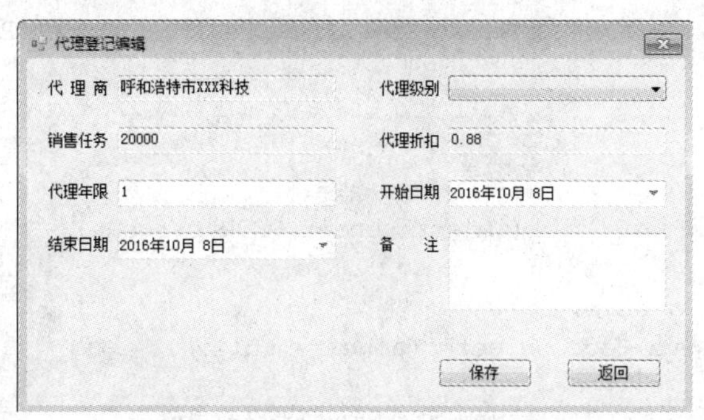

图 13-26 代理登记界面运行结果图

（6）在代理登记编辑窗体的 Load 事件中，程序首先判断当前窗体是以添加操作方式打开，还是以修改操作方式打开，然后再初始化相关控件的显示值。实现的关键代码如下：

```
Public partial class FormDepRegisterInput:Form、
{
  FormDepRegisterformDepRegister=null;
  DataLogic dal = DataLogie()
  DepRegisterdr = new DepRegister()
  private void FormDepRegisterInput_Load(object sender, EventArgs e)
  {
    ControlBindDataSource cbds = new ControlBindDataSource();
    cbds.ComboBoxBindDataSource(cbxAgentLevelCode, "AgentLevelCode", "Agent
LevelName", "Select * from AgentLevel", "AgentLevel");
    formDepRegister = (FormDepRegister)this.Owner;
    if (this.Tag.ToString() == "Add")
    {
      txtCustomerName.Text = formDepRegister.tvAgentRecord.SelectedNode.Text;
      cbxAgentLevelCode.SelectedIndex = -1;
      txtYears.Text = "1";
      dtpBeginDate.Value = DateTime.Today;
```

```
            dtpEndDate.Value = dtpBeginDate.Value.AddYears(Convert.ToInt32(txtYears.
Text));
          }
          if (this.Tag.ToString() == "Edit")
          {
            txtCustomerName.Text = formDepRegister.tvAgentRecord.SelectedNode.Text;
            cbxAgentLevelCode.SelectedValue = formDepRegister.dgvDepRegister.CurrentRow.
Cells["AgentLevelCode"].Value.ToString();
            txtLeastMoney.Text = formDepRegister.dgvDepRegister.CurrentRow.Cells
["LeastMoney"].Value.ToString();
            txtDiscount.Text  =  formDepRegister.dgvDepRegister.CurrentRow.Cells
["Discount"].Value.ToString();
            txtYears.Text = formDepRegister.dgvDepRegister.CurrentRow.Cells["Years"].
Value.ToString();
      dtpBeginDate.Value  =  Convert.ToDateTime(formDepRegister.dgvDepRegister.
CurrentRow.Cells["BeginDate"].Value);
            dtpEndDate.Value = Convert.ToDateTime(formDepRegister.dgvDepRegister.
CurrentRow.Cells["EndDate"].Value);
            txtRemark.Text = formDepRegister.dgvDepRegister.CurrentRow.Cells["Remark"].
Value.ToString();
        }
    }

    private void btnSave_Click(object sender, EventArgs e)
    {
      string strSql = null;
      if (cbxAgentLevelCode.SelectedValue == null)
      {
          MessageBox.Show("代理级别不许为空","软件提示");
          cbxAgentLevelCode.Focus();
          return;
      }
      if (String.IsNullOrEmpty(txtYears.Text))
      {
          MessageBox.Show("代理年限不许为空! ", "软件提示");
          txtYears.Focus();
          return;
      }
      else
      {
          if (txtYears.Text == "0")
          {
              MessageBox.Show("代理年限不许为空! ", "软件提示");
              txtYears.Focus();
              return;
          }
      }
      foreach (DataGridViewRow dgvr in formDepRegister.dgvDepRegister.Rows)
      {
```

```
        if (!dgvr.Equals(formDepRegister.dgvDepRegister.CurrentRow) || this.Tag.
ToString() == "Add")
        {
        if (dtpBeginDate.Value.Date >= Convert.ToDateTime(dgvr.Cells["BeginDate
"]. Value).Date)
        {
           if (dtpBeginDate.Value.Date <= Convert.ToDateTime(dgvr.Cells["EndDate
"]. Value).Date)
           {
              MessageBox.Show("与代理商的以往代理登记存在日期上的重叠，程序无法设置！", "
软件提示");
              return;
           }
        }
        if (dtpEndDate.Value.Date >= Convert.ToDateTime(dgvr.Cells["BeginDate"].
Value).Date)
        {
           if (dtpEndDate.Value.Date <= Convert.ToDateTime(dgvr.Cells["EndDate"].
Value).Date)
           {
              MessageBox.Show("与代理商的以往代理登记存在日期上的重叠，程序无法设置！",
              "软件提示");
              return;
           }
        }
        }
    }
    SetParametersValue();
    if (this.Tag.ToString() == "Add")
    {
        strSql = "INSERT INTO DepRegister(CustomerId,AgentLevelCode,Years,Begin
Date, EndDate,Remark) ";
        strSql += "VALUES(@CustomerId,@AgentLevelCode,@Years,@BeginDate,@EndDate,
@Remark)";
        if (dr.Insert(dal,strSql))
        {
          formDepRegister.bsDepRegister.DataSource=dr.GetDataTable(formDepRegis
ter.tvAgentRecord.SelectedNode.Tag.ToString());
          formDepRegister.dgvDepRegister.DataSource = formDepRegister.bsDepRegister;
          MessageBox.Show("保存成功！","软件提示");
          this.Close();
        }
        else
        {
          MessageBox.Show("保存失败！", "软件提示");
        }
      }
      if (this.Tag.ToString() == "Edit")
      {
```

```
        DateTime dtOldBeginDate = Convert.ToDateTime(formDepRegister.dgvDepRegister.
CurrentRow.Cells["BeginDate"].Value);
        strSql = "Update DepRegister Set AgentLevelCode = @AgentLevelCode,Years=
@Years,BeginDate = @BeginDate,EndDate = @EndDate,Remark = @Remark ";
        strSql += "Where  CustomerId = @CustomerId and BeginDate = '" + dtOldBegin
Date + "'";
        if (dr.Update(dal, strSql))
        {
           formDepRegister.bsDepRegister.DataSource                              =
dr.GetDataTable(formDepRegister. tvAgentRecord.SelectedNode.Tag.ToString());
           formDepRegister.dgvDepRegister.DataSource = formDepRegister.bsDepRegi
ster;
           MessageBox.Show("保存成功! ", "软件提示! ");
           this.Close();
        }
        else
        {
           MessageBox.Show("保存失败! ", "软件提示");
        }
      }
    }

    private void btnReturn_Click(object sender, EventArgs e)
    {
       this.Close();
    }
   private void cbxAgentLevelCode_SelectedIndexChanged(object sender, EventArgs e)
   {
       if (cbxAgentLevelCode.SelectedIndex != -1)
       {
           DataTabledt=dr.GetDataTable(cbxAgentLevelCode.SelectedValue.ToString
(),"AgentLevel");
           if (dt.Rows.Count > 0)
           {
                txtLeastMoney.Text = dt.Rows[0]["LeastMoney"].ToString();
                txtDiscount.Text = dt.Rows[0]["Discount"].ToString();
            }
       }
    }

   private void dtpBeginDate_ValueChanged(object sender, EventArgs e)
   {
     if (!String.IsNullOrEmpty(txtYears.Text))
     {
       dtpEndDate.Value = dtpBeginDate.Value.AddYears(Convert.ToInt32(txtYears.
       Text));
     }
   }

   private void txtYears_KeyPress(object sender, KeyPressEventArgs e)
   {
```

```
        new Useful().InputInteger(e);
    }
}
```

（7）单击窗体工具栏中的“保存”按钮，程序会将新添加的或修改的代理登记信息保存到数据库中，“保存”按钮的Click事件的代码如下：

```
private void btnSave_Click(object sender, EventArgs e)
{
    string strSql = null;
    if (cbxAgentLevelCode.SelectedValue == null)
    {
        MessageBox.Show("代理级别不许为空","软件提示");
        cbxAgentLevelCode.Focus();
        return;
    }
    if (String.IsNullOrEmpty(txtYears.Text))
    {
        MessageBox.Show("代理年限不许为空！", "软件提示");
        txtYears.Focus();
        return;
    }
    else
    {
        if (txtYears.Text == "0")
        {
            MessageBox.Show("代理年限不许为空！", "软件提示");
            txtYears.Focus();
            return;
        }
    }
    foreach (DataGridViewRow dgvr in formDepRegister.dgvDepRegister.Rows)
    {
    if (!dgvr.Equals(formDepRegister.dgvDepRegister.CurrentRow) || this.Tag.
ToString() == "Add")
    {
        if (dtpBeginDate.Value.Date >= Convert.ToDateTime(dgvr.Cells["BeginDate
"].Value).Date)
        {
            if (dtpBeginDate.Value.Date <= Convert.ToDateTime(dgvr.Cells["End
Date"].Value).Date)
            {
                MessageBox.Show("与代理商的以往代理登记存在日期上的重叠，程序无法设置！",
"软件提示");
                return;
            }
        }
        if (dtpEndDate.Value.Date >= Convert.ToDateTime(dgvr.Cells["BeginDate
"].Value).Date)
        {
            if (dtpEndDate.Value.Date <= Convert.ToDateTime(dgvr.Cells["EndDate
"].Value).Date)
            {
```

```
                MessageBox.Show("与代理商的以往代理登记存在日期上的重叠，程序无法设置！",
    "软件提示");
                return;
            }
        }
      }
    }
    SetParametersValue();
    if (this.Tag.ToString() == "Add")
    {
        strSql = "INSERT INTO DepRegister(CustomerId,AgentLevelCode,Years,Begin
Date,EndDate,Remark) ";
        strSql += "VALUES(@CustomerId,@AgentLevelCode,@Years,@BeginDate,@EndDate,@Remark)";
        if (dr.Insert(dal,strSql))
        {
            formDepRegister.bsDepRegister.DataSource = dr.GetDataTable(formDep
Register.tvAgentRecord.SelectedNode.Tag.ToString());
            formDepRegister.dgvDepRegister.DataSource                          =
formDepRegister.bsDepRegister;
            MessageBox.Show("保存成功！","软件提示");
            this.Close();
        }
        else
        {
            MessageBox.Show("保存失败！", "软件提示");
        }
    }
      if (this.Tag.ToString() == "Edit")
      {
        DateTime dtOldBeginDate = Convert.ToDateTime(formDepRegister.dgvDepReg
ister.CurrentRow.Cells["BeginDate"].Value);
        strSql = "Update DepRegister Set AgentLevelCode = @AgentLevelCode,Years=
@Years,BeginDate = @BeginDate,EndDate = @EndDate,Remark = @Remark ";
        strSql += "Where  CustomerId = @CustomerId and BeginDate = '" + dtOld
BeginDate + "'";
        if (dr.Update(dal, strSql))
        {
            formDepRegister.bsDepRegister.DataSource =dr.GetDataTable(formDepRegister.
tvAgentRecord.SelectedNode.Tag.ToString());
            formDepRegister.dgvDepRegister.DataSource=formDepRegister.bsDepReg
ister;
            MessageBox.Show("保存成功！", "软件提示！");
            this.Close();
        }
        else
        {
            MessageBox.Show("保存失败！", "软件提示");
        }
      }
    }
```

```
    private void btnReturn_Click(object sender, EventArgs e)
    {
        this.Close();
    }
    private void cbxAgentLevelCode_SelectedIndexChanged(object sender,EventArgs e)
    {
            if (cbxAgentLevelCode.SelectedIndex != -1)
            {
                DataTable dt = dr.GetDataTable(cbxAgentLevelCode.SelectedValue.To
String(), "AgentLevel");
                if (dt.Rows.Count > 0)
                {
                    txtLeastMoney.Text = dt.Rows[0]["LeastMoney"].ToString();
                    txtDiscount.Text = dt.Rows[0]["Discount"].ToString();
                }
            }
      }

    private void dtpBeginDate_ValueChanged(object sender, EventArgs e)
    {
        if (!String.IsNullOrEmpty(txtYears.Text))
        {
            dtpEndDate.Value=dtpBeginDate.Value.AddYears(Convert.ToInt32(txtYears.
Text));
        }
    }

        private void txtYears_KeyPress(object sender, KeyPressEventArgs e)
        {
            new Useful().InputInteger(e);
        }
    }
```

13.3.3 订货单模块设计

1. 订货单模块概述

该模块用于管理用户的订货单记录。用户的类别分别为普通用户和代理商，对于普通用户，若已在本系统中登记过，则可以通过查询调出该用户的基本信息，否则需要登记该用户的基本信息。对于代理商，由于信息已在代理商档案模块中登记过，所以只需在订货单窗体中选择代理商名称即可调出相关信息。订货单窗体的运行结果如图 13-27 所示。

2. 订货单模块技术分析

在订货单窗体的工具栏中包含若干功能按钮，如“添加”、“修改”和“取消”等，单击某个按钮后，窗体上控件（指用户基本信息控件）的状态可能会根据操作需要而发生变化（如改变控件的 Enabled 或 ReadOnly 属性值），这样可以保证操作的正确运行。在该模块中，实现切换用户基本信息控件状态的代码如下：

```
    private void ControlStatus()
    {
```

```
    chbIsAgent.Enabled = !chbIsAgent.Enabled;
    txtCustomerName.ReadOnly = !txtCustomerName.ReadOnly;
    cbxCustomerId.Enabled =!cbxCustomerId.Enabled;
    cbxProvinceCode.Enabled = !cbxProvinceCode.Enabled;
    txtAddress.ReadOnly = !txtAddress.ReadOnly;
    txtPostalCode.ReadOnly = !txtPostalCode.ReadOnly;
    txtPhoneNumber.ReadOnly = !txtPhoneNumber.ReadOnly;
    txtURL.ReadOnly = !txtURL.ReadOnly;
    rbCustomerType2.Enabled = !rbCustomerType2.Enabled;
    rbCustomerType3.Enabled = !rbCustomerType3.Enabled;
    txtRemark.ReadOnly = !txtRemark.ReadOnly;
}
```

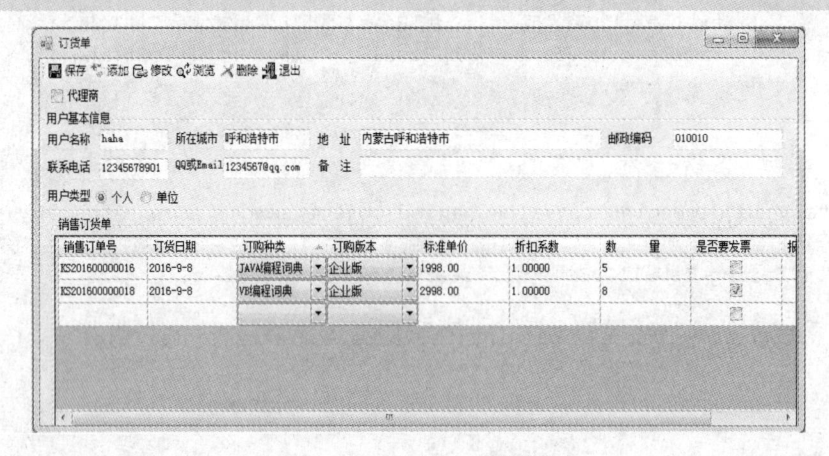

图 13-27　订货单界面运行结果

3. 订货单模块实现过程

订货单模块的具体实现步骤如下：

（1）新建一个 Windows 窗体，命名为 FormRetailSaleOrderBill.cs，用于管理订货单（包括添加、修改、删除及查询订货单）。该窗体用到的主要控件如表 13-15 所示。

表 13-15　订货单窗体用到的主要控件

控 件 类 型	主要属性设置	用　　途
ToolStrip	其 Items 属性的详细设置请查看源程序	制作工具栏
CheckBox	Modifiers 属性设置为 Public； Enabled 属性设置为 False	用户分类
TextBox	Modifiers 属性设置为 Public； ReadOnly 属性设置为 true	录入用户名称
	Modifiers 属性设置为 Public； ReadOnly 属性设置为 true	录入用户地址
	Modifiers 属性设置为 Public； ReadOnly 属性设置为 true	录入邮政编码
	Modifiers 属性设置为 Public； ReadOnly 属性设置为 true	录入电话号码
	Modifiers 属性设置为 Public； ReadOnly 属性设置为 true	录入 QQ 或 Email

续表

控件类型	主要属性设置	用途
TxtBox	Modifiers 属性设置为 Public; ReadOnly 属性设置为 true	录入备注
ComboBox	Modifiers 属性设置为 Public; DropDownStyle 属性设置为 DropDownList	选择省市
RadioButton	Checked 属性设置为 true; Modifiers 属性设置为 Public; Enabled 属性设置为 false	表示个人用户
	Modifiers 属性设置为 Public; Enabled 属性设置为 false	表示单位用户
ContextMenuStrip	其 Items 属性的详细设置请查看源程序	制作添加、修改、删除订货单的快捷菜单
DateGridView	Modifiers 属性设置为 Public; AllowUserToAddRows 属性设置为 false; ContextMenuStrip 属性设置为 contextMenuStrip1	显示订货单记录
BindingSource	Modifiers 属性设置为 Public	绑定数据源

（2）在 FormRetailSaleOrderBill 窗体的 Load 事件中，程序主要是绑定相关控件到数据源。实现的关键代码如下：

```
    public partial class FormRetailSaleOrderBill : Form
    {
      private DataLogic dal = new DataLogic();
      private RetailCustomer rc = new RetailCustomer();
      private Useful useful = new Useful();
      private RetailSaleOrderBill rsb = new RetailSaleOrderBill();
      private void FormRetailOperation_Load(object sender, EventArgs e)
      {
        ControlBindDataSource cbds = new ControlBindDataSource();
        cbds.ComboBoxBindDataSource(cbxProvinceCode, "ProvinceCode", "ProvinceName",
"Select * From Province", "Province");
        cbds.ComboBoxBindDataSource(cbxCustomerId, "CustomerId", "CustomerName",
"Select * From V_AgentRecord", "V_AgentRecord");
        cbds.DataGridViewComboBoxColumnBindDataSource(GoodsTypeCode,
"GoodsTypeCode", "GoodsTypeName", "Select * From GoodsType", "GoodsType");
        cbds.DataGridViewComboBoxColumnBindDataSource(GoodsSeriesCode,
"GoodsSeriesCode", "GoodsSeriesName", "Select * From GoodsSeries", "GoodsSeries");
        cbds.DataGridViewComboBoxColumnBindDataSource(OperatorCode,
"OperatorCode", "OperatorName", "Select * From Operator", "Operator");
        bsSaleOrderBill.DataSource = rsb.GetDataTable("SaleOrderBill", "Where
CustomerId = 0");
        dgvSaleOrderBill.DataSource = bsSaleOrderBill;
        toolStrip1.Tag = "";
      }
      private int m_CustomerNo;
      public int CustomerNo
      {
        set
```

```
        {
            m_CustomerNo = value;
        }
        get
        {
            return m_CustomerNo;
        }
    }
    private void ControlStatus()
    {
        chbIsAgent.Enabled = !chbIsAgent.Enabled;
        txtCustomerName.ReadOnly = !txtCustomerName.ReadOnly;
        cbxCustomerId.Enabled = !cbxCustomerId.Enabled;
        cbxProvinceCode.Enabled = !cbxProvinceCode.Enabled;
        txtAddress.ReadOnly = !txtAddress.ReadOnly;
        txtPostalCode.ReadOnly = !txtPostalCode.ReadOnly;
        txtPhoneNumber.ReadOnly = !txtPhoneNumber.ReadOnly;
        txtURL.ReadOnly = !txtURL.ReadOnly;
        rbCustomerType2.Enabled = !rbCustomerType2.Enabled;
        rbCustomerType3.Enabled = !rbCustomerType3.Enabled;
        txtRemark.ReadOnly = !txtRemark.ReadOnly;
    }
    private void ClearControls()
    {
        txtCustomerName.Text = "";
        cbxCustomerId.SelectedIndex = -1;
        cbxProvinceCode.SelectedIndex = -1;
        txtAddress.Text = "";
        txtPostalCode.Text = "";
        txtPhoneNumber.Text = "";
        txtURL.Text = "";
        rbCustomerType2.Checked = true;
        rbCustomerType3.Checked = false;
        txtRemark.Text = "";
        chbIsAgent.Checked = false;
    }
    private void SetParametersValue()
    {
        dal.Cmd.Parameters.Clear();
        dal.Cmd.Parameters.AddWithValue("@CustomerName", txtCustomerName.Text.Trim
());
        if (String.IsNullOrEmpty(txtPhoneNumber.Text.Trim()))
        {
            dal.Cmd.Parameters.AddWithValue("@PhoneNumber", DBNull.Value);
        }
        else
        {
            dal.Cmd.Parameters.AddWithValue("@PhoneNumber",txtPhoneNumber.Text.
Trim());
        }
```

```
        dal.Cmd.Parameters.AddWithValue("@ProvinceCode",
        cbxProvinceCode.SelectedValue.ToString());
        if (String.IsNullOrEmpty(txtAddress.Text.Trim()))
        {
            dal.Cmd.Parameters.AddWithValue("@Address", DBNull.Value);
        }
        else
        {
            dal.Cmd.Parameters.AddWithValue("@Address", txtAddress.Text.Trim());
        }
        if (String.IsNullOrEmpty(txtPostalCode.Text.Trim()))
        {
            dal.Cmd.Parameters.AddWithValue("@PostalCode", DBNull.Value);
        }
        else
        {
            dal.Cmd.Parameters.AddWithValue("@PostalCode",txtPostalCode.Text.Trim
());
        }
        if (String.IsNullOrEmpty(txtURL.Text.Trim()))
        {
            dal.Cmd.Parameters.AddWithValue("@URL", DBNull.Value);
        }
    else
        {
        dal.Cmd.Parameters.AddWithValue("@URL", txtURL.Text.Trim());
        }
        if(rbCustomerType2.Checked)
        {
            dal.Cmd.Parameters.AddWithValue("@CustomerType", "2");
        }
        if (rbCustomerType3.Checked)
        {
        dal.Cmd.Parameters.AddWithValue("@CustomerType", "3");
        }
        if (String.IsNullOrEmpty(txtRemark.Text.Trim()))
        {
            dal.Cmd.Parameters.AddWithValue("@Remark", DBNull.Value);
        }
        else
        {
            dal.Cmd.Parameters.AddWithValue("@Remark", txtRemark.Text.Trim());
        }
            dal.Cmd.Parameters.AddWithValue("@OperatorCode", GlobalProperty.Operator
Code);
        }
    private void toolAdd_Click(object sender, EventArgs e)
    {
         ControlStatus();
         ClearControls();
```

```
        toolSave.Enabled = true;
        toolCancel.Enabled = true;
        toolAdd.Enabled = false;
        toolAmend.Enabled = false;
        toolBrowse.Enabled = false;
        toolDelete.Enabled = false;
        toolStrip1.Tag = "Add";
        this.CustomerNo = 0;
        useful.DataGridViewReset(dgvSaleOrderBill);
    }
    private void toolAmend_Click(object sender, EventArgs e)
    {
        ControlStatus();
        toolSave.Enabled = true;
        toolCancel.Enabled = true;
        toolAdd.Enabled = false;
        toolBrowse.Enabled = false;
        toolDelete.Enabled = false;
        toolAmend.Enabled = false;
        chbIsAgent.Enabled = false;
        toolStrip1.Tag = "Edit";
    }
    private void toolCancel_Click(object sender, EventArgs e)
    {
        ControlStatus();
        if (toolStrip1.Tag.ToString() == "Add")
        {
            t ClearControls();
            t toolDelete.Enabled = false;
            toolAmend.Enabled = false;
            toolSave.Enabled = false;
            toolCancel.Enabled = false;
            toolAdd.Enabled = true;
            toolBrowse.Enabled = true;
            this.CustomerNo = 0;
            if (chbIsAgent.Checked)
            {
                cbxProvinceCode.Enabled = false;
            }
        }
        if (toolStrip1.Tag.ToString() == "Edit")
        {
            toolAdd.Enabled = true;
            toolBrowse.Enabled = true;
            toolDelete.Enabled = true;
            toolAmend.Enabled = true;
            toolSave.Enabled = false;
            toolCancel.Enabled = false;
        }
    }
```

```
    private void toolSave_Click(object sender, EventArgs e)
    {
    string strSql = null;
    if (String.IsNullOrEmpty(txtCustomerName.Text.Trim()))
    {
        MessageBox.Show("用户名不许为空！","软件提示");
        txtCustomerName.Focus();
        return;
    }
    if (cbxProvinceCode.SelectedValue == null)
    {
      MessageBox.Show("所在省市不许为空！", "软件提示");
      cbxProvinceCode.Focus();
      return;
    }
    if (String.IsNullOrEmpty(txtAddress.Text.Trim()))
    {
      MessageBox.Show("地址不许为空！", "软件提示");
      txtAddress.Focus();
      return;
    }
    if (String.IsNullOrEmpty(txtPhoneNumber.Text.Trim()))
    {
      MessageBox.Show("联系电话不许为空！", "软件提示");
      txtPhoneNumber.Focus();
      return;
    }
    SetParametersValue();
    if (toolStrip1.Tag.ToString() == "Add")
    {
        strSql = "INSERT INTO Customer(CustomerName,PhoneNumber,ProvinceCode,
Address,PostalCode,URL,
        CustomerType,Remark,OperatorCode) ";
          strSql += "VALUES(@CustomerName,@PhoneNumber,@ProvinceCode,@Address,
@PostalCode,@URL,@CustomerType,@Remark,@OperatorCode)";
        if (rc.Insert(dal, strSql))
        {
        this.CustomerNo=rc.GetMaxIdOfCurrentOperator(GlobalProperty. Operator
Code);
        MessageBox.Show("保存失败！", "软件提示");
        ControlStatus();
        toolSave.Enabled = false;
        toolCancel.Enabled = false;
        toolAdd.Enabled = true;
        toolAmend.Enabled = true;
        toolDelete.Enabled = true;
        toolBrowse.Enabled = true;
        }
      else
      {
```

```
                MessageBox.Show("保存失败! ", "软件提示");
            }
        }
        if (toolStrip1.Tag.ToString() == "Edit")
        {
            strSql = "Update Customer Set CustomerName = @CustomerName,PhoneNumber =@
PhoneNumber,ProvinceCode=@ProvinceCode,Address=@Address,PostalCode=@PostalCode,
URL=@URL,";
            strSql += "CustomerType=@CustomerType,Remark=@Remark,OperatorCode=
            @OperatorCode ";
            strSql += "Where CustomerId = '" + this.CustomerNo + "'";
            if (rc.Update(dal, strSql))
            {
                MessageBox.Show("保存成功! ", "软件提示");
                ControlStatus();
                toolSave.Enabled = false;
                toolCancel.Enabled = false;
                toolAdd.Enabled = true;
                toolAmend.Enabled = true;
                toolDelete.Enabled = true;
                toolBrowse.Enabled = true;
            }
            else
            {
                MessageBox.Show("保存失败! ", "软件提示");
            }
        }
    }
    private void toolBrowse_Click(object sender, EventArgs e)
    {
        toolStrip1.Tag = "Browse";
        FormBrowseRetailSaleOrderBill formBrowseRetailSaleOrderBill = new Form
BrowseRetailSaleOrderBill();
        formBrowseRetailSaleOrderBill.Owner = this;
        formBrowseRetailSaleOrderBill.ShowDialog();
    }
    private void toolDelete_Click(object sender, EventArgs e)
    {
        string strSql = " Delete From Customer Where CustomerId = '" + this.CustomerNo
+ "'";
        if (MessageBox.Show("确定要删除吗! ", "软件提示", MessageBoxButtons.YesNo,
MessageBoxIcon.Exclamation) == DialogResult.Yes)
        {
            if (new Useful().IsExistConstraint("Customer", this.CustomerNo.ToString()))
            {
                MessageBox.Show("已发生业务关系，无法删除! ", "软件提示");
                return;
            }
            if (rc.Delete(strSql))
            {
```

```
            MessageBox.Show("保存成功! ", "软件提示");
            ClearControls();
            toolDelete.Enabled = false;
            toolAmend.Enabled = false;
            toolSave.Enabled = false;
            toolCancel.Enabled = false;
            toolAdd.Enabled = true;
            toolBrowse.Enabled = true;
            this.CustomerNo = 0;
        }
        else
        {
            MessageBox.Show("保存失败! ", "软件提示");
        }
    }
}
private void toolExit_Click(object sender, EventArgs e)
{
    this.Close();
}
private void txtPostalCode_KeyPress(object sender, KeyPressEventArgs e)
{
    useful.InputInteger(e);
}
private void txtCustomerName_KeyDown(object sender, KeyEventArgs e)
{
    if (e.KeyCode == Keys.Enter)
    {
        cbxProvinceCode.Focus();
        cbxProvinceCode.DroppedDown = true;
    }
}
private void cbxProvinceCode_KeyDown(object sender, KeyEventArgs e)
{
        useful.SetFocus(e, txtAddress);
}
private void txtPostalCode_KeyDown(object sender, KeyEventArgs e)
{
        useful.SetFocus(e,txtPhoneNumber);
}
private void txtPhoneNumber_KeyDown(object sender, KeyEventArgs e)
{
        useful.SetFocus(e, txtURL);
}
private void txtURL_KeyDown(object sender, KeyEventArgs e)
{
        useful.SetFocus(e, txtRemark);
}
private void txtRemark_KeyDown(object sender, KeyEventArgs e)
{
```

```
        if (e.KeyCode == Keys.Enter)
        {
            toolSave_Click(sender, e);
        }
    }
    private void txtAddress_KeyDown(object sender, KeyEventArgs e)
    {
        useful.SetFocus(e, txtPostalCode);
    }
    private void contextAdd_Click(object sender, EventArgs e)
    {
        if (this.CustomerNo != 0)
        {
            FormRetailSaleOrderBillInput formRetailSaleOrderBillInput = new Form
Retail SaleOrderBillInput();
            formRetailSaleOrderBillInput.Tag = "Add";
            formRetailSaleOrderBillInput.Owner = this;
            formRetailSaleOrderBillInput.ShowDialog();
        }
    }
    private void contextAmend_Click(object sender, EventArgs e)
    {
        if (this.CustomerNo != 0)
        {
            if (dgvSaleOrderBill.RowCount > 0)
            {
                if (GlobalProperty.OperatorCode != dgvSaleOrderBill.CurrentRow.Cells["Opera
torCode"].Value.ToString())
                {
                    MessageBox.Show("非本记录的录入人员，不允许修改！", "软件提示");
                    return;
                }
                FormRetailSaleOrderBillInput formRetailSaleOrderBillInput = new Form
Retail SaleOrderBillInput();
                formRetailSaleOrderBillInput.Tag = "Edit";
                formRetailSaleOrderBillInput.Owner = this;
            formRetailSaleOrderBillInput.ShowDialog();
        }
      }
    }
    private void contextDelete_Click(object sender, EventArgs e)
    {
        if (dgvSaleOrderBill.RowCount == 0)
        {
            return;
        }
        if (GlobalProperty.OperatorCode != dgvSaleOrderBill.CurrentRow.Cells["Operator
Code"].Value.ToString())
        {
            MessageBox.Show("非本记录的录入人员，不允许删除！", "软件提示");
```

```
            return;
        }
    if (MessageBox.Show("确定要删除吗？", "软件提示", MessageBoxButtons.YesNo,
MessageBoxIcon.Exclamation) == DialogResult.Yes)
    {
        DataGridViewRow dgvr = dgvSaleOrderBill.CurrentRow;
        if (new Useful().IsExistConstraint("SaleOrderBill", dgvr.Cells["SaleBill
No"]. Value.ToString()))
        {
            MessageBox.Show("已发生业务关系，无法删除！", "软件提示");
            return;
        }
        dgvSaleOrderBill.Rows.Remove(dgvr);
        if (rsb.Delete(bsSaleOrderBill))
        {
            MessageBox.Show("删除成功！", "软件提示");
        }
        else
        {
            MessageBox.Show("删除失败！", "软件提示");
        }
    }
}
private void dgvSaleOrderBill_CellDoubleClick(object sender, DataGridViewCell
EventArgs e)
{
    contextAmend_Click(sender, e);
}
private void chbIsAgent_CheckedChanged(object sender, EventArgs e)
{
    if (chbIsAgent.Checked)
    {
        cbxCustomerId.Visible = true;
        txtCustomerName.Visible = false;
        toolSave.Enabled = false;
        toolAmend.Enabled = false;
        toolDelete.Enabled = false;
        gbCustomerType.Visible = false;
        lbCustomerType.Visible = false;
        useful.SetControlsState(groupBox1, false);
        if (toolStrip1.Tag.ToString() == "Add")
        {
            cbxCustomerId.Enabled = true;
        }
    }
    else
    {
        txtCustomerName.Visible = true;
        cbxCustomerId.Visible = false;
        if (toolStrip1.Tag.ToString() == "Add" || toolStrip1.Tag.ToString() ==
"Edit")
```

```
            {
              toolSave.Enabled = true;
            }
            gbCustomerType.Visible = true;
            lbCustomerType.Visible = true;
            useful.SetControlsState(groupBox1, true);
        }
    }
    private void cbxCustomerId_SelectedIndexChanged(object sender, EventArgs e)
    {
            if (cbxCustomerId.SelectedValue != null)
            {
              if (cbxCustomerId.SelectedValue.GetType() == typeof(int))
              {
                 m_CustomerNo = Convert.ToInt32(cbxCustomerId.SelectedValue);
                 DataTable dt = rc.GetDataTable("V_AgentRecord", " Where CustomerId =
" + m_CustomerNo);
                 cbxProvinceCode.SelectedValue = dt.Rows[0]["ProvinceCode"];
                 txtAddress.Text = dt.Rows[0]["Address"].ToString();
                 txtPostalCode.Text = dt.Rows[0]["PostalCode"].ToString();
                 txtPhoneNumber.Text = dt.Rows[0]["PhoneNumber"].ToString();
                 txtURL.Text = dt.Rows[0]["URL"].ToString();
                 txtRemark.Text = dt.Rows[0]["Remark"].ToString();
              }
            }
        }
    }
```

（3）单击“添加”按钮，然后选择是否为代理商，若为代理商，请选择代理商名称，然后程序会显示出代理商的档案信息；若为普通用户，则登记新用户信息或查询原有用户信息。确定用户信息之后，在DataGridView控件中右击，将弹出一个用于管理订货单的快捷菜单，该菜单包括“添加订货单”“修改订货单”“删除订货单”3个菜单项。选择“添加订货单”菜单项，将打开订货单编辑窗体，该窗体用于录入新的订货单。“添加订货单”菜单项的Click事件的代码如下：

```
    private void contextAdd_Click(object sender,EventArgs e)
    {
        if(this.CustomerNo !=0)
        {
            FormRetailSaleOrderBillInputformRetailSaleOrderBillInput=new Form Retail
SaleOrderBillInput();
            FormRetailSaleOrderBillInput.Tag="Add";
            formRetailSaleOrderBillInput.Owner=this;
            formRetailSaleOrderBillInput.ShowDialog();
        }
    }
```

（4）选择“修改订货单”菜单项，将打开订货单编辑窗体，此时该窗体用于修改被选择的订货单信息。“修改订货单”菜单项的Click事件代码与“添加订货单”菜单项的事件代码类似。订货单编辑界面如图13-28所示。

（5）在订货单编辑窗体的Load事件中，程序需要判断当前窗体的打开方式，若以添加操作方式打开，则程序要初始化相关控件的默认值和绑定相关控件的数据源；若以修改操作方式打开，则程序要将当前订货单的信息赋值给窗体上对应的控件。在添加或修改信息完毕后，单击“保存”按钮，程序将提交订货单信息到数据库。

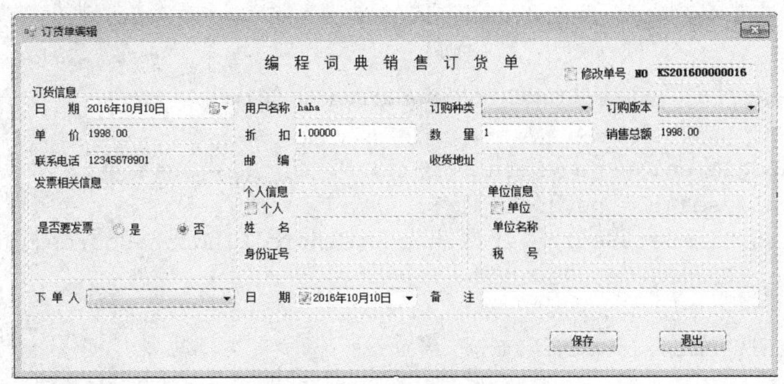

图 13-28 订货单编辑界面

13.3.4 权限分配模块设计

1. 权限分配模块概述

该模块用于给系统的操作人员分配操作权限，在操作员使用该系统之前，系统管理员首先要根据该操作员的工作角色分配相关模块的操作权限，然后操作员才能够正常使用，权限分配窗体的运行结果如图 13-29 所示。

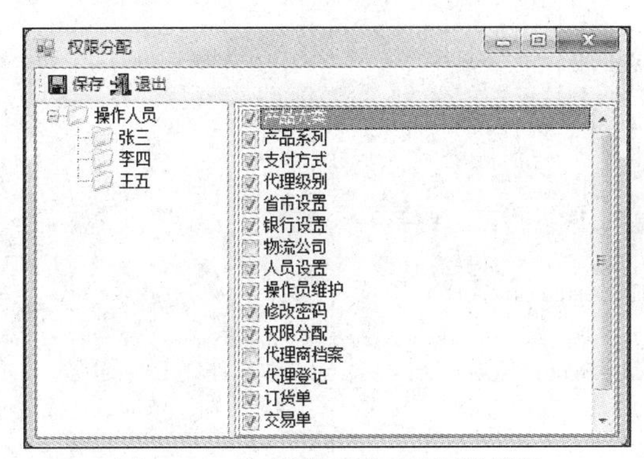

图 13-29 权限分配界面运行结果图

2. 权限分配模块实现过程

权限分配模块的具体实现步骤如下：

（1）新建一个 Windows 窗体，命名为 FormPurviewAssign.cs，用于给该系统的使用人员分配操作权限。该窗体用到的主要控件如表 13-16 所示。

表 13-16 权限分配窗体用到的主要控件

控 件 类 型	主要属性设置	用 途
ToolStip	其 Items 属性设置	制作工具栏
SplitContainer	Dock 属性设置为 Fill	把窗体分割成两个大小可调区域
TreeView	Dock 属性设置为 Fill	显示操作员
ImageList	其 Images 属性设置	包含树节点所使用的 Images 对象
CheckedListBox	CheckOnClick 属性设置为 true	显示系统功能模块

（2）在 FormPurviewAssign 窗体的 Load 事件中，程序绑定 TreeView 控件到操作员数据表，绑定 ChekedListBox 控件到系统功能模块数据表。实现的关键代码如下：

```
namespace SALE.UI.SystemSetting
{
    public partial class FormPurviewAssign : Form
    {
        DataLogic dal = new DataLogic();
        Useful useful = new Useful();
        ControlBindDataSource cbds = new ControlBindDataSource();
        public FormPurviewAssign()
        {
            InitializeComponent();
        }
        private void FormPurviewAssign_Load(object sender, EventArgs e)
        {
            cbds.BuildTree(tvOperator, imgListOperator, "操作人员", "Operator", 
"Where IsFlag <> '1'", "OperatorCode", "OperatorName");
            cbds.CheckedListBoxBindDataSource(chlbModule, "MenuItemTag", "ModuleName", 
"Select * From SysModule", "SysModule");
        }
        private DataTable GetPurviewAssignInfo(string strOperatorCode)
        {
            string strSql = "SELECT * From PurviewAssign Where OperatorCode = '" 
+ strOperatorCode + "'";
            try
            {
                return dal.GetDataTable(strSql,"");
            }
            catch (Exception ex)
            {
                MessageBox.Show(ex.Message,"软件提示");
                throw ex;
            }
        }
        private void tvOperator_AfterSelect(object sender, TreeViewEventArgs e)
        {
            useful.SetCheckedListBoxState(chlbModule, CheckState.Unchecked);
            if (tvOperator.SelectedNode != null)
            {
             if (tvOperator.SelectedNode.Tag != null)
             {
                string strFlag = String.Empty;
                DataTable dt = GetPurviewAssignInfo(tvOperator.SelectedNode.Tag.
ToString());
                for (int i = 0; i < chlbModule.Items.Count; i++)
                {
                  chlbModule.SelectedIndex = i;
                  DataRow dr = dt.AsEnumerable().FirstOrDefault(itm => itm.
Field<string>("MenuItemTag") == chlbModule.SelectedValue.ToString());
                  if (dr == null)
```

```
                {
                    strFlag = "0";
                }
                else
                {
                    strFlag = dr["IsEnabled"].ToString();
                }
                chlbModule.SetItemChecked(i, useful.GetCheckedValue(strFlag));
            }
        }
    }
}
private void toolSave_Click(object sender, EventArgs e)
{
    List<string> strSqls = new List<string>();
    string strSql = String.Empty;
    if (tvOperator.SelectedNode.Tag != null)
    {
        DataTable dt = GetPurviewAssignInfo(tvOperator.SelectedNode.Tag.
ToString());
        for (int i = 0; i < chlbModule.Items.Count; i++)
        {
            chlbModule.SelectedIndex = i;
            DataRow dr = dt.AsEnumerable().FirstOrDefault(itm => itm.Field
<string>("MenuItemTag") == chlbModule.SelectedValue.ToString());
            if (dr == null)
            {
                strSql = "INSERT INTO PurviewAssign(OperatorCode,MenuItemTag,
IsEnabled) "+ "VALUES('" + tvOperator.SelectedNode.Tag.ToString() + "','" + chlb
Module.SelectedValue.ToString() + "','" + useful.GetFlagValue (chlbModule.GetItem
CheckState(i)) + "')";
                strSqls.Add(strSql);
            }
            else
            {
                if (useful.GetFlagValue(chlbModule.GetItemCheckState(i)) !=
dr["IsEnabled"].ToString())
                {
                    strSql = "Update PurviewAssign Set IsEnabled = '" + useful.
GetFlagValue(chlbModule.GetItemCheckState(i)) + "' Where OperatorCode = '" +
tvOperator.SelectedNode.Tag.ToString() + "' and MenuItemTag = '" + chlbModule.
SelectedValue.ToString() + "'";
                    strSqls.Add(strSql);
                }
            }
        }
        if (dal.ExecDataBySqls(strSqls))
        {
            MessageBox.Show("保存成功！", "软件提示");
        }
```

```
            else
            {
                MessageBox.Show("保存失败! ", "软件提示");
            }
        }
    }
    private void toolExit_Click(object sender, EventArgs e)
    {
        this.Close();
    }
  }
}
```

（3）单击 TreeView 控件中的任意操作员，程序将从数据库中检索出该操作员的权限分配信息，并将权限分配信息显示到 ChekedListBox 控件中。单击 TreeView 控件的节点将触发器触发 AfterSelect 事件，该事件的代码如下：

```
private void tvAgentRecord_AfterSelect(object sender,TreeViewEventArgs e)
{
    new Useful().DataGridViewReset(dgvDepRegister);
    if(tvAgetRecord.SelectedNode !=null)
    {
        if(tvAgetRecord.SelectedNode.Tag !=null)
        {
            bsDepRegister.DataSource =dr.GetDataTable(tvAgentRecord.SelectedNode.
Tag.ToString());
            dgvDepRegister.DataSource =bsDepRegister;
        }
    }
}
```

（4）在 CheckedListBox 控件中，为操作员分配相关模块使用权限之后，单击“保存”按钮来保存权限分配信息，“保存”按钮的 Click 事件的代码如下：

```
private vold toolSave_Click(object sender, EventArgs e)
{
    List<string>strSqls=new List<string>();
    string strSql =String.Empty;
    if(tvOperator.SelectedNode.Tag!= null)
    {
        DataTabledt=
GetPurviewAssignInfo(tvOperator.SelectedNode.Tag,ToString());
        for(int i=0; i<chlbModule.Items.Count; i++)
        {
            chlbModule.SelectedIndex= i;
            DataRowdr = dt.AsEnumerable().FirstOrDefault(itm =>itm.Field<string>
("MenuItemTag") ==chlbModule.SelectedValue.ToString());
            if(dr == null)
            {
                strSql= "INSERT INTO PurviewAssign(OperatorCode,MenuItemTag,IsEnab
led)"+''VALUES('''+tvOperator.SelectedNode.Tag.ToString+''','''+chlbModule.Sele
ctedValue.ToString()+''','''+useful.GetFlagValue(chlbModule.GetItemCheckstate(i)
+''';
```

```
            strSqls.Add(strSql);
        }
         else
        {
            if(useful.GetFlagValue(chlbModule.GetItemCheckState(i))  != dr["IsEna
bled"]. Tostring())
          {
              strsql="UpdatePviewAssignSetIsEnabled:= "'+userful.GetFlagvalue(chlb
Module.GetItemCheckState(i))十"' WhereOperatorCode= "'+
              tvOperator.selectedNode.Tag.ToString0+"'and
              MenuItemTag="'+ chlbModule.SelectedValue.ToString()+""';
              strSqls.Add(strSql);
            }
          }
        }
        lf(dal.ExecDataBySqls(strSqlS))
        {
          MessageBox,show("保存成功!","软件提示");
        }
        else
        {
          MessageBox.Show("保存失败!","软件提示");
        }
      }
   }
```

参 考 文 献

[1] 王英英，张少军，刘增杰．SQL Server 2012 从零开始学[M]．北京：清华大学出版社，2012.

[2] 叶符明，王松．SQL Server 2012 数据库基础及应用[M]．北京：北京理工大学出版社，2013.

[3] 郑阿奇．SQL Server 实用教程[M]．4 版．北京：电子工业出版社，2015.

[4] CSDN 数据库频道：http://database.csdn.net/

[5] SQL Server 开发人员中心：http://msdn.microsoft.com/zh-cn/sqlserver/

[6] SQL Server 入门到精通：http://www.51cto.com/html/2005/1130/12708.htm

[7] 数据库网络学院：http://www.pconline.com.cn/pcedu/empolder/db/index.html

[8] 数据仓库之路：http://www.dwway.com/